T0129667

Mathematik Kompakt

 Birkhäuser

Mathematik Kompakt

Herausgegeben von:
Martin Brokate
Heinz W. Engl
Karl-Heinz Hoffmann
Götz Kersting
Kristina Reiss
Otmar Scherzer
Gernot Stroth
Emo Welzl

Die neu konzipierte Lehrbuchreihe *Mathematik Kompakt* ist eine Reaktion auf die Umstellung der Diplomstudiengänge in Mathematik zu Bachelor und Masterabschlüssen. Ähnlich wie die neuen Studiengänge selbst ist die Reihe modular aufgebaut und als Unterstützung der Dozierenden sowie als Material zum Selbststudium für Studierende gedacht. Der Umfang eines Bandes orientiert sich an der möglichen Stofffülle einer Vorlesung von zwei Semesterwochenstunden. Der Inhalt greift neue Entwicklungen des Faches auf und bezieht auch die Möglichkeiten der neuen Medien mit ein. Viele anwendungsrelevante Beispiele geben den Benutzern Übungsmöglichkeiten. Zusätzlich betont die Reihe Bezüge der Einzeldisziplinen untereinander.

Mit *Mathematik Kompakt* entsteht eine Reihe, die die neuen Studienstrukturen berücksichtigt und für Dozierende und Studierende ein breites Spektrum an Wahlmöglichkeiten bereitstellt.

Lutz Dümbgen

Einführung in die Statistik

 Birkhäuser

Lutz Dümbgen
Universität Bern
Bern, Schweiz

ISBN 978-3-0348-0003-7   ISBN 978-3-0348-0004-4 (eBook)
DOI 10.1007/978-3-0348-0004-4
Springer Basel Dordrecht Heidelberg London New York

Die Deutsche Nationalbibliothek verzeichnet diese Publikation in der Deutschen Nationalbibliografie; detaillierte bibliografische Daten sind im Internet über http://dnb.d-nb.de abrufbar.

Mathematics Subject Classification (2010): 62-01

Einbandentwurf: deblik, Berlin

Gedruckt auf säurefreiem und chlorfrei gebleichtem Papier

Springer Basel AG ist Teil der Fachverlagsgruppe Springer Science+Business Media
www.springer.com

Vorwort

Diesem Buch liegt eine in Bern regelmäßig angebotenen Einführungsveranstaltung zu-
grunde, welche sich an Studierende der Mathematik, Informatik und Physik im zweiten
oder dritten Jahr des Bachelorstudiums richtet. Diese Teilnehmenden haben bereits eine
obligatorische Lehrveranstaltung „Kombinatorik und Wahrscheinlichkeit" im zweiten Se-
mester absolviert und manche eine zusätzliche Lehrveranstaltung „Wahrscheinlichkeitstheorie". Daher werden Grundlagen in Stochastik vorausgesetzt, die zum Beispiel durch
die Monografien von Lutz Dümbgen [6] oder Götz Kersting und Anton Wakolbinger [15]
gut abgedeckt werden.

Die Auswahl des Stoffes ist durchaus subjektiv und spiegelt u.a. meine Erfahrungen aus
statistischen Beratungen wider. Was die Statistik auszeichnet und zu einer sehr gefragten
Disziplin macht, ist die Möglichkeit, die Unsicherheit von datengestützten Aussagen und
Schlüssen zu quantifizieren. Dabei spielen Vertrauensbereiche eine ganz zentrale Rolle,
wohingegen Punktschätzer in der statistischen Literatur nach meinem Ermessen überbe-
wertet werden.

Wichtig erscheint mir bei einer Einführung in die Statistik, einen ersten Einblick in die
wichtigsten Ideen und Methoden der schließenden Statistik zu geben. Als Leitfaden ver-
wende ich dabei den Typ der auszuwertenden Daten bzw. Merkmale bis hin zur simultanen
Auswertung zweier Merkmale. Dabei werden vor allem Verfahren mit garantierten Eigenschaften bei endlichem Stichprobenumfang präsentiert. Eine Sonderstellung nimmt die
Dichteschätzung ein: Hier geht es darum, ein Beispiel eines vergleichsweise schwierigen
Schätzproblems zu präsentieren und dabei wichtige Konzepte wie Bias und Regularitätsannahmen zu erläutern.

Der Umfang dieses Skriptums entspricht in etwa einer vierstündigen Vorlesung plus
zweistündigen Übungen. Bei kürzeren Veranstaltungen wie beispielsweise in Bern lasse
ich einige Abschnitte aus. Komplexere Verfahren, insbesondere Regressions- und multivariate Methoden, und ausführliche asymptotische Analysen sind Gegenstand von wei-
terführenden Lehrveranstaltungen. Insbesondere führe ich erst dort Verfahren ein, welche
auf Likelihood-Funktionen beruhen (Schätzer, Konfidenzbereiche, Profil-Likelihood).

Als Student und Assistent der Universität Heidelberg genoss ich das Privileg, bei Her-
mann Rost, Dietrich W. Müller und Günter Sawitzki sehr viel über Wahrscheinlichkeitstheorie und Statistik zu lernen, wofür ich ihnen herzlich danke. Meine Auswahl von The-

men und Beispielen ist auch durch Herrn Müllers Einführungsveranstaltungen inspiriert. Günter Sawitzki überzeugte mich von der Wichtigkeit des Konzeptes der stochastischen Ordnung und weckte mein Interesse für grafische Methoden und numerische Aspekte. Richard Gill bin ich dankbar für wertvolle Informationen zu den Gerichtsverfahren von Lucia de Berk (Beispiel 8.4 in Abschn. 8.2).

Mittlerweile haben einige Jahrgänge von Studierenden und viele Assistierende der Universität Bern dazu beigetragen, das vorliegende Material durch Kommentare und Fehlermeldungen zu verbessern. Herzlichen Dank insbesondere an Sofia Caprez, Mika Frei, Manuela Häfliger, Christoph Kopp, Michael Mosimann, Philipp Muri und Niki Zumbrunnen für ihre Unterstützung. Besonderer Dank gebührt Dominic Schuhmacher, Kaspar Stucki und Andrea Fraefel, die große Teile des Manuskripts kritisch durchleuchteten und mir wertvolle Hinweise gaben.

Bern, im Sommer 2015   Lutz Dümbgen

Technischer Hinweis

Die numerischen Beispiele und einige Übungsaufgaben lassen sich nur mit entsprechender Software behandeln. Alle Berechnungen und Grafiken in diesem Lehrbuch wurden mittels der open-source Software R [21] erstellt. Abschnitt A.1 im Anhang enthält entsprechende Hinweise. Eine Einbindung in den Haupttext habe ich mir verkniffen. Nachdem R bereits die siebte Programmierumgebung oder -sprache ist, mit welcher ich arbeite, bin ich skeptisch, was die Halbwertszeiten von Software anbelangt.

Inhaltsverzeichnis

1 Einführung 1
   1.1 Schoggi-tasting Lady und Fishers exakter Test 1
   1.2 Randbereiche und P-Werte 4
   1.3 Wie umfangreich ist eine Population? 8
   1.4 Wichtigste Arten statistischer Verfahren 15
   1.5 Datensätze und Variablen 21
   1.6 Übungsaufgaben 23

2 Kategorielle Merkmale 29
   2.1 Punktschätzer und grafische Darstellungen 30
   2.2 Konfidenzschranken für einen Binomialparameter 32
   2.3 Chiquadrat-Anpassungstest und Alternativen 41
   2.4 Übungsaufgaben 49

3 Numerische Merkmale: Verteilungsfunktionen und Quantile 57
   3.1 Empirische Verteilung 57
   3.2 Verteilungsfunktionen und Quantile 58
   3.3 Konfidenzschranken für Quantile 63
   3.4 Kolmogorov-Smirnov-Konfidenzbänder 66
   3.5 Übungsaufgaben 72

4 Numerische Merkmale: Mittelwerte und andere Kenngrößen 77
   4.1 Mittelwerte und Standardabweichungen 77
   4.2 Weitere Kenngrößen und Robustheit 89
   4.3 Vorzeichentests und damit verwandte Verfahren 95
   4.4 Asymptotische Betrachtungen und Vergleiche 108
   4.5 Übungsaufgaben 116

5 Numerische Merkmale: Dichteschätzung und Modelldiagnostik 123
   5.1 Histogramme und Dichteschätzung 123
   5.2 Verteilungsannahmen und deren grafische Überprüfung 142
   5.3 Übungsaufgaben 146

6   Vergleiche von Stichproben 149
    6.1   Box-Plots und Box-Whisker-Plots 150
    6.2   Vergleich zweier Mittelwerte 156
    6.3   Stochastische Ordnung 159
    6.4   Smirnovs Test für empirische Verteilungsfunktionen 160
    6.5   Rangsummentests 164
    6.6   Multiple Tests und Vergleiche von mehr als zwei Stichproben 170
    6.7   Übungsaufgaben 173

7   Chancenquotienten und Vierfeldertafeln 177
    7.1   Vergleich zweier Binomialparameter 177
    7.2   Korrelation zweier binärer Merkmale 178
    7.3   Konfidenzschranken für Chancenquotienten 180
    7.4   Simpsons Paradoxon 184
    7.5   Übungsaufgaben 185

8   Tests auf Assoziation 187
    8.1   Allgemeines Prinzip nichtparametrischer Tests 187
    8.2   Permutationstests 190
    8.3   Binäre Merkmale: Trends und Runs 192
    8.4   Kategorielle Merkmale: Kontingenztafeln 196
    8.5   Numerische Merkmale: Stichprobenvergleiche und Korrelationen 202
    8.6   Übungsaufgaben 211

A   Ergänzungen 213
    A.1   Hinweise zu R 213
    A.2   Schwache Konvergenz von Verteilungen 218
    A.3   Lindebergs Zentraler Grenzwertsatz 219
    A.4   Satz von Fubini 222
    A.5   Jensen'sche Ungleichung 222
    A.6   Technische Details zu Student-Verteilungen 223
    A.7   Konsistenz der empirischen Verteilungsfunktion 229
    A.8   Normalapproximation linearer Permutationsstatistiken 233

Literatur 237

Sachverzeichnis 239

Einführung

1

In diesem Kapitel diskutieren wir konkrete Beispiele für statistische Auswertungen, anhand derer wir bereits einige Ideen und Verfahren kennenlernen. Die darauf folgenden Abschnitte liefern einige Grundbegriffe, die uns in späteren Kapiteln immer wieder begegnen werden.

1.1 Schoggi-tasting Lady und Fishers exakter Test

Ronald A. Fisher[1] illustrierte den nach ihm benannten Test mit einem randomisierten Experiment unter Beteiligung einer *tea tasting lady*. Wir betrachten hier ein ähnliches Experiment.

Beispiel 1.1 (Schoggi-tasting Lady)
Eine Dame behauptet, sie könne an Geruch und Geschmack von Schokolade erkennen, ob die entsprechende Packung frisch geöffnet wurde oder schon mindestens einen Tag lang offen lag. Da diese Behauptung immer wieder belächelt wird, einigt man sich auf ein *randomisiertes Experiment*: Zwei identische kleine Tafeln Milchschokolade mit je vier Stückchen werden über Nacht in einen geruchsneutralen Schrank gelegt, eine davon verschlossen und eine geöffnet. Am nächsten Tag wird auch die zweite Packung geöffnet, die insgesamt acht Stückchen Schokolade werden der Dame in rein zufälliger Reihenfolge präsentiert, und sie soll bestimmen, welche vier aus der frisch geöffneten Packung stammen.

Bei diesem Experiment soll gegebenenfalls die *Arbeitshypothese*, dass die Dame tatsächlich die besagte Fähigkeit besitzt, nachgewiesen werden. Einfacher zu beschreiben ist die *Nullhypothese*, dass sie überhaupt keine Unterschiede zwischen den acht Stückchen riechen oder schmecken kann. Unter dieser Nullhypothese ist die Wahrscheinlichkeit, dass sie die Aufgabe löst, gleich

$$1 \Big/ \binom{8}{4} = 1/70 \approx 0{,}0143,$$

---

[1] Ronald A. Fisher (1890–1962): bedeutender britischer Statistiker und mathematischer Biologe.

© Springer Basel 2016
L. Dümbgen, *Einführung in die Statistik*, Mathematik Kompakt,
DOI 10.1007/978-3-0348-0004-4_1

denn es gibt $\binom{8}{4} = 70$ Möglichkeiten, eine Teilmenge von vier der acht Stückchen aus-
zuwählen. Wenn sie also die Aufgabe tatsächlich löst, können wir mit einer Sicherheit
von $69/70 \approx 0,9857$ behaupten, dass die obige Nullhypothese nicht zutrifft bzw. dass
die obige Arbeitshypothese korrekt ist. Falls sie die Aufgabe nicht löst, treffen wir keine
definitive Aussage.[2]

Anstelle von „mit einer Sicherheit von $69/70$" könnte man auch sagen „mit einer Unsicherheit von höchstens $1/70$". Beides bedarf vielleicht noch einer Erläuterung. Selbst
wenn die Dame die Aufgabe löst, wissen wir nicht definitiv, ob ihre Behauptung richtig
oder falsch ist. Es könnte sein, dass sie ein paar Jahre später zugibt, geflunkert zu haben,
und wir sind dann blamiert. Die angegebene Sicherheit von $69/70$ bzw. Unsicherheit von
$1/70$ kann man wie folgt interpretieren: Angenommen, eine sehr große Zahl von Personen stellt die gleiche Behauptung auf und unterzieht sich diesem Test. Wenn keine dieser
Personen Unterschiede schmecken oder riechen kann, so wird nur einem relativen Anteil
von ziemlich genau $1/70$ von ihnen die besagte Fähigkeit attestiert.

Wir erinnern nun an die Definition der hypergeometrischen Verteilungen:

Definition (Hypergeometrische Verteilungen)
Eine Zufallsvariable X mit Werten in $\mathbb{N}_0$ heißt hypergeometrisch verteilt mit Parametern $N \in \mathbb{N}$ und $l, n \in \{0, 1, \ldots, N\}$, wenn für beliebige Zahlen $x \in \mathbb{N}_0$ gilt:

$$\mathbb{P}(X = x) = f_{N,l,n}(x) := \binom{l}{x}\binom{N-l}{n-x} \Big/ \binom{N}{n}.$$

(Dabei definieren wir $\binom{a}{b} := 0$, falls $b < 0$ oder $b > a$.) Als Symbol für diese Verteilung verwenden wir $\mathrm{Hyp}(N, l, n)$. Die entsprechende Verteilungsfunktion bezeichnen
wir mit $F_{N,l,n}$, also $F_{N,l,n}(x) := \mathbb{P}(X \le x)$ für $x \in \mathbb{R}$. Speziell für $x \in \mathbb{N}_0$ ist

$$F_{N,l,n}(x) = \sum_{k=0}^{x} f_{N,l,n}(k).$$

Diese Verteilungen lassen sich mit einem Urnenmodell erklären: Aus einer Urne mit
insgesamt N Kugeln, von denen l Stück markiert sind, zieht man rein zufällig und ohne
Zurücklegen n Kugeln. Die Anzahl X der markierten Kugeln in dieser Ziehung ist dann
nach $\mathrm{Hyp}(N, l, n)$ verteilt.

In Beispiel 1.1 könnte man sich fragen, ob es nicht ausreicht, wenn die Dame mindestens drei der vier frischen Stücke erkennt. Unter der Nullhypothese ist die Anzahl X
korrekt bestimmter frischer Schokoladenstücke eine hypergeometrisch verteilte Zufallsvariable mit Parametern 8, 4 und 4, das heißt,

$$\mathbb{P}(X \ge 3) = \binom{4}{3}\binom{4}{1} \Big/ \binom{8}{4} + \binom{4}{4}\binom{4}{0} \Big/ \binom{8}{4} = \frac{17}{70} \approx 0,2429.$$

---

[2] Übrigens wurde das Experiment wirklich durchgeführt, und die Dame löste die ihr gestellte Aufgabe fehlerlos!

Wir könnten also im Falle von $X \geq 3$ nur mit einer Sicherheit von $53/70 \approx 0{,}7571$ davon ausgehen, dass die Dame eine feine Nase für Schokolade hat. In Aufgabe 1 wird eine andere Variante des Experiments behandelt, bei welcher die Dame im Falle von $X = 3$ noch eine Chance erhält.

Eine Besonderheit von Beispiel 1.1 ist, dass alle Beteiligten wussten, dass genau vier Schokoladenstücke aus einer frisch geöffneten und vier aus einer bereits länger geöffneten Packung stammten. Nun beschreiben wir eine allgemeinere Version von Fishers exaktem Test in einer anderen Situation.

Beispiel 1.2 (Vergleich zweier Behandlungen in einer randomisierten Studie)
Angenommen, man möchte nachweisen, dass eine bestimmte (medizinische) Behandlung 1 besser ist als eine herkömmliche Behandlung 2 (oder gar keine Behandlung). Konkret denke man an die regelmäßige Einnahme von Vitamin C (Ascorbinsäure) im Verlaufe eines Winters (Behandlung 1), um das Risiko eines grippalen Infektes zu senken. Um den Nutzen von Behandlung 1 gegebenenfalls nachzuweisen, werden N Probanden rein zufällig in zwei Gruppen eingeteilt: Die n_1 Individuen in Gruppe 1 unterziehen sich Behandlung 1, die n_2 Individuen in Gruppe 2 erhalten Behandlung 2. Man spricht von einer *Blindstudie*, wenn die Probanden nicht wissen, in welcher Gruppe sie eigentlich sind. Dadurch sollen Placeboeffekte vermieden werden. Im konkreten Beispiel mit Vitamin C könnte man alle Probanden täglich eine geschmacksneutrale Kapsel schlucken lassen; in Gruppe 1 enthält diese Vitamin C, aber in Gruppe 2 nur ein Placebo.

Nach einer gewissen Zeit wird ermittelt, wie viele Behandlungserfolge und -misserfolge in den beiden Gruppen auftraten. Die Ergebnisse lassen sich als *Vierfeldertafel* zusammenfassen:

	Erfolg	Misserfolg	
Behandlung 1	H_1	$n_1 - H_1$	n_1
Behandlung 2	H_2	$n_2 - H_2$	n_2
	$H_+ := H_1 + H_2$	$N - H_+$	N

Also stellte sich insgesamt bei H_+ Personen ein Behandlungserfolg ein, davon H_i-mal in Gruppe i.

Bei einer solchen Studie ist die Gesamtzahl H_+ in der Regel zufällig und hängt von vielen Faktoren ab. Doch unter der *Nullhypothese*, dass die beiden Behandlungen keine unterschiedliche Wirkung haben, ist die bedingte Verteilung von H_1, gegeben H_+, gleich $\mathrm{Hyp}(N, H_+, n_1)$. Denn unter der Nullhypothese gibt es einfach H_+ Personen, bei denen im Verlaufe der Studie ein Behandlungserfolg eintritt, unabhängig von der rein zufälligen Gruppeneinteilung.

Unter der *Arbeitshypothese*, dass Behandlung 1 besser ist als Behandlung 2, rechnet man eher mit größeren Werten für H_1. Die Frage ist nun, wie groß H_1 sein sollte, damit wir an die Arbeitshypothese glauben. Zu diesem Zweck fixieren wir ein *Testniveau* $\alpha \in (0, 1)$ und betrachten die Quantile

$$q_{1-\alpha;N,l,n} := \min\{x \in \mathbb{N}_0 : F_{N,l,n}(x) \geq 1 - \alpha\}.$$

Unter der Nullhypothese gilt dann die Ungleichung

$$\mathbb{P}\big(H_1 > q_{1-\alpha;N,l,n_1} \mid H_+ = l\big) = 1 - \mathbb{P}\big(H_1 \le q_{1-\alpha;N,l,n_1} \mid H_+ = l\big)$$
$$= 1 - F_{N,l,n_1}(q_{1-\alpha;N,l,n_1})$$
$$\le \alpha.$$

Insbesondere ist

$$\mathbb{P}\big(H_1 > q_{1-\alpha;N,H_+,n_1}\big) = \sum_{l=0}^{N} \mathbb{P}(H_+ = l)\mathbb{P}\big(H_1 > q_{1-\alpha;N,l,n_1} \mid H_+ = l\big)$$
$$\le \sum_{l=0}^{N} \mathbb{P}(H_+ = l)\,\alpha$$
$$= \alpha.$$

Im Falle von $H_1 > q_{1-\alpha;N,H_+,n_1}$ können wir also mit einer Sicherheit von $1-\alpha$ behaupten, die Nullhypothese sei falsch bzw. Behandlung 1 sei wirksamer als Behandlung 2.

Beispiel
Hier ein fiktives Zahlenbeispiel: In einer randomisierten Studie schluckten $N = 40$ Probanden im November, Dezember und Januar täglich eine Kapsel, die bei $n_1 = 20$ Personen stets Vitamin C und bei $n_2 = 20$ Personen stets ein Placebo enthielt. Ende Januar stellte sich heraus, dass in Gruppe 1 $H_1 = 15$ Personen gesund geblieben waren und sich $n_1 - H_1 = 5$ Personen einen grippalen Infekt zugezogen hatten. In Gruppe 2 waren die Zahlen $H_2 = 11$ und $n_2 - H_2 = 9$. Typischerweise arbeitet man mit dem Testniveau $\alpha = 5\,\%$. Dann ergibt sich hier $q_{1-\alpha;N,H_+,n_1} = q_{0,95;40,26,20} = 15$, denn $F_{40,26,20}(14) \approx 0{,}8399$ und $F_{40,26,20}(15) \approx 0{,}9521$. Da H_1 nicht größer ist als 15, können wir keine Aussage über die Wirksamkeit von Vitamin C mit einer Sicherheit von 95 % machen.

1.2 Randbereiche und P-Werte

Fishers exakter Test und viele andere statistische Verfahren verwenden in der Regel eine spezielle Transformation von Testgrößen in sogenannte P-Werte im Einheitsintervall. Wir beschreiben nun das zugrundeliegende allgemeine Prinzip, welches uns immer wieder begegnen wird. Ausgangspunkt ist eine reellwertige Zufallsvariable X und eine hypothetische Wahrscheinlichkeitsverteilung P_0 derselben. Die Frage ist, ob X wirklich der Verteilung P_0 folgt oder ob der beobachtete Wert von X „verdächtig klein" bzw. „verdächtig groß" ist. Ein wichtiges Hilfsmittel ist die Verteilungsfunktion F_0 von P_0. Das heißt, für $x \in \mathbb{R}$ ist $F_0(x) := P_0((-\infty, x]) = \mathbb{P}(X \le x)$ und $F_0(x-) := \lim_{s \to x, s < x} F_0(s) = P_0((-\infty, x)) = \mathbb{P}(X < x)$.

Um zu beurteilen, ob X verdächtig klein ist, berechnen wir den *linksseitigen P-Wert*

$$P_0((-\infty, X]) = F_0(X),$$

und um zu beurteilen, ob X verdächtig groß ist, berechnen wir den *rechtsseitigen P-Wert*

$$P_0([X, \infty)) = 1 - F_0(X-).$$

Mit dem *zweiseitigen P-Wert*

$$2 \cdot \min\{P_0((-\infty, X]), P_0([X, \infty))\} = 2 \cdot \min\{F_0(X), 1 - F_0(X-)\}$$

können wir beurteilen, ob X verdächtig klein oder groß ist. In allen drei Fällen spricht ein kleiner P-Wert gegen die Annahme, dass X nach P_0 verteilt ist. Das folgende Resultat präzisiert dies.

Lemma 1.3 (P-Werte) *Sei X eine reellwertige Zufallsvariable mit Verteilung P_0 und Verteilungsfunktion F_0. Dann ist*

$$\left.\begin{array}{r} \mathbb{P}\big(F_0(X) \leq \alpha\big) \\ \mathbb{P}\big(1 - F_0(X-) \leq \alpha\big) \\ \mathbb{P}\big(2 \cdot \min\{F_0(X), 1 - F_0(X-)\} \leq \alpha\big) \end{array}\right\} \leq \alpha$$

für beliebige $\alpha \in (0, 1)$. In allen drei Fällen gilt Gleichheit, falls F_0 stetig ist.

Vor dem Beweis dieses Lemmas betrachten wir den Spezialfall, dass $\mathbb{P}(X \in \mathbb{Z}) = P_0(\mathbb{Z}) = 1$. Hier ist F_0 eine Treppenfunktion, welche für beliebige $x \in \mathbb{Z}$ auf $[x, x + 1)$ konstant ist. Abbildung 1.1 verdeutlicht Lemma 1.3 in dieser Situation. Man sieht den Graphen der Verteilungsfunktion F_0. Die Sprunghöhe von F_0 an einer Stelle $x \in \mathbb{Z}$, also die Differenz $F_0(x) - F_0(x-)$, ist gleich $P_0(\{x\}) = \mathbb{P}(X = x)$. Die Wahrscheinlichkeit, dass $F_0(X) \leq \alpha$, ist gleich der Summe der Sprunghöhen an allen Stellen x mit $F_0(x) \leq \alpha$, und diese ist offensichtlich kleiner oder gleich α. Analog ist die Wahrscheinlichkeit, dass $1 - F_0(X-) \leq \alpha$, gleich der Summe der Sprunghöhen an allen Stellen x mit $F_0(x-) \geq 1 - \alpha$.

Beweis von Lemma 1.3 Wir verwenden die bekannte Tatsache, dass eine Verteilungsfunktion F_0 monoton wachsend und rechtsseitig stetig ist, mit Grenzwerten $\lim_{x \to -\infty} F_0(x) = 0$ und $\lim_{x \to \infty} F_0(x) = 1$. Für festes $\alpha \in (0, 1)$ definiert dann $x_0 := \inf\{x \in \mathbb{R} : F_0(x) > \alpha\}$ eine reelle Zahl mit der Eigenschaft, dass $F_0(x) \leq \alpha$ für alle $x < x_0$, und $F_0(x) > \alpha$ für alle $x > x_0$. Außerdem ist $F_0(x_0) \geq \alpha$ wegen der rechtsseitigen Stetigkeit von F_0. Im Falle von $F_0(x_0) = \alpha$ ist

$$\mathbb{P}\big(F_0(X) \leq \alpha\big) = \mathbb{P}(X \leq x_0) = F_0(x_0) = \alpha.$$

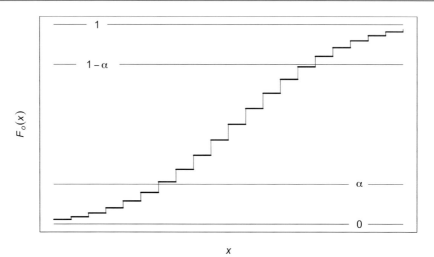

Abb. 1.1 Illustration von Lemma 1.3

Im Falle von $F_0(x_0) > \alpha$ ist

$$\mathbb{P}\big(F_0(X) \le \alpha\big) = \mathbb{P}(X < x_0) = F_0(x_0-) \le \alpha.$$

Wenn F_0 stetig ist, ist notwendig $F_0(x_0) = \alpha$, also $\mathbb{P}\big(F_0(X) \le \alpha\big) = \alpha$.

Die Ungleichungen für $1 - F_0(X-)$ ergeben sich analog oder mithilfe einer Symmetrieüberlegung: Die Zufallsvariable $\widetilde{X} := -X$ hat die Verteilungsfunktion $\widetilde{F}_0(x) = 1 - F_0((-x)-)$. Folglich ist

$$\mathbb{P}\big(1 - F_0(X-) \le \alpha\big) = \mathbb{P}\big(\widetilde{F}_0(\widetilde{X}) \le \alpha\big) \le \alpha.$$

Gleichheit gilt, wenn $\widetilde{F}_0$ stetig ist, was gleichbedeutend mit der Stetigkeit von F_0 ist.

Beim zweiseitigen P-Wert ist zu berücksichtigen, dass mindestens einer der beiden P-Werte $F_0(X)$ und $1 - F_0(X-)$ größer oder gleich $1/2$ ist. Daher ist

$$\mathbb{P}\big(2 \cdot \min\{F_0(X), 1 - F_0(X-)\} \le \alpha\big)$$
$$= \mathbb{P}\big(F_0(X) \le \alpha/2\big) + \mathbb{P}\big(1 - F_0(X-) \le \alpha/2\big) \le \alpha/2 + \alpha/2 = \alpha$$

mit Gleichheit im Falle einer stetigen Verteilungsfunktion F_0.   □

Beispiel (Fishers exakter Test)
Wir greifen noch einmal Beispiel 1.2 auf. Die Nullhypothese wird verworfen, wenn $H_1 > q_{1-\alpha;N,H_+,n_1}$. Man kann sich leicht davon überzeugen, dass diese Ungleichung gleichbedeutend ist mit der Tatsache, dass der rechtsseitige P-Wert $1 - F_{N,H_+,n_1}(H_1 - 1)$ kleiner oder gleich α ist. Hier ist $X = H_1$, und $P_0 = \mathrm{Hyp}(N, H_+, n_1)$, die bedingte Verteilung von H_1, gegeben H_+, unter der Nullhypothese.

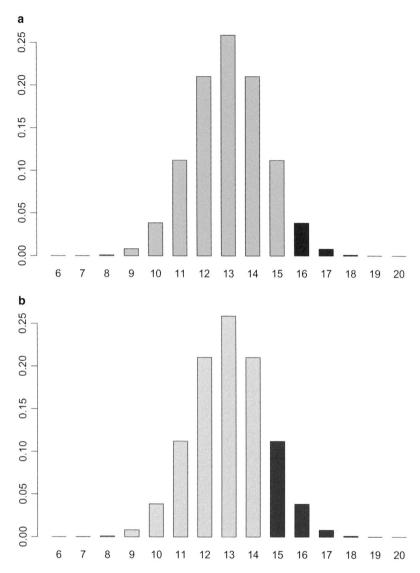

Abb. 1.2 Fishers exakter Test über kritischen Wert (**a**) oder P-Wert (**b**)

Abbildung 1.2 illustriert dies für das Zahlenbeispiel der fiktiven Vitamin-C-Studie. Dort waren die Gruppengrößen $n_1 = n_2 = 20$, die Erfolgszahlen waren $H_1 = 15$ und $H_2 = 11$. In der Abbildung sieht man zweimal das Stabdiagramm der entsprechenden hypergeometrischen Gewichtsfunktion $f_{40,36,20}$. Im oberen Teil sind die Gewichte $f_{40,36,20}(x)$ mit $x > q_{0,95;40,36,20} = 15$ dunkel hervorgehoben. Die Summe dieser Gewichte ist kleiner oder gleich dem Testniveau von 5 %, die Summe der übrigen Gewichte ist größer oder gleich 95 %. Im unteren Teil sind die Gewichte $f_{40,36,20}(x)$ mit $x \geq H_1 = 15$ dunkel hervorgehoben. Die Summe dieser Gewichte ist der (rechtsseitige) P-Wert $1 - F_{40,36,50}(14) \approx 0{,}1601$. Dass dieser P-Wert strikt größer als das Testniveau 5 % ist, bestätigt, dass H_1 nicht größer als der kritische Wert $q_{0,95;N,H_+,n_1}$ ist.

1.3   Wie umfangreich ist eine Population?

In vielen statistischen Anwendungen betrachtet man *Stichproben* aus einer gewissen *Population*. Man möchte mithilfe der Stichprobe Rückschlüsse über die Zusammensetzung der gesamten Population gewinnen. Eine Frage, die überraschend selten gestellt wird, ist die nach der Größe dieser Population. Aber zur Illustration statistischer Verfahren ist gerade dieses Problem sehr nützlich.

Population und Stichprobenraum Gegeben sei eine Population $\mathcal{M}$ von „Individuen", wobei die Anzahl

$$N := \#\mathcal{M}$$

unbekannt ist. Nun ziehen wir aus dieser Population ohne Zurücklegen eine Stichprobe $\omega = (\omega_1, \omega_2, \ldots, \omega_n)$ vom Umfang n. Das heißt, ω ist ein Element des Stichprobenraumes

$$\left\{ \omega \in \mathcal{M}^n : \omega_i \neq \omega_j, \text{falls } i \neq j \right\}.$$

Dieser Stichprobenraum besteht aus

$$[N]_n := N(N-1)\cdots(N-n+1)$$

Elementen. Denn um eine beliebige Stichprobe ω festzulegen, gibt es N Möglichkeiten für ω_1, danach noch $N-1$ Möglichkeiten für ω_2, dann noch $N-2$ Möglichkeiten für ω_3 und so weiter. Allgemein schreiben wir $[a]_k := \prod_{i=0}^{k-1}(a-i)$ für $a \in \mathbb{R}$ und $k \in \mathbb{N}$ sowie $[a]_0 := 1$.

Individuen mit Kennziffern

Wir nehmen nun an, dass die Individuen der Population von 1 bis N durchnummeriert sind und man die Nummer jedes Individuums einfach bestimmen kann. Auf diese Weise können wir die Population $\mathcal{M}$ mit der Menge $\{1, 2, \ldots, N\}$ identifizieren, und unsere Stichprobe ω entspricht einem Tupel von n verschiedenen natürlichen Zahlen. Eine interessante *Statistik* ist dann die Zahl

$$X(\omega) := \max(\omega_1, \omega_2, \ldots, \omega_n) \geq n.$$

Offensichtlich ist diese Kenngröße X eine untere Schranke für die unbekannte Zahl N, also

$$N \geq X(\omega).$$

Dies ist so ziemlich der einzige fehlerfreie Schluss, den man ziehen kann. Die Kunst der Statistik besteht darin, weitergehende Aussagen über N zu treffen. Insbesondere möchten wir gerne auch eine *obere* Schranke für N angeben.

Beispiel 1.4 (Erstimmatrikulationen an der Universität Bern 2005/2006)
Studierende in der Schweiz erhalten bei der Erstimmatrikulation eine achtstellige Matrikelnummer der Form

$$J_1 J_2 - Z_1 Z_2 Z_3 - Z_4 Z_5 P.$$

Dabei bezeichnen J_1 und J_2 das akademische Jahr der Erstimmatrikulation, z. B. $J_1 J_2 = 05$ für Studierende, die sich im Herbstsemester 2005 oder Frühjahrssemester 2006 erstmalig immatrikulierten. Die Ziffern $Z_1, Z_2, \ldots, Z_5$ entsprechen einer fünfstelligen ganzen Dezimalzahl, die je nach Hochschule in einem bestimmten Bereich liegt. Speziell an der Universität Bern werden diese Zahlen fortlaufend von 10.000 bis 14.999 vergeben. Die achte Ziffer, P, ist eine Prüfziffer, um Fehler beim Ausfüllen von Formularen zu erkennen. Wenn beispielsweise ein Student die Matrikelnummer 05–106–020 hat, bedeutet dies, dass er sich im akademischen Jahr 2005/2006 an der Universität Bern als 603. Person immatrikulierte.

Speziell sei N die Anzahl von Erstimmatrikulationen an der Universität Bern im akademischen Jahr 2005/2006. In einer Vorlesung wurden die Matrikelnummern von $n = 9$ solchen Studierenden ermittelt. Dies lieferte uns ein Tupel $\omega = (\omega_1, \ldots, \omega_9)$ von neun verschiedenen natürlichen Zahlen, und es stellte sich heraus, dass $X(\omega) = 2782$.

Statistisches Modell   Um mehr über die unbekannte Zahl N auszusagen, müssen wir gewisse Annahmen über unsere Stichprobe treffen. Der Einfachheit halber unterstellen wir, dass diese Stichprobe „rein zufällig" gezogen wurde, auch wenn sie tatsächlich auf andere Weise zustande kam. Auf diese Weise wird die obige Kenngröße X eine *Zufallsvariable*

$$X : \Omega \to \mathbb{Z}$$

auf dem Gesamtstichprobenraum

$$\Omega := \left\{ \omega \in \mathbb{N}^n : \omega_i \neq \omega_j, \text{falls } i \neq j \right\}$$

mit einer Verteilung, die vom unbekannten *Parameter N* abhängt. Wir sprechen hier von einem Gesamtstichprobenraum Ω, denn tatsächlich liegt ja unsere Stichprobe ω in der uns nicht bekannten Menge $\Omega_N = \left\{ \omega \in \Omega : X(\omega) \leq N \right\}$. Die Abhängigkeit diverser Wahrscheinlichkeiten, Erwartungswerte und anderer Objekte von diesem Parameter verdeutlichen wir durch ein Subskript N. Insbesondere gelten folgende Formeln:

$$\mathbb{P}_N(X = x) = \begin{cases} \dfrac{n[x-1]_{n-1}}{[N]_n} & \text{für } x \in \{n, n+1, \ldots, N\}, \\ 0 & \text{sonst}, \end{cases} \tag{1.1}$$

$$F_N(x) := \mathbb{P}_N(X \leq x) = \begin{cases} 0 & \text{für } x < n, \\ \dfrac{[x]_n}{[N]_n} & \text{für } x \in \{n, n+1, \ldots, N\}, \\ 1 & \text{für } x \geq N. \end{cases} \tag{1.2}$$

Denn für $x \in \{n, n+1, n+1, \ldots\}$ gibt es genau $n[x-1]_{n-1}$ Stichproben $\omega \in \Omega$ mit $X(\omega) = x$. Und $X(\omega) \leq x$ für genau $[x]_n$ Stichproben $\omega \in \Omega$.

Schätzer für N Mithilfe der Stichprobe ω möchten wir gerne einen Schätzwert $\widehat{N}(\omega)$ für N berechnen. Ein erster Ansatz wäre $\widehat{N} := X$. Allerdings leuchtet jedem ein, dass dieser Wert systematisch zu klein ist. Um dies zu präzisieren, berechnen wir den Erwartungswert von X.

Lemma 1.5 *Für beliebige $N \geq n$ ist*

$$\mathbb{E}_N(X) = \frac{n(N+1)}{n+1}.$$

Beweis von Lemma 1.5 Aus (1.1) und der Tatsache, dass $\sum_{x=n}^{N} \mathbb{P}_N(X = x) = 1$, ergibt sich die allgemeine Formel $\sum_{x=n}^{N}[x-1]_{n-1} = [N]_n/n$ für natürliche Zahlen $1 \leq n \leq N$ bzw.

$$\sum_{j=m}^{M}[j]_m = \frac{[M+1]_{m+1}}{m+1} \quad \text{für ganze Zahlen } 0 \leq m \leq M. \tag{1.3}$$

Daher ist $\mathbb{E}_N(X)$ gleich

$$\sum_{x=n}^{N} \mathbb{P}_N(X = x) \cdot x = \frac{n}{[N]_n} \sum_{x=n}^{N}[x]_n = \frac{n}{[N]_n} \frac{[N+1]_{n+1}}{n+1} = \frac{n(N+1)}{n+1}.$$

Aufgabe 5 bietet einen alternativen Beweis dieses Lemmas.   □

Aus Lemma 1.5 folgt, dass

$$\widehat{N} := \frac{n+1}{n} X - 1$$

ein *erwartungstreuer Schätzer* für N ist, das heißt, für beliebige Parameter $N \geq n$ ist

$$\mathbb{E}_N(\widehat{N}) = N.$$

Die Ungenauigkeit eines beliebigen Schätzers $\widehat{N}$ kann man mithilfe seines *mittleren quadratischen Fehlers*

$$\mathbb{E}_N\big((\widehat{N} - N)^2\big)$$

quantifizieren. Unser konkreter Schätzer $\widehat{N} = (1 + 1/n)X - 1$ wird diesbezüglich in Aufgabe 6 untersucht. Und zwar ist

$$\mathbb{E}_N\big((\widehat{N} - N)^2\big) < \frac{N^2}{n^2}.$$

Dies impliziert, dass

$$\mathbb{E}_N\left(\left|\frac{\widehat{N}}{N}-1\right|\right) \leq \sqrt{\mathbb{E}_N\left(\left(\frac{\widehat{N}}{N}-1\right)^2\right)} < \frac{1}{n},$$

wobei wir die bekannte Ungleichung $\mathbb{E}(|Y|)^2 \leq \mathbb{E}(Y^2)$ für reellwertige Zufallsvariablen Y verwenden. Der relative Fehler $|\widehat{N}/N - 1|$ ist also im Mittel kleiner als $1/n$.

Beispiel (Immatrikulationen 2005/2006)
In Beispiel 1.4 ergab sich bei $n = 9$ Befragungen $X = 2782$. Folglich ist

$$\widehat{N} = \frac{10}{9} \cdot 2782 - 1 = 3090{,}11\overline{1}.$$

Die Anzahl von Erstimmatrikulationen an der Universität Bern im akademischen Jahr 2005/2006 ist also schätzungsweise gleich 3090.

Vertrauensschranken für N Anstelle eines Schätzers kann man auch Schranken für N angeben, die mit einer vorgegebenen *Sicherheit* korrekt sind. Die Idee ist, für verschiedene hypothetische Werte von N zu beurteilen, ob der Wert X „verdächtig klein" bzw. „verdächtig groß" für die Verteilungsfunktion F_N ist. Dabei verwenden wir Lemma 1.3 über P-Werte.

Im unserem Kontext folgt aus Lemma 1.3, dass für eine vorgegebene (kleine) Zahl $\alpha \in (0, 1)$ gilt:

$$\mathbb{P}_N(F_N(X) \leq \alpha) \leq \alpha.$$

Mit anderen Worten, mit einer Sicherheit von $1 - \alpha$ erfüllt der unbekannte tatsächliche Parameter N die Ungleichung $F_N(X) > \alpha$, was gleichbedeutend ist mit $[X]_n/[N]_n > \alpha$. Da $[N]_n$ streng monoton wachsend in $N \geq n$ ist, sind diese Ungleichungen äquivalent zu $N \leq b_\alpha(X)$, wobei

$$b_\alpha(x) := \max\{N \geq n : F_N(x) > \alpha\}$$
$$= \max\{N \geq x : [N]_n < [x]_n/\alpha\}$$

für ganze Zahlen $x \geq n$. Diese datenabhängige Zahl $b_\alpha(X)$ ist eine *obere* $(1 - \alpha)$-*Vertrauensschranke* für N. Das heißt,

$$\mathbb{P}_N(N \leq b_\alpha(X)) \geq 1 - \alpha,$$

unabhängig davon, welchen Wert $N \geq n$ hat. Eine einfache Formel für die Schranken $b_\alpha(x)$ kann man nicht angeben, aber ihre numerische Berechnung ist problemlos möglich.

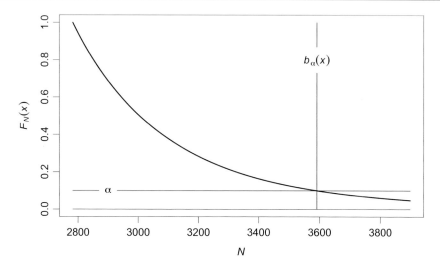

Abb. 1.3 Konstruktion der oberen Vertrauensschranke $b_{0,1}(2782)$ bei $n = 9$

Beispiel (Immatrikulationen 2005/2006)
Abbildung 1.3 zeigt für $n = 9$ und $X = 2782$ die Werte $F_N(X)$ als Funktion von $N \geq 2782$ und die resultierende 90 %-Vertrauensschranke $b_{0,1}(2782) = 3591$. Letztere ist mit bloßem Auge natürlich nicht zu erkennen, doch ist in der Tat $F_{3591}(X) > 0,1 > F_{3592}(X)$. Wir behaupten also mit einer Sicherheit von 90 %, dass sich höchstens 3591 Studierende im akademischen Jahr 2005/2006 an der Universität Bern immatrikulierten.

Tabelle 1.1 zeigt für $n = 9$ und $\alpha \in \{0,5, 0,1, 0,05, 0,01\}$ einige Werte der oberen Schranke $b_\alpha(x)$.

Analog kann man auch eine *untere* Vertrauensschranke für N berechnen. Und zwar ergibt sich aus Lemma 1.3, dass

$$\mathbb{P}_N\big(F_N(X - 1) \geq 1 - \alpha\big) \leq \alpha.$$

Mit anderen Worten, mit einer Sicherheit von $1 - \alpha$ erfüllt der unbekannte Parameter N die Ungleichung $F_N(X - 1) < 1 - \alpha$, was gleichbedeutend ist mit $[X - 1]_n/[N]_n < 1 - \alpha$ bzw. $N \geq a_\alpha(X)$, wobei

$$a_\alpha(x) := \min\{N \geq n : F_N(x - 1) < 1 - \alpha\}$$
$$= \min\{N \geq x : [N]_n > [x - 1]_n/(1 - \alpha)\}.$$

Tab. 1.1 Einige Werte der oberen Vertrauensschranken $b_\alpha(x)$ bei $n = 9$

x	500	1000	1500	2000	2500	3000	3500
$b_{0,5}(x)$	539	1079	1619	2159	2699	3239	3779
$b_{0,1}(x)$	644	1290	1936	2581	3227	3873	4519
$b_{0,05}(x)$	695	1393	2090	2788	3485	4183	4880
$b_{0,01}(x)$	831	1665	2499	3333	4167	5001	5835

für ganze Zahlen $x \geq n$. Wir erhalten also eine *untere $(1 - \alpha)$-Vertrauensschranke $a_\alpha(X)$* für N, das heißt,

$$\mathbb{P}_N(N \geq a_\alpha(X)) \geq 1 - \alpha,$$

unabhängig davon, welchen Wert $N \geq n$ hat.

Schließlich kann man noch obere und untere Schranken kombinieren. Und zwar ist

$$\mathbb{P}_N\big(a_{\alpha/2}(X) \leq N \leq b_{\alpha/2}(X)\big) \geq 1 - \alpha$$

für beliebige Werte von $N \geq n$. Dies liefert uns ein *$(1 - \alpha)$-Vertrauensintervall* $\big[a_{\alpha/2}(X), b_{\alpha/2}(X)\big]$ für N.

Ob man an einer unteren Schranke, einer oberen Schranke oder einer Kombination beider interessiert ist, muss man sich *vor* der Datenauswertung überlegen.

▶ **Bemerkung** Das in diesem Abschnitt dargestellte Problem ist in der Literatur auch unter dem Namen „Taxi-Problem" bekannt. Die hier beschriebenen Verfahren wurden zum Beispiel im Zweiten Weltkrieg von den Aliierten verwendet, um die Anzahl von Panzern der deutschen Wehrmacht zu schätzen. Dies wird in der auch sonst sehr lesenswerten Monografie von G. E. Noether[3] [19] beschrieben.

Capture-Recapture-Verfahren

In der Ökologie schätzt man die Größe einer Population manchmal durch Capture-Recapture-Verfahren. Letztere kommen aber auch in Epidemiologie, Medizin und Sozialwissenschaften zum Einsatz. Im einfachsten Fall handelt es sich um ein zweistufiges Experiment:

Schritt 1 (Capture):   Man zieht eine erste Stichprobe von l Individuen, markiert diese und entlässt sie wieder.

Schritt 2 (Recapture): Man zieht nun rein zufällig eine zweite Stichprobe vom Umfang n und bestimmt die Zahl

$$X := \text{Anzahl markierter Individuen in der zweiten Stichprobe.}$$

Wir setzen hier stillschweigend voraus, dass $N \geq \max(l, n)$. Große Werte von X sprechen für eine kleine Populationsgröße N, und kleine Werte von X sprechen eher für eine große

---

[3] Gottfried E. Noether (1915–1991): Statistiker und Didaktiker; in Deutschland geboren und 1939 in die USA emigriert.

Population. Ein möglicher Schätzer für N ist

$$\widehat{N} := \frac{ln}{X}$$

(oder $\widehat{N} := ln/(X + 1)$, um Division durch null zu vermeiden). Die Idee hinter diesem Schätzer ist folgende: Nach Schritt 1 ist das Verhältnis von markierten zu allen Individuen in der Gesamtpopulation gleich l/N. In der zweiten Stichprobe beträgt dieses Verhältnis X/n. Wenn man davon ausgeht, dass beide relativen Anteile ähnlich sind, sollte N in etwa gleich ln/X sein.

Man kann sich leicht davon überzeugen, dass die Zufallsgröße X hypergeometrisch verteilt ist mit Parametern N, l und n. Um Vertrauensschranken für N zu berechnen, benötigen wir eine Monotonieaussage, die in Aufgabe 7 bewiesen wird: Für festes $x \in \mathbb{N}_0$ ist $F_{N,l,n}(x)$ monoton wachsend in N. Aufgrund dieser Monotonieeigenschaft ist die Ungleichung $F_{N,l,n}(X) > \alpha$, welche nach Lemma 1.3 mit einer Sicherheit von $1 - \alpha$ eintritt, äquivalent zu der Aussage, dass N größer oder gleich der *unteren* $(1 - \alpha)$-*Vertrauensschranke* $a_\alpha(X)$ ist. Dabei setzen wir

$$a_\alpha(x) := \min\{N \geq \max(l, n) : F_{N,l,n}(x) > \alpha\}$$

für $x \in \{0, 1, \ldots, \min(l, n)\}$.

Alternativ könnte man die Ungleichung $F_{N,l,n}(X - 1) < 1 - \alpha$, welche mit einer Sicherheit von $1 - \alpha$ gilt, nach N auflösen. Dies ergibt dann die *obere* $(1 - \alpha)$-*Vertrauensschranke* $b_\alpha(X)$ für N. Dabei setzen wir

$$b_\alpha(x) := \sup\{N \geq \max(l, n) : F_{N,l,n}(x - 1) < 1 - \alpha\}$$

für $x \in \{0, 1, \ldots, \min(l, n)\}$. Im Falle von $x = 0$ ergibt sich einfach $b_\alpha(x) = \infty$, denn $F_{N,l,n}(-1) = 0$ für beliebige $N \geq \max(n, l)$. Im Falle von $x > 0$ ist jedoch $b_\alpha(x) < \infty$, siehe Aufgabe 8.

Auch hier sollte man sich *vor* der Datenauswertung überlegen, ob man an einer unteren Schranke, einer oberen Schranke oder einer Kombination beider interessiert ist.

Beispiel
Angenommen, $l = n = 20$, und wir möchten eine untere 95 %-Vertrauensschranke für das tatsächliche N berechnen. Angenommen, das Experiment ergibt $X = 2$. Nun müssen wir herausfinden, für welche potenziellen Populationsgrößen N der Wert $F_{N,20,20}(2)$ verdächtig klein ist. Hier sind einige Beispielwerte:

N	75	76	77	78	79	80	81	82
$F_{N,20,20}(2)$	0,0417	0,0455	0,0495	0,0537	0,0580	0,0625	0,0671	0,0719

Man sieht, dass die untere 95 %-Vertrauensschranke $a_{0,05}(2)$ gleich 78 ist. Man kann also mit einer Sicherheit von 95 % behaupten, dass $N \geq 78$. Eine hundertprozentig sichere untere Schranke wäre $l + n - X = 38$.

1.4   Wichtigste Arten statistischer Verfahren

Die Methoden der Statistik werden in zwei Bereiche eingeteilt:

Beschreibende (Deskriptive) Statistik: Hier geht es um die quantitative Beschreibung und grafische Darstellungen von Datensätzen.

Schließende (Induktive) Statistik: Aus empirischen Daten möchte man Rückschlüsse über zugrundeliegende Phänomene ziehen, auch wenn die Daten fehlerbehaftet oder unvollständig sind. Dazu werden die Daten als Zufallsobjekte betrachtet und mit Hilfsmitteln aus der Wahrscheinlichkeitsrechnung analysiert.

Während viele Laien bei „Statistik" an umfangreiche Tabellen und bunte Grafiken denken, ist die schließende Statistik weitaus wichtiger und anspruchsvoller. Unser Hauptaugenmerk liegt auf der schließenden Statistik, wobei auch einige deskriptive Methoden zur Sprache kommen. Ausgangspunkt ist ein *(Roh-)Datensatz* $\omega \in \Omega$, den wir als zufällig betrachten. Das heißt, wir betrachten einen Wahrscheinlichkeitsraum $(\Omega, \mathcal{A}, \mathbb{P})$ mit einer σ-Algebra $\mathcal{A}$ auf Ω und einem unbekannten Wahrscheinlichkeitsmaß $\mathbb{P}$ auf $\mathcal{A}$. Leserinnen und Leser, welche diese Begriffe nicht kennen, sollten einfach an eine abzählbare Menge Ω und eine diskrete Wahrscheinlichkeitsverteilung $\mathbb{P}$ auf Ω denken.

In der Regel machen wir gewisse Annahmen über die Verteilung $\mathbb{P}$, und diese hängt oft von einem gewissen unbekannten *Parameter* θ in einem *Parameterraum* Θ ab. Dies deuten wir gegebenenfalls durch ein Subskript an und schreiben $\mathbb{P}_\theta$.

Die drei wichtigsten Verfahren der schließenden Statistik sind **(Punkt-)Schätzer**, **Vertrauensbereiche** und **(statistische) Tests**. Von diesen drei Verfahren sind die Vertrauensbereiche besonders wichtig und nützlich. Zwei weitere Arten von Verfahren, nämlich *Prädiktoren* und *Prädiktionsbereiche*, werden vor allem in der Zeitreihenanalyse behandelt.

(Punkt-)Schätzer

Angenommen, man interessiert sich für eine reelle oder sonstige Kenngröße $g(\theta) \in \mathbb{G}$ des Parameters θ. Dabei sind $\mathbb{G}$ und $g : \Theta \to \mathbb{G}$ vorgegeben. Ein *(Punkt-) Schätzer für* $g(\theta)$ ist eine Abbildung[4]

$$\widehat{g} : \Omega \to \mathbb{G}.$$

Diese ordnet einem beliebigen Datensatz $\omega \in \Omega$ einen Schätzwert $\widehat{g}(\omega)$ für $g(\theta)$ zu; siehe Abb. 1.4.

Punktschätzer beurteilt man nach ihrer Präzision. Das Ziel ist, Schätzer zu konstruieren, die „möglichst nahe" am unbekannten Wert $g(\theta)$ liegen. In diesem Zusammenhang gibt es einige Begriffe, die uns teilweise bereits begegnet sind. Dabei betrachten wir der Einfachheit halber nur den Fall $\mathbb{G} = \mathbb{R}$, also reellwertige Größen $g(\theta)$.

---

[4] Genau gesagt, ist $(\mathbb{G}, \mathcal{B})$ ein messbarer Raum, und $\widehat{g}$ ist eine $\mathcal{A}$-$\mathcal{B}$-messbare Abbildung.

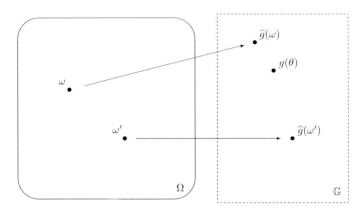

Abb. 1.4 Punktschätzer $\widehat{g}$ für $g(\theta)$

Bias und Erwartungstreue Der *Bias* eines Schätzers ist sein systematischer Fehler, der in der Regel von θ abhängt:

$$\text{Bias}_\theta(\widehat{g}) := \mathbb{E}_\theta(\widehat{g}) - g(\theta).$$

Ein Schätzer $\widehat{g}$ für $g(\theta)$ heißt *erwartungstreu*, wenn $\mathbb{E}_\theta(\widehat{g}) = g(\theta)$ für beliebige Parameter $\theta \in \Theta$, also

$$\text{Bias}_\theta(\widehat{g}) = 0 \quad \text{für alle} \theta \in \Theta.$$

Mittlerer quadratischer Fehler Ein gängiges Maß für die Ungenauigkeit eines Punktschätzers ist sein *mittlerer quadratischer Fehler (mean squared error)*,

$$\text{MSE}_\theta(\widehat{g}) := \mathbb{E}_\theta\big((\widehat{g} - g(\theta))^2\big),$$

bzw. die Quadratwurzel hieraus (*root mean squared error*),

$$\text{RMSE}_\theta(\widehat{g}) := \sqrt{\text{MSE}_\theta(\widehat{g})}.$$

Aus der bekannten Formel $\mathbb{E}(Y^2) = \text{Var}(Y) + \mathbb{E}(Y)^2$ folgt, dass

$$\text{MSE}_\theta(\widehat{g}) = \text{Var}_\theta(\widehat{g}) + \text{Bias}_\theta(\widehat{g})^2.$$

Der mittlere quadratische Fehler setzt sich also aus der zufälligen Streuung (Varianz) und dem Quadrat des systematischen Fehlers (Bias^2) zusammen. Bei einem erwartungstreuen Schätzer ist demnach $\text{MSE}_\theta(\widehat{g}) = \text{Var}_\theta(\widehat{g})$.

Beispiel (Schätzung einer Populationsgröße, I)

Wie im ersten Teil von Abschn. 1.3 betrachten wir eine Stichprobe $\omega = (\omega_1, \omega_2, \ldots, \omega_n)$ von n verschiedenen Zahlen aus $\{1, 2, \ldots, N\}$, wobei die Populationsgröße N unbekannt ist. Hier ist also

$\Omega = \{\omega \in \mathbb{N}^n : \omega_i \neq \omega_j, \text{falls } i \neq j\}$, und $\theta = N$ liegt im Parameterraum $\Theta = \{n, n+1, n+2, \ldots\}$. Ferner ist $\mathbb{P}_N$ die Gleichverteilung auf $\Omega_N = \{\omega \in \Omega : \omega_1, \ldots, \omega_n \leq N\}$. Dahinter steckt unsere Annahme, dass die Stichprobe ω rein zufällig gezogen wurde.

Nun interessieren wir uns für $g(N) := N$ und betrachten hierfür die maximale Kennziffer $X(\omega)$ in der Stichprobe. Als Punktschätzer für N könnte man einfach X selbst verwenden. Allerdings ist dieser Schätzer verzerrt, denn nach Lemma 1.5 ist

$$\text{Bias}_N(X) = \mathbb{E}_N(X) - N = \frac{n(N+1)}{n+1} - N = \frac{n - N}{n+1}.$$

Aus Aufgabe 6 ergibt sich, dass

$$\text{Var}_N(X) = \frac{n(N+1)(N-n)}{(n+1)^2(n+2)},$$

und nach einigen Umformungen liefert dies den mittleren quadratischen Fehler

$$\text{MSE}_N(X) = \text{Var}_N(X) + \text{Bias}_N(X)^2 = \frac{(2N-n)(N-n)}{(n+1)(n+2)}.$$

Eine Alternative zu X ist der erwartungstreue Schätzer $\widehat{N} := (n+1)X/n - 1$. Dieser erfüllt die Gleichung

$$\text{MSE}_N(\widehat{N}) = \text{Var}_N(\widehat{N}) = \frac{(n+1)^2}{n^2}\text{Var}_N(X) = \frac{(N+1)(N-n)}{n(n+2)}.$$

Hieraus kann man ableiten, dass $\text{MSE}_N(\widehat{N}) < \text{MSE}_N(X)$ genau dann, wenn $N > (n^2+n+1)/(n-1)$. In Bezug auf den mittleren quadratischen Fehler ist also $\widehat{N}$ bei großen Populationen tendenziell präziser als X.

Beispiel 1.6 (Schätzung einer Populationsgröße, II)
Angenommen, die Individuen einer Population tragen die Kennziffern $a+1, a+2, \ldots, b$, wobei a und b unbekannte ganze Zahlen sind. Ziehen wir aus dieser Population eine Stichprobe $\omega = (\omega_1, \omega_2, \ldots, \omega_n)$ ohne Zurücklegen, dann liegt diese in der Menge $\Omega = \{\omega \in \mathbb{Z}^n : \omega_i \neq \omega_j, \text{falls } i \neq j\}$, und der unbekannte Parameter $\theta = (a,b)$ liegt im Parameterraum $\Theta = \{(a,b) : a, b \in \mathbb{Z}, b - a \geq n\}$.

Ein konkretes Beispiel wären die Matrikelnummern, wenn man gezielt Studierende aus Bern befragt, aber nicht weiß, dass die Berner Matrikelnummern (das heißt die fünfstelligen Dezimalzahlen) bei 10,000 starten, also $a = 9999$.

Gehen wir auch hier von rein zufälligem Stichprobenziehen aus, dann ist $\mathbb{P}_{(a,b)}$ die Gleichverteilung auf der Menge $\Omega_{(a,b)} = \{\omega \in \Omega : a < \omega_1, \ldots, \omega_n \leq b\}$.

Angenommen, wir interessieren uns nach wie vor für den Parameter $N = b - a = g(a,b)$. Um hierüber etwas zu erfahren, könnte man die Statistik

$$X(\omega) := \max(\omega_1, \ldots, \omega_n) - \min(\omega_1, \ldots, \omega_n)$$

betrachten, wobei wir nun voraussetzen müssen, dass $n \geq 2$. Deren Verteilung hängt nur von N ab, denn $X(\omega)$ bleibt unverändert, wenn man ω durch $(\omega_1 - a, \omega_2 - a, \ldots, \omega_n - a)$ ersetzt, und letztere „Stichprobe" ist gleichverteilt auf $\Omega_{(0,N)}$. Mit den Überlegungen in Aufgabe 5 kann man zeigen, dass nun

$$\widehat{N} := \frac{(n+1)X}{n-1} - 1$$

einen erwartungstreuen Schätzer für N definiert.

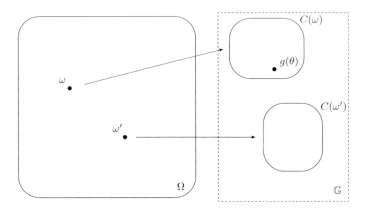

Abb. 1.5 Vertrauensbereich C für $g(\theta)$

Beispiel (Schätzung einer Populationsgröße, III)
Beim Capture-Recapture-Verfahren betrachten wir eine Population $\mathcal{M}$ von N Individuen, und Ω
besteht aus allen Paaren $\omega = (\omega^{(1)}, \omega^{(2)})$ zweier Stichproben $\omega^{(1)} = (\omega_1^{(1)}, \dots, \omega_l^{(1)})$ und $\omega^{(2)} = (\omega_1^{(2)}, \dots, \omega_n^{(2)})$ aus $\mathcal{M}$, jeweils ohne Zurücklegen. Hier ist $\mathbb{P}$ die Gleichverteilung auf Ω; sie hängt
u. a. von N ab. Speziell die Zufallsvariable

$$X(\omega) := \#\big(\{\omega_1^{(1)}, \dots, \omega_l^{(1)}\} \cap \{\omega_1^{(2)}, \dots, \omega_n^{(2)}\}\big)$$

ist nach Hyp(N, l, n) verteilt.

Vertrauensbereiche

Anstelle eines Punktes $\widehat{g}(\omega) \in \mathbb{G}$ gibt man eine Teilmenge $C(\omega) \subset \mathbb{G}$ an und *behauptet*
bzw. hofft, dass diese den Punkt $g(\theta)$ enthält. Die entsprechende Abbildung

$$C : \Omega \to \mathcal{P}(\mathbb{G})$$

nennt man einen *Vertrauensbereich (Konfidenzbereich, confidence region) für* $g(\theta)$; siehe
Abb. 1.5.
Wenn man für ein vorgegebenes $\alpha \in (0, 1)$ garantieren kann, dass

$$\mathbb{P}_\theta\big(g(\theta) \in C\big) \geq 1 - \alpha \quad \text{für beliebige } \theta \in \Theta,$$

so spricht man von einem Vertrauensbereich *mit Vertrauensniveau (Konfidenzniveau, confidence level)* $1 - \alpha$ oder kurz von einem $(1 - \alpha)$-*Vertrauensbereich* für $g(\theta)$. Ausführlich
geschrieben, steht auf der linken Seite die Wahrscheinlichkeit $\mathbb{P}_\theta\big(\{\omega \in \Omega : g(\theta) \in C(\omega)\}\big)$.[5]

---

[5] Wir setzen stillschweigend voraus, dass $\{\omega \in \Omega : g(\theta) \in C(\omega)\}$ für beliebige $\theta \in \Theta$ messbar ist,
also zu $\mathcal{A}$ gehört.

Spezielles Kochrezept In Zusammenhang mit Populationsgrößen verwendeten wir eine Methode, die auch in Abschn. 2.2 und 7.3 vorkommen wird. Sei $X(\omega)$ eine reellwertige Kenngröße der Rohdaten ω, und F_θ sei deren Verteilungsfunktion, also $F_\theta(x) := \mathbb{P}_\theta(X \le x)$. Angenommen, wir kennen F_θ für jeden *möglichen* Wert $\theta \in \Theta$. Gemäß Lemma 1.3 erfüllt der *wahre* Parameter θ die Ungleichung $F_\theta(X) > \alpha$ mit Wahrscheinlichkeit $1 - \alpha$. Definieren wir also

$$\tilde{C}(x) := \big\{g(\theta) : \theta \in \Theta, F_\theta(x) > \alpha\big\}$$

für $x \in \mathbb{R}$, dann ist $\omega \mapsto \tilde{C}(X(\omega))$ ein $(1 - \alpha)$-Konfidenzbereich für $g(\theta)$. Wir schließen hier alle *hypothetischen* Parameter $\theta \in \Theta$ aus, für welche der Wert $X(\omega)$ „verdächtig klein" wäre.

Analog könnte man diejenigen hypothetischen Parameter in Θ ausschließen, für welche $X(\omega)$ „verdächtig groß" wäre. Dies ergibt den $(1 - \alpha)$-Konfidenzbereich $\omega \mapsto \tilde{C}(X(\omega))$ mit

$$\tilde{C}(x) := \big\{g(\theta) : \theta \in \Theta, F_\theta(x-) < 1 - \alpha\big\}$$

für $x \in \mathbb{R}$.

Schließlich könnte man beide Ansätze kombinieren und solche Parameter ausschließen, für welche $X(\omega)$ „verdächtig extrem" ist. Dies ergibt den $(1 - \alpha)$-Konfidenzbereich $\omega \mapsto \tilde{C}(X(\omega))$ mit

$$\tilde{C}(x) := \big\{g(\theta) : \theta \in \Theta, F_\theta(x) > \alpha/2 \text{ und } F_\theta(x-) < 1 - \alpha/2\big\}$$

für $x \in \mathbb{R}$. Man könnte die Fehlerwahrscheinlichkeit α auch in einem anderen Verhältnis aufteilen, also verlangen, dass $F_\theta(x) > \alpha_1$ und $F_\theta(x-) < 1-\alpha_2$ mit vorgegebenen Zahlen $\alpha_1, \alpha_2 > 0, \alpha_1 + \alpha_2 = \alpha$.

In allen drei Fällen reduzieren wir die Rohdaten ω auf den Wert $X(\omega)$ und betrachten dann diejenigen Parameter $\theta \in \Theta$, welche „zu $X(\omega)$ passen". Ob die resultierenden Konfidenzbereiche wirklich nützlich sind und welche Form sie haben, muss man in konkreten Situationen prüfen.

(Statistische) Tests

Anhand der Daten $\omega \in \Omega$ möchte man oft einen bestimmten „Effekt" (*Arbeitshypothese*, *Alternativhypothese*) nachweisen. Zu diesem Zweck formuliert man eine *Nullhypothese*. Das heißt, man beschreibt die Verteilung der Daten unter der Annahme, dass es den besagten Effekt *nicht* gibt. Dann legt man fest, für welche Datensätze man diese Nullhypothese verwirft (und an den Effekt glaubt). Das heißt, man unterteilt Ω in einen „Akzeptanzbereich" Ω_0 und einen „Ablehnungsbereich" $\Omega_1 = \Omega \setminus \Omega_0$.[6] Im Falle von $\omega \in \Omega_0$ macht man keine Aussage und hält die Nullhypothese für möglich. Im Falle von $\omega \in \Omega_1$ behauptet man, die Nullhypothese sei falsch (und hält die Arbeitshypothese für plausibel).

---

[6] Die Mengen Ω_0, Ω_1 sollten zu der σ-Algebra $\mathcal{A}$ gehören.

Bei dieser Vorgehensweise kann man zwei Arten von Fehlern begehen:

Fehler der ersten Art: Die Nullhypothese trifft zu, doch wir verwerfen sie, weil $\omega \in \Omega_1$.

Fehler der zweiten Art: Die Arbeitshypothese trifft zu, doch wir verwerfen die Nullhypothese nicht, weil $\omega \in \Omega_0$.

Da sich diese Fehlerarten nicht simultan vermeiden lassen, konzentriert man sich in der Regel auf die Wahrscheinlichkeit für einen Fehler der ersten Art, zumal sich die Nullhypothese oft einfacher oder präziser beschreiben lässt. Wenn man für ein vorgegebenes Testniveau $\alpha \in (0, 1)$ garantieren kann, dass stets

$$\mathbb{P}(\Omega_1) \leq \alpha \quad \text{unter der Nullhypothese,}$$

so spricht man von einem *Test zum Niveau* α. Im Falle von $\omega \in \Omega_1$ kann man dann mit einer *Sicherheit* von $1 - \alpha$ behaupten, die Nullhypothese sei falsch. Anders formuliert: Im Falle von $\omega \in \Omega_1$ verwerfen wir die Nullhypothese auf dem Testniveau α.

Beispiel (Fishers exakter Test für randomisierte Studien)

In Beispiel 1.2 sollte die Arbeitshypothese, dass Behandlung 1 tendenziell besser als Behandlung 2 ist, gegebenenfalls nachgewiesen werden. Die Nullhypothese lautet, dass es keinerlei Unterschiede zwischen den Behandlungen gibt. Nun sei Ω die Menge aller aus der randomisierten Studie potenziell resultierenden Vierfeldertafeln:

h_1	$n_1 - h_1$	n_1
h_2	$n_2 - h_2$	n_2
$h_+ = h_1 + h_2$	$N - h_+$	N

Die Verteilung $\mathbb{P}$ berücksichtigt hier die Auswahl der Probanden, deren zufällige Einteilung in zwei Behandlungsgruppen und sämtliche Einflüsse auf den Erfolg bzw. Misserfolg der beiden Behandlungen. In der Regel ist $\mathbb{P}$ nicht genau bekannt, aber wir gehen davon aus, dass unter der Nullhypothese gilt: Bedingt man auf die Gruppengrößen (wenn sie nicht fest vorgegeben sind) und die Gesamtzahl von Behandlungserfolgen, dann ist der linke obere Tabelleneintrag h_1 hypergeometrisch verteilt mit Parametern N, h_+ und n_1.

Der Ablehnungsbereich Ω_1 besteht aus allen Vierfeldertafeln, in denen h_1 verdächtig groß ist in dem Sinne, dass h_1 strikt größer als der kritische Wert $q_{1-\alpha;N,h_+,n_1}$ ist. Dies ist gleichbedeutend mit der Bedingung, dass der rechtsseitige P-Wert $1 - F_{N,h_+,n_1}(h_1 - 1)$ kleiner oder gleich α ist.

Bevor wir ein weiteres Beispiel für einen statistischen Test beschreiben, erinnern wir an die Definition der Binomialverteilung:

Definition (Binomialverteilungen)

Eine Zufallsvariable X heißt binomialverteilt mit Parametern $n \in \mathbb{N}$ und $p \in [0, 1]$, wenn für beliebige $x \in \{0, 1, \dots, n\}$ gilt:

$$\mathbb{P}(X = x) = f_{n,p}(x) := \binom{n}{x} p^x (1 - p)^{n-x}.$$

Als Symbol für diese Verteilung verwenden wir $\text{Bin}(n, p)$. Die entsprechende Verteilungsfunktion bezeichnen wir mit $F_{n,p}$, also $F_{n,p}(x) = \sum_{k=0}^{x} f_{n,p}(k)$ für $x \in \{0, 1, \ldots, n\}$.

Die Binomialverteilung $\text{Bin}(n, p)$ beschreibt die Verteilung einer Summe $X = \sum_{i=1}^{n} X_i$, wobei die Summanden $X_1, X_2, \ldots, X_n$ stochastisch unabhängig sind mit $\mathbb{P}(X_i = 1) = p$ und $\mathbb{P}(X_i = 0) = 1 - p$.

Beispiel 1.7 (Binomialtest auf Zufälligkeit)
Die Leserin oder der Leser sollte jetzt vor dem Weiterlesen eine „rein zufällige" Sequenz von 50 Ziffern aus $\{0, 1\}$ aufschreiben.
    Fordert man Personen auf, eine rein zufällige Sequenz $\omega = (\omega_1, \omega_2, \ldots, \omega_n)$ von n Ziffern $\omega_i \in \{0, 1\}$ aufzuschreiben, dann tendieren sie erfahrungsgemäß zu Sequenzen mit zu vielen Wechseln. Um diesen Effekt zu quantifizieren, definieren wir die Teststatistik

$$X(\omega) := \#\{i < n : \omega_i \neq \omega_{i+1}\}.$$

Die Nullhypothese wäre, dass die Sequenz ω tatsächlich rein zufällig aus der Menge aller 0-1-Sequenzen der Länge n gewählt wurde. Man kann sich leicht davon überzeugen, dass X unter der Nullhypothese nach $\text{Bin}(n - 1, 0{,}5)$ verteilt ist. Um zu beurteilen, ob der beobachtete Wert von X verdächtig groß ist, berechnen wir den P-Wert $1 - F_{n-1,0,5}(X - 1)$. Denn aus Lemma 1.3 folgt, dass

$$\mathbb{P}\big(1 - F_{n-1,0,5}(X - 1) \leq \alpha\big) \leq \alpha \quad \text{unter der Nullhypothese.}$$

Wenn also dieser P-Wert kleiner oder gleich α ist, können wir mit einer Sicherheit von $1 - \alpha$ behaupten, die Sequenz sei nicht rein zufällig erzeugt worden.
    Wenn wir mit Ω die Menge $\{0, 1\}^n$ bezeichnen, dann entspricht der eben beschriebene Test dem Ablehnungsbereich

$$\begin{aligned}
\Omega_1 &= \big\{\omega \in \{0, 1\}^n : 1 - F_{n-1,0,5}(X(\omega) - 1) \leq \alpha\big\} \\
&= \big\{\omega \in \{0, 1\}^n : X(\omega) > q_{1-\alpha;n-1,0,5}\big\}
\end{aligned}$$

mit dem Quantil

$$q_{1-\alpha;n-1,0,5} := \min\big\{x \in \{0, 1, \ldots, n - 1\} : F_{n-1,0,5}(x) \geq 1 - \alpha\big\}.$$

Zahlenbeispiel: Bei $n = 50$ und $\alpha = 0{,}05$ ergibt sich das Quantil $q_{1-\alpha;n-1,0,5} = q_{0,95;49,0,5} = 30$, denn $F_{49,0,5}(29) \approx 0{,}9238$ und $F_{49,0,5}(30) \approx 0{,}9573$. Bei Sequenzen mit mehr als 30 Wechseln behaupten wir also mit einer Sicherheit von 95 %, sie seien nicht rein zufällig erzeugt worden. Testen Sie nun Ihre eigene Sequenz.

1.5 Datensätze und Variablen

In den vorangehenden Abschnitten wurden bereits einige wichtige Verfahren und allgemeine Ideen präsentiert. Im weiteren Verlauf dieses Buches werden wir zahlreiche Methoden besprechen. Dabei orientieren wir uns am Typ der auszuwertenden Daten bzw. Variablen.

Datensätze Ein *Datensatz (Stichprobe, data set, sample)* besteht aus mehreren *Beobachtungen (Fällen, observations, cases)*. Zu jeder Beobachtung gibt es Werte von einer oder mehreren *Variablen (Merkmalen, variables)*. Die Anzahl der Beobachtungen nennt man den *Stichprobenumfang (sample size)*.

Beispiel 1.8 (Befragung von Studierenden)
In der Vorlesung „Einführung in die Statistik für Wirtschafts- und Sozialwissenschaften (Bern 2003/2004)" füllten 263 Studierende einen Fragebogen aus. Jede(r) Studierende entspricht einer Beobachtung. Erhoben wurden die Werte von folgenden elf Variablen:

(1) Geschlecht: w oder m,
(2) Alter: in Jahren,
(3) Geburtsmonat: eine Zahl aus $\{1, 2, \ldots, 12\}$,
(4) Herkunft: Geburtskanton bzw. -land,
(5) Körpergröße: in cm,
(6) Körpergewicht: in kg,
(7) Monatsmiete: Nettomiete in CHF,
(8) Rauchen: nein $= 0$, gelegentlich $= 1$, regelmäßig $= 2$,
(9) Zufallsziffer: eine in Gedanken „rein zufällig" gewählte Ziffer aus $\{0, 1, \ldots, 9\}$,
(10) Anzahl Geschwister: eine Zahl aus $\{0, 1, 2, \ldots\}$,
(11) Geschätzte Größe des Dozenten: in cm.

Die Werte, welche eine bestimmte Variable annehmen kann, nennt man auch *Merkmalsausprägungen*. Man unterscheidet zwei bzw. drei Typen von Variablen:

Kategorielle (qualitative) Variablen Diese können endlich viele Werte in irgendeinem Wertebereich annehmen.

In Beispiel 1.8 sind folgende Variablen kategoriell: Geschlecht, Geburtsmonat, Herkunft, Rauchen, Zufallsziffer.

Wenn es wie z. B. beim Geschlecht genau zwei mögliche Ausprägungen gibt, spricht man auch von einem *dichotomen* oder *binären* Merkmal.

Numerische (quantitative) Variablen Diese nehmen einen Zahlenwert mit einer objektiven Bedeutung an.

In Beispiel 1.8 sind die folgenden Variablen numerisch: Alter, Körpergröße und -gewicht, Monatsmiete, Anzahl Geschwister, geschätzte Größe des Dozenten. Die Variablen Geburtsmonat und Rauchen sind zwar ebenfalls zahlenkodiert, aber die Ausprägungen wurden willkürlich gewählt; man hätte auch andere Werte oder Buchstaben festlegen können. Über den Typ der Variable Zufallsziffer kann man durchaus streiten; nach Auffassung des Autors ist sie kategoriell.

Ordinal(skaliert)e Variablen Dies sind kategorielle Variablen, deren Ausprägungen in einer natürlichen Reihenfolge stehen mit einem „kleinsten" und einem „größten" Wert.

Solche Variablen sind gerade in Medizin, Psychologie und Sozialwissenschaften sehr verbreitet. Man denke beispielsweise an Fragen zur Zufriedenheit mit irgendetwas, bei denen zum Beispiel eine der folgenden Antworten anzukreuzen ist: unzufrieden, teilweise zufrieden, überwiegend zufrieden, rundum zufrieden. Auch Schul- oder Prüfungsnoten kann man als ordinale Variablen auffassen. Mitunter entstehen ordinale Variablen aus numerischen Merkmalen durch Einteilung ihres Wertebereichs in endlich viele Intervalle.

In Beispiel 1.8 ist die Variable Rauchen ordinalskaliert: 0 (nein) $\leq$ 1 (gelegentlich) $\leq$ 2 (regelmäßig). Über die Variablen Geburtsmonat und Zufallsziffer kann man durchaus streiten. Zwar gibt es eine natürliche Abfolge der Monate, aber auf den Monat Dezember folgt wieder der Januar. Bei Erhebung der Variable Zufallsziffer wurden die Studierenden aufgefordert, sich ein Roulette mit zehn Sektoren vorzustellen. Also liegt auch hier eher eine „zyklische Variable" als eine ordinale Variable vor.

Datenmatrizen   In der Regel werden Datensätze in Form einer Tabelle, auch Datenmatrix genannt, gespeichert. Dabei entspricht jede Zeile einer Beobachtung, und jede Spalte entspricht einer Variable. Die erste Zeile enthält oftmals die Variablenbezeichnungen, und die eigentlichen Beobachtungen stehen in den Zeilen darunter.

1.6   Übungsaufgaben

1. In Beispiel 1.1 könnte man ein mehrstufiges Experiment durchführen. Das Basisexperiment mit den acht Schokostückchen wird so oft wiederholt, bis erstmalig $X \leq 2$ oder $X = 4$. Sei also X_i das Resultat der i-ten Runde. Im Falle von $X_i = 3$ wird das Basisexperiment wiederholt und liefert ein neues Resultat X_{i+1}. Dies ergibt eine zufällige Anzahl J von Runden, wobei $X_i = 3$ für $1 \leq i < J$ und $X_J \neq 3$. Im Falle von $X_J = 4$ würde man behaupten, dass die Arbeitshypothese zutrifft; im Falle von $X_J \leq 2$ würde man keine definitive Aussage treffen. Angenommen, die Nullhypothese trifft zu. Mit welcher Wahrscheinlichkeit wird sie bei diesem mehrstufigen Experiment dennoch verworfen? Und wie viele Stückchen Schokolade muss bzw. darf die Testperson im Mittel probieren?

2. Ein Weinkenner behauptet, er könne zwei bestimmte Weinsorten A und B zuverlässig unterscheiden. Da es sich bei Sorte A um einen sehr teuren Wein handelt, einigt man sich auf folgendes Experiment: Dem Weinkenner werden in rein zufälliger Anordnung $n \geq 4$ Gläschen Wein präsentiert, von denen genau zwei Sorte A und die übrigen $n - 2$ Sorte B enthalten. Er muss die beiden Gläser mit Sorte A bestimmen. Wie sicher können wir sein, dass der Weinkenner tatsächlich die Sorten A und B unterscheiden kann, falls er diese Aufgabe fehlerfrei löst? Wie groß muss n sein, damit diese Sicherheit mindestens 95 % bzw. 98 % beträgt?

3. (Sozialwissenschaftliches Experiment)   Im Rahmen einer Fortbildungsveranstaltung nahmen 48 angehende Managerinnen und Manager an einem Experiment teil, ohne dies zu wissen. Jede(r) von ihnen erhielt eine (fiktive) Personalakte und sollte entscheiden, ob die betreffende Person befördert wird oder nicht. Die 48 Personalakten waren identisch bis auf den Namen der Person und wurden rein zufällig verteilt. In 24 Fällen handelte es sich um die Akte von Herrn Meier, und in 24 Fällen ging es um Frau Meier. Das Ergebnis des Experiments fassen wir in der folgenden Vierfeldertafel zusammen:

	Beförderung	keine Beförd.	
Herr Meier	21	3	24
Frau Meier	14	10	24
	35	13	48

Bestätigen diese Daten das Vorurteil, dass Männer im Berufsleben gegenüber Frauen bevorzugt werden? Werten Sie die Daten wie in Beispiel 1.2 mit Testniveau $\alpha = 5\,\%$ aus. Dabei können Sie folgende Tabelle der hypergeometrischen Verteilung $\text{Hyp}_{48,35,24}$ verwenden. Sie enthält deren Gewichte $f_{48,35,24}(x)$ auf vier Nachkommastellen gerundet.

x	11	12	13	14	15	16	17
$f_{48,35,24}(x)$	0,0000	0,0003	0,0036	0,0206	0,0720	0,1620	0,2415

x	18	19	20	21	22	23	24
$f_{48,35,24}(x)$	0,2415	0,1620	0,0720	0,0206	0,0036	0,0003	0,0000

Hier sollte man sich gut überlegen, welche Nullhypothese eigentlich getestet wird. Man könnte die 48 angehenden Managerinnen und Manager als zufällige Stichprobe aus einer gewissen Population betrachten, und über letztere möchte man eine Aussage machen. Das ist vielleicht etwas weit hergeholt. Stattdessen könnte man die Nullhypothese, dass genau diese 48 Personen objektiv urteilten, betrachten. Auch die Arbeitshypothese wäre dann etwas konkreter: Unter diesen 48 Personen gibt es Leute, welche im Berufsleben Männer gegenüber Frauen bevorzugen.

4. Sei X eine Zufallsvariable mit folgender Verteilung:

x	-1	0	1	2	3	4
$\mathbb{P}(X = x)$	0,05	0,10	0,20	0,25	0,25	0,15

Zeichnen Sie
(a) die Verteilungsfunktion F_0 von X, also $F_0(x) := \mathbb{P}(X \le x)$ für $x \in \mathbb{R}$,
(b) die drei Funktionen

$$\alpha \mapsto \begin{cases} \mathbb{P}\big(F_0(X) \le \alpha\big) \\ \mathbb{P}\big(1 - F_0(X-) \le \alpha\big) \\ \mathbb{P}\big(2 \cdot \min\{F_0(X), 1 - F_0(X-)\} \le \alpha\big) \end{cases}$$

für $\alpha \in [-0{,}1, 1{,}4]$.

5. In dieser Aufgabe beweisen wir Lemma 1.5 mit einer Symmetrieüberlegung. Wir betrachten die Gleichverteilung $\mathbb{P}_N$ auf der Menge $\Omega_N = \{\omega \in \Omega : X(\omega) \le N\}$. Für ein Tupel $\omega \in \Omega_N$ seien $1 \le \omega_{(1)} < \omega_{(2)} < \cdots < \omega_{(n)} \le N$ seine der Größe nach sortierten Einträge; insbesondere $\omega_{(n)} = X(\omega)$. Mit $\omega_{(0)} := 0$ und $\omega_{(n+1)} := N + 1$ definieren wir nun den Zufallsvektor $\mathbf{Z} = (Z_i)_{i=1}^{n+1}$ mit Einträgen $Z_i(\omega) := \omega_{(i)} - \omega_{(i-1)}$. Das heißt, wir unterteilen die ganzen Zahlen von 1 bis $N + 1$ in $n + 1$ zufällige Intervalle:

$$0, \underbrace{1, \ldots, \omega_{(1)}}_{Z_1(\omega)\text{Elem.}}, \underbrace{\omega_{(1)} + 1, \ldots, \omega_{(2)}}_{Z_2(\omega)\text{Elem.}}, \ldots, \underbrace{\omega_{(n-1)} + 1, \ldots, \omega_{(n)}}_{Z_n(\omega)\text{Elem.}}, \underbrace{\omega_{(n)} + 1, \ldots, N + 1}_{Z_{n+1}(\omega)\text{Elem.}}.$$

(a) Zeigen Sie, dass $\mathbf{Z}$ auf der Menge

$$\mathcal{Z}_N := \Big\{ z \in \mathbb{N}^{n+1} : \sum_{i=1}^{n+1} z_i = N + 1 \Big\}$$

gleichverteilt ist. (Zu zeigen ist, dass die Menge $\{\omega \in \Omega_N : \mathbf{Z}(\omega) = z\}$ für jedes $z \in \mathcal{Z}_N$ die gleiche Anzahl von Elementen hat.)

(b) Zeigen Sie, dass die Zufallsvariablen $Z_1, Z_2, \ldots, Z_{n+1}$ identisch verteilt sind. (Hierzu kann man beispielsweise die Abbildung

$$(z_1, z_2, \ldots, z_{n+1}) \mapsto (z_{n+1}, z_1, z_1, \ldots, z_n)$$

von $\mathcal{Z}_N$ nach $\mathcal{Z}_N$ betrachten.)

(c) Bestimmen Sie mithilfe von Teil (b) die Erwartungswerte $\mathbb{E}_N(Z_i)$ und $\mathbb{E}_N(X)$.

6. Wir bleiben noch bei Lemma 1.5. Ausgehend von der allgemeinen Formel (1.3) wurde bereits gezeigt, dass $\mathbb{E}_N(X) = (N+1)n/(n+1)$. Berechnen Sie nun auch $\mathbb{E}_N(X^2)$ und $\mathrm{Var}_N(X)$. Zeigen Sie dann, dass die Standardabweichung des Schätzers $\widehat{N} := (n+1)X/n - 1$ folgende Ungleichung erfüllt:

$$\mathrm{Std}(\widehat{N}) < \frac{N}{n}.$$

7. (Monotonie hypergeometrischer Verteilungen im ersten Parameter) Zeigen Sie, dass die Verteilungsfunktion $F_{N,l,n}(x)$ von $\mathrm{Hyp}(N, l, n)$ an einer festen Stelle $x \in \mathbb{N}_0$ monoton wachsend ist in N. Wer möchte, kann sogar zeigen, dass

$$F_{N+1,l,n}(x) = F_{N,l,n}(x) + \frac{x+1}{N+1}\, f_{N,l,n}(x+1).$$

Hinweis: Diese Aussagen lassen sich durch wilde Rechnungen nachweisen. Eleganter ist aber ein Koppelungsargument: Beschreiben Sie ein Zufallsexperiment mit zwei Zufallsvariablen X und $\tilde{X}$ derart, dass $X \sim \mathrm{Hyp}(N, l, n)$, $\tilde{X} \sim \mathrm{Hyp}(N+1, l, n)$ und stets $\tilde{X} \leq X$. Denken Sie beispielsweise an eine Urne mit l blauen, $N - l$ weißen und einer schwarzen Kugel, aus der Sie nacheinander und ohne Zurücklegen $n + 1$ Kugeln ziehen.

8. (Capture-Recapture-Methode)

(a) Eine absolut sichere untere Schranke für N ist $l + n - X$. Denn im ersten Fang markierte man l Individuen, und im zweiten Fang tauchten $n - X$ neue Individuen auf. Begründen Sie, dass auch die untere Konfidenzschranke $a_\alpha(\cdot)$ die Ungleichung $a_\alpha(x) \geq l + n - x$ für beliebige $x \in \{0, 1, \ldots, \min(l, n)\}$ erfüllt.

(b) Zeigen Sie, dass $b_\alpha(x) < \infty$, falls $x \geq 1$.

9. Ein Ökologe macht sich Sorgen, dass die Population einer bestimmten Heuschreckenart in einem bestimmten Gebiet zu stark angewachsen ist. Um dies zu untermauern, führt er ein Capture-Recapture-Experiment mit $l = n = 40$ Heuschrecken durch.

(a) Ist für ihn eine untere oder eine obere Vertrauensschranke für die Gesamtzahl N aller Heuschrecken von Interesse?

(b) Angenommen, er findet in der zweiten Runde $X = 3$ Tiere, die er in der ersten Runde markierte. Bestimmen Sie die entsprechende 90 %-Vertrauensschranke mithilfe der folgenden Tabelle mit Werten von $F_N(x) = F_{N,40,40}(x)$ für diverse Werte von N und $x = 2, 3$:

N	256	257	258	259	260	261	262	263	264
$F_N(3)$	0,0902	0,0920	0,0939	0,0957	0,0976	0,0994	0,1013	0,1032	0,1052

N	1416	1417	1418	1419	1420	1421	1422	1423	1424
$F_N(2)$	0,8996	0,8998	0,8999	0,9001	0,9002	0,9004	0,9006	0,9007	0,9009

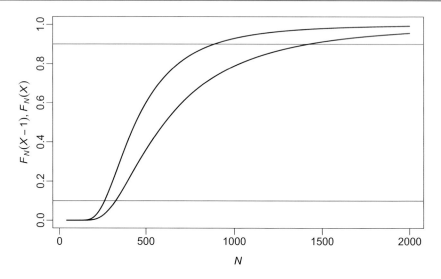

Abb. 1.6 Beispiel zum Capture-Recapture-Verfahren

  (c) Da der Ökologe kein Statistiker ist, bittet er Sie, den Sachverhalt in ein bis zwei Sätzen prägnant zu formulieren.
  (d) Wie kann man in Abb. 1.6 die untere bzw. die obere 90 %-Vertrauensschranke ablesen?
10. (Punktschätzung bei Capture-Recapture-Methode)
  (a) Zeigen Sie, dass man die Größe $g(N) := 1/N$ erwartungstreu schätzen kann. Bestimmen Sie auch den entsprechenden Wert $\mathrm{RMSE}_N(\widehat{g})$.
  (b) Begründen Sie, dass *kein* Schätzer der Form $\widehat{N} = h(X)$ mit einer reellwertigen Funktion h auf $\{0, 1, \ldots, \min(l, n)\}$ den Parameter N erwartungstreu schätzen kann.
  (c) Bestimmen Sie den Bias des Schätzers $\widehat{N} := (l + 1)(n + 1)/(X + 1)$ für N. Zeigen Sie, dass stets $\mathrm{Bias}_N(\widehat{N}) \leq 1$.
11. Bestimmen Sie für Beispiel 1.6 explizite Formeln für $\mathbb{P}_{(0,N)}(X = x)$ und $F_N(x) := \mathbb{P}_{(0,N)}(X \leq x)$, wobei $N \geq n$ und $x \in \mathbb{N}_0$.
12. (Erste Konfidenzschranken für eine Wahrscheinlichkeit) Ein Glücksspieler ist überzeugt davon, dass ein bestimmter Würfel viel zu selten eine Eins ergibt. Um dies zu belegen, wirft er diesen Würfel mehrmals hintereinander und bestimmt die Anzahl X der Versuche bis zur ersten Eins.
  (a) Wie könnte man mit diesem Experiment Vertrauensschranken für die unbekannte Wahrscheinlichkeit $p \in (0, 1)$ einer Eins bestimmen? Was Sie benötigen, sind
    (a.1) die Verteilung von X,
    (a.2) die Verteilungsfunktionen F_p von X, also $F_p(x) = \mathbb{P}_p(X \leq x)$, und deren Monotonie bezüglich p,
    (a.3) konkrete Formeln für eine untere und eine obere $(1 - \alpha)$-Vertrauensschranke $a_\alpha(X)$ bzw. $b_\alpha(X)$.
  (b) Welche der beiden Vertrauensschranken ist für den Glücksspieler relevant? Bei welchen Werten von X könnte er seine Behauptung mit einer Sicherheit von 90 % untermauern?
  (c) Was ändert sich in (a.1–2), wenn man die Anzahl der Würfe bis zur *zweiten* Eins betrachtet?

13. (Biologisches Experiment) In einem Experiment sollte geklärt werden, ob eine zentralamerikanische Ameisenart, welche sich in Akazienbäumen einnistet, bei der Standortsuche wählerisch ist.

In einem bestimmten Gebiet wurden alle Akazienbäume bis auf 28 entfernt. Von diesen 28 Bäumen gehörten 15 einer Art A und 13 einer Art B an, keiner von ihnen war von Ameisen bewohnt. Nun wurden insgesamt 16 Ameisenstämme, die andernorts Bäume der Art A besiedelt hatten, an einer Stelle ausgesetzt, die von allen 28 Bäumen in etwa gleich weit entfernt war. Nach einer gewissen Zeit hatte jeder Ameisenstamm ein neues Zuhause gefunden:

	befallen	nicht bef.	
Art A	13	2	15
Art B	3	10	13
	16	12	28

Formulieren Sie eine geeignete Arbeits- und Nullhypothese, und testen Sie Ihre Nullhypothese auf dem Niveau $\alpha = 0{,}01$.

14. Daniel Düsentrieb hat einen brandneuen Zufallsgenerator entwickelt und möchte Ihnen diesen schmackhaft machen. Zur Illustration präsentiert er Ihnen eine „rein zufällig" erzeugte Sequenz $\omega \in \{0, 1\}^{100}$ (zeilenweise zu lesen):

1	1	0	0	1	0	0	0	0	1	0	0	0	1	0	1	0	1	1	0
1	0	1	1	1	1	0	1	1	1	1	0	0	0	0	0	0	0	1	1
1	1	1	0	0	1	1	0	0	0	1	0	0	0	0	0	0	0	0	1
0	0	1	0	0	0	0	0	1	0	0	1	0	0	0	0	1	1	0	1
0	1	1	1	1	1	1	1	1	1	0	1	1	1	0	0	0	0	0	0

Testen Sie die Nullhypothese, dass diese Sequenz rein zufällig erzeugt wurde, auf dem Niveau $\alpha = 5\%$, indem Sie für die Teststatistik $X(\omega)$ einen *zweiseitigen* P-Wert berechnen. Verwenden Sie dafür folgende Tabelle der Binomialverteilungsfunktion $F_{99,0,5}$ (auf vier Nachkommastellen gerundet):

x	35	36	37	38	39	40	41	42
$F_{99,0,5}(x)$	0,0023	0,0043	0,0077	0,0133	0,0219	0,0350	0,0537	0,0795

Beurteilen Sie auch folgende Sequenz ω, ohne eine andere Tabelle hinzuzuziehen:

1	0	0	1	1	1	1	0	1	1	0	1	1	0	0	1	0	1	1	0
0	1	1	0	0	1	0	1	1	0	1	0	1	1	0	0	1	0	1	0
1	1	1	0	1	0	0	1	0	1	1	1	0	1	1	0	1	0	1	0
1	1	1	1	1	0	0	1	1	0	0	0	0	1	1	1	0	1	0	0
1	0	0	1	0	0	1	0	0	0	0	1	0	1	1	0	1	0	1	1

Kategorielle Merkmale

2

In diesem Kapitel betrachten wir ein kategorielles Merkmal mit $K \geq 2$ potenziellen Werten $x_1, x_2, \ldots, x_K$. Die entsprechenden Stichprobenwerte bezeichnen wir mit $X_1, X_2, \ldots, X_n$. Diese betrachten wir als stochastisch unabhängige Zufallsvariablen, wobei

$$\mathbb{P}(X_i = x_k) = p_k \quad \text{für } 1 \leq k \leq K$$

mit gewissen Parametern $p_1, p_2, \ldots, p_K \geq 0$. Insbesondere ist $\sum_{k=1}^{K} p_k = 1$.

Beispiele

- Betrachten wir in Beispiel 1.8 die Variable „Rauchen" mit den möglichen Ausprägungen $x_1 =$ „nie", $x_2 =$ „gelegentlich" und $x_3 =$ „regelmäßig". Wenn wir die 263 Befragten als rein zufällige Stichprobe aus der Grundgesamtheit aller Schweizerinnen und Schweizer im Alter von ca. 18–30 Jahren betrachten, können wir das obige Modell unterstellen. Dabei sind p_1, p_2, p_3 die relativen Anteile der nicht, gelegentlich bzw. regelmäßig rauchenden Personen in der Grundgesamtheit.
- Wir bleiben bei Beispiel 1.8, betrachten aber nun die Variable „Zufallsziffer". Nun sei p_k die Wahrscheinlichkeit, dass eine rein zufällig aus der Population gewählte Person bei dieser Frage die Ziffer $k - 1 \in \{0, 1, \ldots, 9\}$ angeben würde.
- Im Vorfeld einer Parlamentswahl werden n Wahlberechtigte rein zufällig befragt, welche der aufgestellten Parteien $x_1, x_2, \ldots, x_K$ sie wählen würden. Wenn die Zahl der Befragten deutlich kleiner ist als die Gesamtzahl der Wahlberechtigten, kann man obiges Modell unterstellen, wobei p_k der momentane relative Wähleranteil für Partei x_k ist.
- Ein technisches Gerät kann unter gewissen Standardbedingungen einwandfrei funktionieren (x_1), oder es tritt eines von $K - 1$ möglichen Problemen auf ($x_2, \ldots, x_K$). Nun werden n gleichartige Geräte unter den besagten Bedingungen getestet. Dann ist p_k die Wahrscheinlichkeit, dass bei einem einzelnen Gerät Ausgang x_k beobachtet wird.

© Springer Basel 2016
L. Dümbgen, *Einführung in die Statistik*, Mathematik Kompakt,
DOI 10.1007/978-3-0348-0004-4_2

2.1 Punktschätzer und grafische Darstellungen

Für jede der K möglichen Ausprägungen berechnen wir ihre absolute Häufigkeit

$$H_k := \#\{i \leq n : X_i = x_k\}$$

sowie ihre relative Häufigkeit

$$\widehat{p}_k := \frac{H_k}{n}$$

in der Stichprobe. Wie die Notation bereits andeutet, kann man $\widehat{p}_k$ als Punktschätzer für p_k deuten. Für diese Größen H_k und $\widehat{p}_k$ gilt:

Lemma 2.1 (Multinomialverteilung) *Das Tupel $\boldsymbol{H} = (H_k)_{k=1}^K$ ist multinomialverteilt mit Parametern n und $\boldsymbol{p} = (p_k)_{k=1}^K$. Das heißt, für beliebige Tupel $\boldsymbol{h} = (h_k)_{k=1}^K \in \mathbb{N}_0^K$ ist*

$$\mathbb{P}(\boldsymbol{H} = \boldsymbol{h}) = f_{n,\boldsymbol{p}}(\boldsymbol{h}) := \binom{n}{h_1, h_2, \ldots, h_K} \prod_{k=1}^K p_k^{h_k}$$

mit dem Multinomialkoeffizienten

$$\binom{n}{h_1, h_2, \ldots, h_K} := \begin{cases} \dfrac{n!}{h_1! \, h_2! \cdots h_K!} & \text{falls } h_1 + h_2 + \cdots h_K = n, \\ 0 & \text{sonst.} \end{cases}$$

Diese Verteilung bezeichnen wir nachfolgend mit $\mathrm{Mult}(n, \boldsymbol{p})$.

Für $k = 1, 2, \ldots, K$ ist H_k nach $\mathrm{Bin}(n, p_k)$ verteilt, und die Schätzer $\widehat{p}_k$ erfüllen die Gleichungen

$$\mathbb{E}(\widehat{p}_k) = p_k,$$

$$\mathrm{Var}(\widehat{p}_k) = \frac{p_k(1 - p_k)}{n} \leq \frac{1}{4n},$$

$$\mathrm{Cov}(\widehat{p}_k, \widehat{p}_l) = \frac{-p_k p_l}{n} \quad \text{für } l \neq k.$$

Dieses Lemma zeigt, dass $\widehat{p}_k$ ein unverzerrter Schätzer für p_k ist, dessen Fehler von der Größenordnung $O(n^{-1/2})$ ist. Genauer gesagt, ist

$$\mathbb{E}\big|\widehat{p}_k - p_k\big| \leq \mathrm{Std}(\widehat{p}_k) \leq \frac{1}{2\sqrt{n}}.$$

Beweis von Lemma 2.1 Schreiben wir $H = H(X)$ mit dem Beobachtungsvektor $X = (X_i)_{i=1}^n$ und $X := \{x_1, x_2, \ldots, x_K\}$, dann ist $\mathbb{P}(H = h)$ gleich

$$\sum_{\tilde{x} \in X^n : H(\tilde{x}) = h} \mathbb{P}(X = \tilde{x}) = \sum_{\tilde{x} \in X^n : H(\tilde{x}) = h} \prod_{i=1}^n p_{\tilde{x}_i}$$

$$= \#\{\tilde{x} \in X^n : H(\tilde{x}) = h\} \prod_{k=1}^K p_k^{h_k}.$$

Die Frage ist nun, wie viele Tupel $\tilde{x} \in X^n$ mit $H(\tilde{x}) = h$ existieren. Man kann auf $\binom{n}{h_1}$ Arten festlegen, an welchen Positionen der Wert x_1 steht. Danach gibt es $\binom{n-h_1}{h_2}$ Möglichkeiten, x_2 zu setzen, dann noch $\binom{n-h_1-h_2}{h_3}$ Möglichkeiten für x_3 und so weiter. Insgesamt erhalten wir

$$\binom{n}{h_1} \binom{n-h_1}{h_2} \binom{n-h_1-h_2}{h_3} \cdots \binom{n-h_1-\cdots h_{K-1}}{h_K}$$

Möglichkeiten, und man kann leicht nachrechnen, dass dieses Produkt identisch ist mit dem Multinomialkoeffizienten $\binom{n}{h_1,\ldots,h_K}$.

Analog kann man zeigen, dass $H_k \sim \text{Bin}(n, p_k)$. Nun schreiben wir

$$\widehat{p}_k = n^{-1} \sum_{i=1}^n 1_{[X_i = x_k]}.$$

Dabei verwenden wir für eine beliebige Aussage A die Schreibweise

$$1_{[A]} := \begin{cases} 1, & \text{falls } A \text{ zutrifft,} \\ 0 & \text{sonst.} \end{cases}$$

Hieraus ergibt sich, dass $\mathbb{E}(\widehat{p}_k) = n^{-1} \sum_{i=1}^n \mathbb{P}(X_i = x_k) = p_k$. Ferner folgt aus der stochastischen Unabhängigkeit der Zufallsvariablen X_i, dass

$$\text{Cov}(\widehat{p}_k, \widehat{p}_l) = n^{-2} \sum_{i=1}^n \text{Cov}\big(1_{[X_i = x_k]}, 1_{[X_i = x_l]}\big)$$

$$= n^{-1}\big(1_{[k=l]} p_k - p_k p_l\big).$$

Im Falle von $k = l$ ergibt sich die Formel $\text{Var}(\widehat{p}_k) = n^{-1} p_k(1 - p_k)$, und $p_k(1 - p_k)$ ist gleich $1/4 - (p_k - 1/2)^2 \leq 1/4$. $\qquad\square$

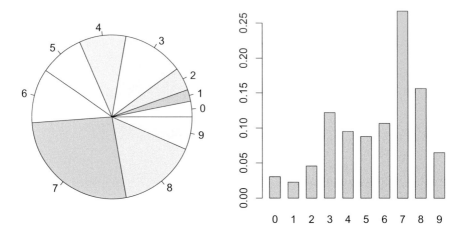

Abb. 2.1 Kuchen- und Stabdiagramm des Merkmals „Zufallsziffer" in Beispiel 2.2

Grafische Darstellung Die absoluten oder relativen Häufigkeiten H_k bzw. $\widehat{p}_k$ kann man durch ein *Balkendiagramm (Stabdiagramm, bar chart)* oder ein *Kuchendiagramm (pie chart)* grafisch darstellen.

Für das Balkendiagramm werden die Ausprägungen x_k horizontal aufgelistet, und vertikal zeichnet man zu jedem x_k einen Balken mit Höhe H_k bzw. $\widehat{p}_k$.

Für das Kuchendiagramm wird eine Kreisscheibe in K Sektoren („Kuchenstücke") unterteilt. Jeder Sektor entspricht einer Ausprägung x_k, und seine Fläche ist proportional zu H_k bzw. $\widehat{p}_k$.

Beispiel 2.2 („Zufallsziffern")
Bei der Befragung in Beispiel 1.8 gaben $n = 262$ Studierende eine Zufallsziffer an. Die resultierenden absoluten und relativen Häufigkeiten waren:

x_j	0	1	2	3	4	5	6	7	8	9
H_j	8	6	12	32	25	23	28	70	41	17
$\widehat{p}_j$	0,0305	0,0229	0,0458	0,1221	0,0954	0,0878	0,1069	0,2672	0,1565	0,0649

Abbildung 2.1 zeigt das entsprechende Stab- und Kuchendiagramm. Obwohl Kuchendiagramme sehr populär sind, lassen sich Stabdiagramme in der Regel leichter erfassen und interpretieren.

2.2 Konfidenzschranken für einen Binomialparameter

Nun konzentrieren wir uns auf eine Ausprägung x_k und betrachten nur die entsprechenden Größen $p = p_k$, $H = H_k$ und $\widehat{p} = \widehat{p}_k$. Wie schon gesagt wurde, ist H binomialverteilt mit Parametern n und p. An dieser Stelle empfehlen wir die Aufgaben 1 und 2.

Exakte Konfidenzschranken für p

Wir verwenden unser Kochrezept aus Kap. 1, diesmal mit den Verteilungsfunktionen $F_{n,p}$, $p \in [0, 1]$. Das heißt, $F_{n,p}(x) = \mathbb{P}_p(H \leq x) = \sum_{k=0}^{x} \binom{n}{k} p^k (1-p)^{n-k}$ für $x = 0, 1, \ldots, n$. Zunächst müssen wir klären, inwiefern $F_{n,p}(x)$ in p monoton ist:

Lemma 2.3 *Für beliebige $x \in \{0, 1, \ldots, n-1\}$ ist*

$$p \mapsto F_{n,p}(x)$$

stetig und streng monoton fallend auf $[0, 1]$ mit Randwerten $F_{n,0}(x) = 1$ und $F_{n,1}(x) = 0$. Genauer gesagt ist

$$F_{n,p}(x) = n\binom{n-1}{x} \int_p^1 u^x (1-u)^{n-1-x} \, du.$$

Die konkrete Integraldarstellung von $F_{n,p}(x)$ wird in Bemerkung 3.3 verwendet.

Beweis von Lemma 2.3 Die Funktion $p \mapsto F_{n,p}(x)$ ist ein Polynom und somit stetig und differenzierbar. Dass $F_{n,0}(x) = 1$ und $F_{n,1}(x) = 0$, ergibt sich einfach durch Einsetzen. Außerdem kann man mit elementaren Rechnungen zeigen, dass

$$\frac{d}{dp} F_{n,p}(x) = -n\binom{n-1}{x} p^x (1-p)^{n-1-x} < 0 \quad \text{für } 0 < p < 1.$$

Dies beweist die strikte Monotonie von $p \mapsto F_{n,p}(x)$, und

$$F_{n,p}(x) = F_{n,p}(x) - F_{n,1}(x) = n\binom{n-1}{x} \int_p^1 u^x (1-u)^{n-1-x} \, du. \qquad \square$$

Abbildung 2.2 illustriert die Monotonieaussage von Lemma 2.3. Diese Monotonieeigenschaft impliziert die drei folgenden Verfahren:

(i) Mit einer Sicherheit von $1 - \alpha$ ist $F_{n,p}(H) > \alpha$. Letztere Ungleichung ist gleichbedeutend mit

$$p \begin{cases} < b_\alpha(H), & \text{falls } H < n, \\ \leq 1, & \text{falls } H = n. \end{cases}$$

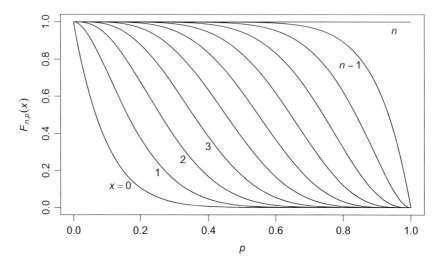

Abb. 2.2 Die Funktionen $p \mapsto F_{n,p}(x)$ für $n = 10$ und $x = 0, 1, \ldots, n$

Dabei setzen wir

$$b_\alpha(h) := \begin{cases} \text{eind. Lösung } p \text{ von } F_{n,p}(h) = \alpha & \text{für } h = 0, 1, \ldots, n-1, \\ 1 & \text{für } h = n. \end{cases}$$

Somit erhalten wir eine *obere* $(1 - \alpha)$-*Konfidenzschranke* $b_\alpha(H)$ für p. Das heißt, wir können garantieren, dass

$$\mathbb{P}_p(p \le b_\alpha(H)) \ge 1 - \alpha \quad \text{für beliebige } p \in [0, 1].$$

(ii) Mit einer Sicherheit von $1 - \alpha$ ist $F_{n,p}(H - 1) < 1 - \alpha$, was gleichbedeutend mit folgender Ungleichung ist:

$$p \begin{cases} \ge 0, & \text{falls } H = 0, \\ > a_\alpha(H), & \text{falls } H > 0. \end{cases}$$

Dabei setzen wir

$$a_\alpha(h) := \begin{cases} 0 & \text{für } h = 0, \\ \text{eind. Lösung } p \text{ von } F_{n,p}(h-1) = 1 - \alpha & \text{für } h = 1, 2, \ldots, n. \end{cases}$$

Dies liefert eine *untere* $(1 - \alpha)$-*Konfidenzschranke* $a_\alpha(H)$ für p, das heißt,

$$\mathbb{P}_p(p \ge a_\alpha(H)) \ge 1 - \alpha \quad \text{für beliebige } p \in [0, 1].$$

(iii) Wenn man den unbekannten Parameter p sowohl nach unten als auch nach oben abschätzen will, kann man das $(1-\alpha)$-*Vertrauensintervall* $\left[a_{\alpha/2}(H), b_{\alpha/2}(H)\right]$ für p verwenden. Dies ist die Methode von C. Clopper und Egon S. Pearson[1] [4]. Andere Methoden liefern tendenziell etwas kleinere Konfidenzintervalle, lassen sich aber schwieriger berechnen und begründen.

▶ **Bemerkung**   Die Gleichung $F_{n,p}(x) = \gamma$ lässt sich für $x = 0$ und $x = n - 1$ explizit lösen. Ansonsten benötigt man numerische Verfahren, beispielsweise Bisektionsalgorithmen; siehe Aufgabe 3.

Beispiel (Qualitätskontrolle)
Der Hersteller eines bestimmten Geräts ist davon überzeugt, dass die Wahrscheinlichkeit p für den Ausfall eines solchen Gerätes unter bestimmten Bedingungen nahezu gleich null ist. Um dies zu untermauern, unterzieht er n solche Geräte einem Belastungstest und ermittelt die Zahl H von Ausfällen. Aus seiner Sicht wäre die Berechnung einer oberen Vertrauensschranke $b_\alpha(H)$ sinnvoll.

Angenommen, er beobachtet $H = 0$ Ausfälle. Dann ist $\widehat{p} = 0$, und die obere Vertrauensschranke $b_\alpha(0)$ ist die Lösung p der Gleichung $F_{n,p}(0) = (1 - p)^n = \alpha$. Der Hersteller kann also mit einer Sicherheit von $1 - \alpha$ davon ausgehen, dass p kleiner ist als

$$b_\alpha(0) = 1 - \alpha^{1/n}.$$

Im Falle von $n = 50$ Geräten und $\alpha = 0,05$ ergibt sich beispielsweise die obere 95 %-Vertrauensschranke $b_{0,05}(0) \approx 0,0582$.

Angenommen, der Hersteller testet $n = 50$ Geräte, und genau eines davon fällt aus. Dann ist $\widehat{p} = 0,02$, und die obere Vertrauensschranke $b_{0,05}(1)$ ist die eindeutige Lösung p der Gleichung $(1-p)^{50} + 50p(1-p)^{49} = 0,05$. Durch geschicktes Ausprobieren kann man zeigen, dass $0,0913 \leq b_{0,05}(1) \leq 0,0914$.

Beispiel 2.4 (Meinungsumfrage)
Die Mitglieder einer Interessenvereinigung möchten ihre Stadtregierung davon überzeugen, dass die Mehrheit der Bürgerinnen und Bürger für die Beibehaltung einer bestimmten Straßenbahnlinie ist. Hierzu werden $n = 100$ Bürgerinnen und Bürger befragt, von denen sich $H = 67$ Personen für die Beibehaltung aussprechen. Dies liefert den Schätzwert $\widehat{p} = 0,67$ für den unbekannten relativen Anteil p von Befürwortenden. Um die Unsicherheit bei dieser Schätzung zu berücksichtigen, ist aus Sicht der Interessenvereinigung eine untere Vertrauensschranke $a_\alpha(67)$ sinnvoll. Diese ist die Lösung p der Gleichung $F_{n,p}(66) = 1 - \alpha$. Speziell für $\alpha = 0,05$ ergeben numerische Berechnungen, dass $0,5845 \leq a_{0,05}(67) \leq 0,5846$; siehe auch Abb. 2.3. Man kann also mit einer Sicherheit von 95 % davon ausgehen, dass der relative Anteil p größer ist als $0,5845$.

Verallgemeinerung   Der erste Teil von Lemma 2.3 ist ein Spezialfall einer allgemeineren Aussage über Monotonieeigenschaften von Verteilungsfunktionen, die wir später noch verwenden werden:

---

[1] Karl Pearson (1857–1936) und Egon S. Pearson (1885–1980): Vater und Sohn, bedeutende britische Statistiker.

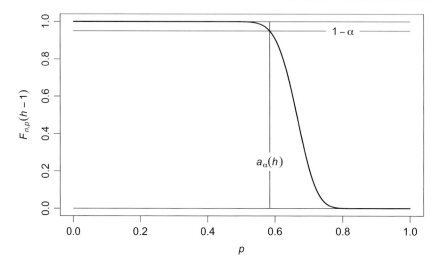

Abb. 2.3 Untere Konfidenzschranke $a_{0,05}(67)$ für p bei $n = 100$

Lemma 2.5 (Monotonieaussagen in Verteilungsfamilien) *Gegeben seien nichtnegative Gewichte $w_0, w_1, w_2, \ldots$ derart, dass $0 < \sum_{k \geq 0} w_k \theta^k < \infty$ für beliebige $\theta > 0$. Nun definieren wir für einen beliebigen Parameter $\theta \in (0, \infty)$ Wahrscheinlichkeitsgewichte*

$$f_\theta(x) := w_x \theta^x \Big/ \sum_{k \geq 0} w_k \theta^k, \quad x \in \mathbb{N}_0,$$

und eine Verteilungsfunktion F_θ mit

$$F_\theta(x) := \sum_{k=0}^{x} f_\theta(k), \quad x \in \mathbb{N}_0.$$

Im Falle von $\min\{k : w_k > 0\} \leq x < \sup\{k : w_k > 0\}$ ist $F_\theta(x)$ eine stetige und streng monoton fallende Funktion von $\theta > 0$, wobei $\lim_{\theta \to 0} F_\theta(x) = 1$ und $\lim_{\theta \to \infty} F_\theta(x) = 0$.

Beispiele
Hier folgen zwei Beispiele für solche Verteilungsfamilien:

- Poissonverteilungen $\mathrm{Poiss}(\theta)$, $\theta > 0$: $w_k = 1/k!$;
- Binomialverteilungen $\mathrm{Bin}(n, p)$, $0 < p < 1$: $\theta = p/(1 - p)$ und $w_k = \binom{n}{k}$.

Im Zusammenhang mit „Chancenquotienten" werden wir in Kap. 7 eine weitere Familie dieser Bauart kennenlernen.

Approximative Vertrauensschranken für p

In vielen Lehr- und Handbüchern werden noch approximative Vertrauensschranken propagiert, was für schnelle Vorauswertungen in Ordnung ist. Angesichts der heute verfügbaren Rechner ist aber die Berechnung exakter Vertrauensschranken kein Problem mehr. Wir beschreiben nun zwei Varianten von approximativen Schranken. Zuvor erinnern wir an die Definition der Normalverteilungen.

Definition (Normalverteilung)

Eine reellwertige Zufallsvariable X heißt *normalverteilt mit Erwartungswert $\mu \in \mathbb{R}$ und Standardabweichung $\sigma > 0$*, wenn sie nach der Dichtefunktion $\phi_{\mu,\sigma}$ verteilt ist; dabei ist

$$\phi_{\mu,\sigma}(x) := \frac{1}{\sigma}\phi\left(\frac{x-\mu}{\sigma}\right) \quad \text{mit} \quad \phi(z) := (2\pi)^{-1/2}\exp(-z^2/2).$$

Damit gleichbedeutend ist die Aussage, dass $\mathbb{P}(X \le x) = \Phi((x-\mu)/\sigma)$ für beliebige $x \in \mathbb{R}$, wobei

$$\Phi(x) := \int_{-\infty}^{x} \phi(z)\,dz.$$

Als Symbol für diese Verteilung verwenden wir $\mathcal{N}(\mu, \sigma^2)$. Im Spezialfall, dass $\mu = 0$ und $\sigma = 1$, nennen wir X *standardnormalverteilt*, und $\mathcal{N}(0,1)$ ist die *Standardnormalverteilung*.

Dass X normalverteilt ist mit Erwartungswert μ und Standardabweichung $\sigma > 0$, ist gleichbedeutend damit, dass $Z := (X - \mu)/\sigma$ standardnormalverteilt ist. Mit anderen Worten: X lässt sich schreiben als $X = \mu + \sigma Z$ mit standardnormalverteiltem Z. Aus Aufgabe 5 ergibt sich dann, dass tatsächlich $\mathbb{E}(X) = \mu$ und $\mathrm{Std}(X) = \sigma$.

Die Verteilungsfunktion $\Phi : \mathbb{R} \to (0,1)$ der Standardnormalverteilung ist bijektiv mit Grenzwerten $\Phi(-\infty) = 0$ und $\Phi(\infty) = 1$. Ihre Umkehrfunktion bezeichnen wir mit Φ^{-1}. Aus der Symmetrie von $\mathcal{N}(0,1)$ um 0 folgt, dass

$$\Phi(-x) = 1 - \Phi(x) \quad \text{für } x \in \mathbb{R}$$

sowie

$$\Phi^{-1}(\gamma) = -\Phi^{-1}(1 - \gamma) \quad \text{für } \gamma \in (0,1).$$

Wilsons Methode Der Zentrale Grenzwertsatz (siehe Anhang, Abschn. A.3) beinhaltet, dass für beliebige Zahlen $-\infty \le r < s \le \infty$ gilt:

$$\mathbb{P}_p\left(\frac{\widehat{p} - p}{\sqrt{p(1-p)/n}} \in [r,s]\right) \to \Phi(s) - \Phi(r) \quad \text{wenn } np(1-p) \to \infty. \qquad (2.1)$$

Für große Werte von $np(1-p) = \mathrm{Var}(H)$ kann man also mit einer Sicherheit von ungefähr $1-\alpha$ davon ausgehen, dass

$$\widehat{p} \leq p + c_{\alpha,n}\sqrt{p(1-p)} \quad \text{bzw.}$$
$$\widehat{p} \geq p - c_{\alpha,n}\sqrt{p(1-p)} \quad \text{bzw.}$$
$$|\widehat{p} - p| \leq c_{\alpha/2,n}\sqrt{p(1-p)}$$

mit

$$c_{\alpha,n} := \Phi^{-1}(1-\alpha)/\sqrt{n}.$$

Die vorangehenden Ungleichungen lassen sich nach p auflösen; siehe Aufgabe 6. Sie sind äquivalent zu

$$p \geq \frac{\widehat{p} + c^2/2 - c\sqrt{\widehat{p}(1-\widehat{p}) + c^2/4}}{1 + c^2} \quad \text{mit } c = c_{\alpha,n} \quad \text{bzw.}$$

$$p \leq \frac{\widehat{p} + c^2/2 + c\sqrt{\widehat{p}(1-\widehat{p}) + c^2/4}}{1 + c^2} \quad \text{mit } c = c_{\alpha,n} \quad \text{bzw.}$$

$$p \in \left[\frac{\widehat{p} + c^2/2 \pm c\sqrt{\widehat{p}(1-\widehat{p}) + c^2/4}}{1 + c^2} \right] \quad \text{mit } c = c_{\alpha/2,n} \qquad (2.2)$$

und liefern somit approximative $(1-\alpha)$-Konfidenzbereiche für p. Entwickelt wurde diese Methode von Edwin B. Wilson[2].

Beispiel
Abbildung 2.4 zeigt für $n = 30$ und $\alpha = 0{,}05$ die Kurven $p \mapsto p \pm c\sqrt{p(1-p)}$ mit $c = c_{\alpha/2,n}$, welche gemeinsam eine Ellipse ergeben. Für drei verschiedene Zahlen $p \in (0,1)$ werden die Intervalle $\left[p \pm c\sqrt{p(1-p)} \right]$ als vertikale Linien gezeichnet. Außerdem sieht man für drei verschiedene Schätzwerte $\widehat{p} \in (0,1)$ die entsprechenden Konfidenzintervalle (2.2) als horizontale Linien.

Für Praktiker stellt sich die Frage, in welchen Situationen man nun Wilsons Methode anwenden darf. Eine einfache Antwort wäre „nie", denn heutzutage stellt die Berechnung der exakten Schranken kein Problem dar. Erfahrungsgemäß liefern die exakte und Wilsons Methode ähnliche Resultate, wenn $n\widehat{p}(1-\widehat{p}) \geq 5$.

Walds Methode Wir beschreiben eine noch weitverbreitete und recht einfache Methode, einen Spezialfall eines viel allgemeineren Rezeptes von Abraham Wald[3]. Neben dem

---

[2] Edwin B. Wilson (1879–1964): US-amerikanischer Mathematiker mit vielfältigen Arbeitsgebieten.
[3] Abraham Wald (1902–1950): rumänisch-US-amerikanischer Mathematiker, der u. a. sequenzielle Verfahren, d.h. Verfahren mit datenabhängigem Stichprobenumfang, entwickelte.

Abb. 2.4 Wilsons Methode

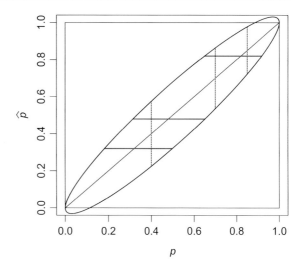

Zentralen Grenzwertsatz, der uns Aussage (2.1) liefert, gilt auch folgende Ungleichung für $\widehat{p}$:

$$\mathbb{E}\left|\frac{\widehat{p}(1-\widehat{p})}{p(1-p)}-1\right| \leq \frac{\mathbb{E}|\widehat{p}-p|}{p(1-p)} \leq \frac{1}{\sqrt{np(1-p)}}.$$

Beide Tatsachen zusammen implizieren, dass man in (2.1) den Term $\sqrt{p(1-p)/n}$ durch $\sqrt{\widehat{p}(1-\widehat{p})/n}$ ersetzen darf; siehe auch Aufgabe 26(b) in Abschn. 4.5. Man kann also mit einer Sicherheit von ca. $1-\alpha$ davon ausgehen, dass eine der folgenden Ungleichungen erfüllt ist:

$$p \geq \widehat{p} - c_{\alpha,n}\sqrt{\widehat{p}(1-\widehat{p})} \quad \text{bzw.}$$

$$p \leq \widehat{p} + c_{\alpha,n}\sqrt{\widehat{p}(1-\widehat{p})} \quad \text{bzw.}$$

$$p \in \left[\widehat{p} \pm c_{\alpha/2,n}\sqrt{\widehat{p}(1-\widehat{p})}\right].$$

Die Konfidenzschranken auf der rechten Seite ergeben sich auch aus Wilsons Schranken, wenn man dort alle Terme c^2 durch null ersetzt.

Zwar sind Walds Schranken wesentlich einfacher als die von Wilson, allerdings kann das tatsächliche Vertrauensniveau mit Walds Methode auch drastisch kleiner sein als das angestrebte $1-\alpha$, wenn p nahe bei null oder eins ist. Wir betrachten die tatsächlichen Überdeckungswahrscheinlichkeiten $\mathbb{P}_p(p \in C(H))$ als Funktion von $p \in (0,1)$. Dabei steht $C(H)$ für das Konfidenzintervall $C_{\text{Wilson}}(H)$ nach Wilsons Methode oder $C_{\text{Wald}}(H)$ nach Walds Methode. In beiden Fällen ist die Funktion

$$(0,1) \ni p \mapsto \mathbb{P}_p(p \in C(H))$$

symmetrisch um 0,5. Daher zeigen wir in Abb. 2.5 für $n = 100$ und $\alpha = 0{,}05$ die Funktion $p \mapsto \mathbb{P}_p(p \in C_{\text{Wilson}}(H))$ auf $(0, 0{,}5]$ und die Funktion $p \mapsto \mathbb{P}_p(p \in C_{\text{Wald}}(H))$

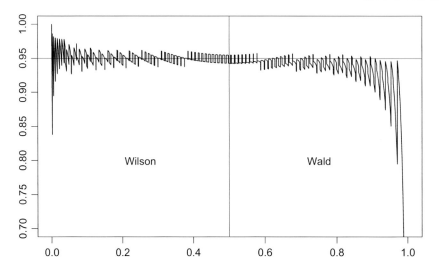

Abb. 2.5 Überdeckungswahrscheinlichkeiten des Wilson- bzw. Wald-Konfidenzintervalls, wenn $n = 100$ und $\alpha = 0{,}05$

auf $[0{,}5, 1)$. Auf der vertikalen Achse wird nur der Bereich $[0{,}7, 1]$ gezeigt. Tatsächlich konvergiert $\mathbb{P}_p(p \in C_{\mathrm{Wald}}(H))$ gegen 0 für $p \to 1$.

Obere Konfidenzschranken für $|p - p_0|$

Mit unserem $(1 - \alpha)$-Konfidenzintervall $\big[a_{\alpha/2}(H), b_{\alpha/2}(H)\big]$ für p kann man gegebenenfalls mit einer Sicherheit von $1 - \alpha$ nachweisen, dass p von einem vorgegebenen Wert p_0 abweicht. Wenn nämlich das Konfidenzintervall den Wert p_0 nicht enthält, können wir sogar mit einer Sicherheit von $1 - \alpha$ das Vorzeichen von $p - p_0$ und eine untere Schranke für die Abweichung $|p - p_0|$ angeben.

In manchen Anwendungen möchte man aber zeigen, dass der unbekannte Parameter p *nahe* an dem speziellen Wert p_0 liegt, auch wenn nicht auszuschließen ist, dass $p \neq p_0$. Aus obigem Konfidenzintervall ergibt sich folgende Aussage: Mit einer Sicherheit von $1 - \alpha$ ist $|p - p_0|$ nicht größer als

$$\max\{|p' - p_0| : a_{\alpha/2}(H) \le p' \le b_{\alpha/2}(H)\} = \max\{b_{\alpha/2}(H) - p_0, p_0 - a_{\alpha/2}(H)\}.$$

Doch diese Schranke ist zu konservativ. Eine bessere Schranke ergibt sich, wenn man das $(1 - \alpha)$-Konfidenzintervall

$$\big[\min\big(a_\alpha(H), p_0\big), \max\big(b_\alpha(H), p_0\big)\big]$$

für p berechnet. Man kombiniert also die untere und obere $(1 - \alpha)$-Vertrauensschranke für p ohne vorherige Halbierung von α, erzwingt aber, dass p_0 im Konfidenzintervall liegt.

Hinter dieser Konstruktion steckt ein allgemeines Prinzip, das in Aufgabe 12 behandelt wird. Für den Abstand $|p - p_0|$ ergibt sich die obere $(1 - \alpha)$-Vertrauensschranke

$$\max\{b_\alpha(H) - p_0,\, p_0 - a_\alpha(H)\}.$$

2.3 Chiquadrat-Anpassungstest und Alternativen

In manchen Anwendungen interessiert man sich für die Frage, ob der Vektor $\boldsymbol{p} = (p_k)_{k=1}^{K}$ mit einem bestimmten Vektor $\boldsymbol{p}^0 = (p_k^0)_{k=1}^{K}$ (Nullhypothese) übereinstimmt.

Beispiele

- Ein Spielzeughersteller produziert Würfel. Nun soll überprüft werden, ob mit einem neu produzierten Würfel alle sechs Zahlen die gleiche Wahrscheinlichkeit haben. Hier ist $K = 6$, $x_k = k$ und $p_k^0 = 1/6$ für alle k. Aus Sicht des Herstellers ist es wünschenswert, dass die tatsächlichen Wahrscheinlichkeiten p_k möglichst nahe an den Werten p_k^0 sind.
- Der Roulettetisch einer Spielbank soll überprüft werden. Die Frage ist, ob alle 37 möglichen Ausgänge 0, 1, ..., 36 die gleiche Wahrscheinlichkeit $p_k^0 = 1/37$ haben. Ein Kontrolleur der Spielbank möchte allfällige Abweichungen der p_k von den p_k^0 möglichst zuverlässig erkennen.
- Bei der Befragung der Vorlesungsteilnehmenden wurden diese u. a. dazu aufgefordert, eine „Zufallsziffer" aus $\{0, 1, \ldots, 9\}$ zu wählen. Die Frage ist, ob und welche p_k deutlich von $p_k^0 = 1/10$ abweichen.
- Bei einer anderen Befragung von Vorlesungsteilnehmenden wurden diese aufgefordert, jeweils eine „rein zufällige" 0-1-Sequenz der Länge 10 aufzuschreiben. Als Merkmal betrachten wir für jede der n Sequenzen die Anzahl X von Wechseln, also $X \in \{0, 1, \ldots, 9\}$; siehe auch Beispiel 1.7. Unter der Nullhypothese, dass die Sequenzen wirklich rein zufällig erzeugt werden, ist p_k gleich

$$p_k^0 := \binom{9}{k-1} 2^{-9}.$$

Chiquadrat-Test

Wir möchten nun einen Test der Nullhypothese, dass $\boldsymbol{p} = \boldsymbol{p}^0$, konstruieren. Das heißt, wir möchten gegebenenfalls die Arbeitshypothese, dass $\boldsymbol{p} \neq \boldsymbol{p}^0$, mit einer gewissen Sicherheit nachweisen.

Teststatistik Um die obige Nullhypothese zu testen, benötigen wir eine Teststatistik $T = T(\boldsymbol{H})$, welche die augenscheinliche Abweichung von der Nullhypothese quantifiziert: Jeder Wert $\widehat{p}_k$ wird mit seinem hypothetischen Wert p_k^0 verglichen, und wir bilden die Summe

$$T := n \sum_{k=1}^{K} \frac{(\widehat{p}_k - p_k^0)^2}{p_k^0} = \sum_{k=1}^{K} \frac{(H_k - n p_k^0)^2}{n p_k^0}.$$

Dies ist Karl Pearsons *Chiquadrat-Teststatistik*. Warum die speziellen Gewichtsfaktoren $1/p_k^0$ auftreten, werden wir später noch sehen. Zunächst kann man schnell aus Lemma 2.1 ableiten, dass

$$\mathbb{E}(T) = K - 1 \quad \text{falls } \boldsymbol{p} = \boldsymbol{p}^0.$$

Exakter Test Unter der Nullhypothese hat die Teststatistik T eine bestimmte Verteilungsfunktion G_0, nämlich

$$G_0(x) = \sum_{\boldsymbol{h} \in \mathbb{N}_0^K} 1_{[T(\boldsymbol{h}) \leq x]} \, f_{n, \boldsymbol{p}^0}(\boldsymbol{h})$$

für $x \in \mathbb{R}$; siehe Lemma 2.1. Bei Verletzung der Nullhypothese tendiert T zu großen Werten. Daher möchten wir die Nullhypothese verwerfen, wenn T „verdächtig groß" ist. Falls also der *(rechtsseitige) P-Wert*

$$1 - G_0(T-)$$

kleiner oder gleich α ist, verwerfen wir die Nullhypothese auf dem Niveau α. Mit anderen Worten, wir behaupten dann mit einer Sicherheit von $1 - \alpha$, dass $\boldsymbol{p} \neq \boldsymbol{p}^0$. Im Falle eines P-Wertes größer als α machen wir keine definitive Aussage. Gerechtfertigt wird dieses Vorgehen durch Lemma 1.3 in Kap. 1.

Monte-Carlo-Tests Die explizite Berechnung des obigen P-Wertes $1 - G_0(T-)$ ist in der Regel sehr oder sogar zu aufwendig. Eine Alternative zum exakten P-Wert $1 - G_0(T-)$ kann man wie folgt generieren: Man simuliert mit dem Computer m stochastisch unabhängige, nach Mult$(n, \boldsymbol{p}^0)$ verteilte Zufallsvektoren $\boldsymbol{H}^{(1)}, \boldsymbol{H}^{(2)}, \ldots, \boldsymbol{H}^{(m)}$ und berechnet die entsprechenden Teststatistiken $T_s = T(\boldsymbol{H}^{(s)})$. Dann bestimmt man den Monte-Carlo-P-Wert

$$\frac{\#\{s \in \{1, \ldots, m\} : T_s \geq T\} + 1}{m + 1}.$$

Ist dieser P-Wert kleiner oder gleich α, behaupten wir mit einer Sicherheit von $1 - \alpha$, dass die Nullhypothese nicht zutrifft. Eine theoretische Rechtfertigung dieses Verfahrens liefert die nachfolgende „Monte-Carlo-Version" von Lemma 1.3.

Lemma 2.6 *Seien $T_0, T_1, \ldots, T_m$ reellwertige Zufallsvariablen mit folgender Eigenschaft: Für jede Permutation σ von $\{0, 1, \ldots, m\}$ sind $(T_{\sigma(0)}, T_{\sigma(1)}, \ldots, T_{\sigma(m)})$ und $(T_0, T_1, \ldots, T_m)$ identisch verteilt. Für die Zufallsgröße*

$$\widehat{\pi} := \frac{\#\{s \in \{0, 1, \ldots, m\} : T_s \geq T_0\}}{m + 1},$$

und beliebige $\alpha \in (0,1)$ *ist dann*

$$\mathbb{P}(\widehat{\pi} \leq \alpha) \leq \frac{\lfloor (m+1)\alpha \rfloor}{m+1} \leq \alpha.$$

Die vorletzte Ungleichung ist eine Gleichung, wenn die Werte $T_0, T_1, \ldots, T_m$ fast sicher paarweise verschieden sind.

Die Eigenschaft eines Zufallstupels $(T_0, T_1, \ldots, T_m)$, dass seine Verteilung unter beliebigen Permutationen seiner Komponenten unverändert bleibt, wird uns noch mehrmals begegnen, insbesondere in Abschnitt 8.2 über Permutationstests. Sie ist beispielsweise erfüllt, wenn die Zufallsvariablen $T_0, T_1, \ldots, T_m$ stochastisch unabhängig und identisch verteilt sind.

Beweis von Lemma 2.6 Aus der Voraussetzung an die Zufallsgrößen $T_0, T_1, \ldots, T_m$ folgt, dass die $m+1$ Zufallsvariablen $\widehat{\pi}_0, \widehat{\pi}_1, \ldots, \widehat{\pi}_m$ mit

$$\widehat{\pi}_j := \frac{\#\{s \in \{0, \ldots, m\} : T_s \geq T_j\}}{m+1}$$

identisch verteilt sind. Daher ist $\mathbb{P}(\widehat{\pi} \leq \alpha) = \mathbb{P}(\widehat{\pi}_0 \leq \alpha)$ gleich

$$\frac{1}{m+1} \sum_{j=0}^{m} \mathbb{P}(\widehat{\pi}_j \leq \alpha) = \frac{1}{m+1} \sum_{j=0}^{m} \mathbb{E}\big(1_{[\widehat{\pi}_j \leq \alpha]}\big) = \frac{1}{m+1} \mathbb{E}\Big(\sum_{j=0}^{m} 1_{[\widehat{\pi}_j \leq \alpha]}\Big).$$

Nun genügt es zu zeigen, dass stets

$$\sum_{j=0}^{m} 1_{[\widehat{\pi}_j \leq \alpha]} \leq \lfloor (m+1)\alpha \rfloor$$

mit Gleichheit, falls die $m+1$ Zahlen $T_0, T_1, \ldots T_m$ paarweise verschieden sind. Zu diesem Zweck seien $t_0 \leq t_1 \leq \cdots \leq t_m$ die der Größe nach sortierten Werte $T_0, T_1, \ldots, T_m$. Dann ist $\sum_{j=0}^{m} 1_{[\widehat{\pi}_j \leq \alpha]}$ gleich

$$\#\Big\{ j \in \{0, \ldots, m\} : \underbrace{\#\{s \in \{0, \ldots, m\} : t_s \geq t_j\}}_{\geq m+1-j} \leq (m+1)\alpha \Big\}$$

$$\leq \#\{ j \in \{0, \ldots, m\} : m+1-j \leq (m+1)\alpha \}$$

$$= \#\{ k \in \{1, \ldots, m+1\} : k \leq (m+1)\alpha \}$$

$$= \lfloor (m+1)\alpha \rfloor.$$

Die vorangehenden Ungleichungen sind Gleichungen, wenn $t_0 < t_1 < \cdots < t_m$. □

Monte-Carlo-Tests sind sehr einfach zu implementieren, treffen aber nicht bei allen Anwendern auf Gegenliebe, da der resultierende P-Wert nicht nur von den Daten, sondern auch von den Simulationen der $H^{(s)}$ abhängt. Andererseits kann man leicht zeigen, dass sich der exakte P-Wert und der Monte-Carlo-P-Wert $\widehat{\pi}$ bei großem m nur wenig unterscheiden, siehe Aufgabe 15.

Chiquadrat-Verteilungen und approximativer Test Historisch gesehen, wurde der nachfolgend beschriebene Test zuerst vorgeschlagen, da in den Anfangszeiten der Statistik rechenintensive Verfahren wie der exakte Test oder seine Monte-Carlo-Variante nicht praktikabel waren. Zunächst definieren wir eine Familie von Verteilungen, die vielerorts in der Statistik auftauchen:

Definition (Chiquadrat-Verteilungen)
Die *Chiquadrat-Verteilung mit $l \in \mathbb{N}$ Freiheitsgraden* ist definiert als die Verteilung von $\sum_{j=1}^{l} Z_j^2$. Dabei sind $Z_1, Z_2, \ldots, Z_l$ stochastisch unabhängig und standardnormalverteilt. Als Symbol für diese Verteilung verwendet man χ_l^2.

In unserem speziellen Testproblem taucht die Chiquadrat-Verteilung als Approximation für die tatsächliche Verteilungsfunktion G_0 von T unter der Nullhypothese auf:

Satz 2.7 (Chiquadrat-Approximation) *Sei F_{K-1} die (stetige) Verteilungsfunktion von χ_{K-1}^2. Dann gilt:*

$$\sup_{c \geq 0} |G_0(c) - F_{K-1}(c)| \to 0 \quad \text{für} \quad \min_{k=1,\ldots,K} n p_k^0 \to \infty.$$

Man beachte, dass die Zahl $K - 1$ der Freiheitsgrade gleich der *Anzahl von Ausprägungen minus eins* ist. Für unser Testproblem liefert Satz 2.7 den *approximativen P-Wert*

$$1 - F_{K-1}(T).$$

Eine grobe Faustregel, die in manchen Lehr- und Handbüchern propagiert wird, besagt: Wenn $\min_{k=1,\ldots,K} n p_k^0 \geq 5$, ist diese Approximation zuverlässig.

Illustration der Approximation In Abb. 2.6 illustrieren wir die Approximation von G_0 durch F_{K-1} in zwei Spezialfällen mit $K = 10$. Die beiden oberen Bilder zeigen die Verteilungsfunktionen G_0 (Treppenfunktion) und F_9 (glatte Funktion) im Falle von $p_k^0 = 1/10$ für $k = 1, 2, \ldots, 10$ und $n = 20$ (links) bzw. $n = 50$ (rechts). Die Kenngröße $\min_k n p_k^0$ ist hier gleich $n/10$, und in der Tat ist die Approximation für $n = 50$ sehr gut. Für die beiden unteren Bilder verwendeten wir $p_k^0 = 2^{-9}\binom{9}{k-1}$ und $n = 20$ (links) bzw. $n = 100$ (rechts). Hier ist $\min_k n p_k^0 = n/512$, und in der Tat sind die Unterschiede zwischen G_0 und F_9 auch für $n = 100$ noch deutlich sichtbar.

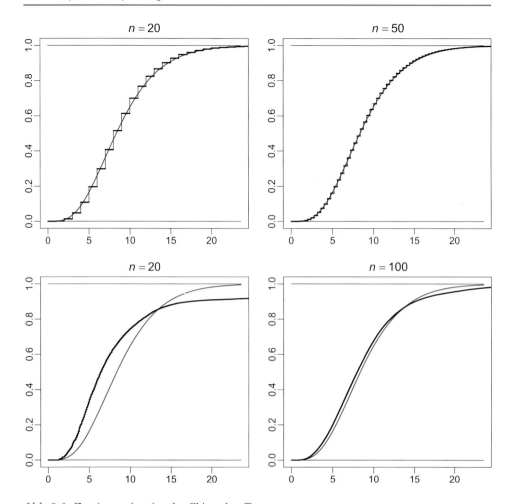

Abb. 2.6 Zur Approximation des Chiquadrat-Tests

Beispiel („Zufallsziffern")
Für die Daten in Beispiel 2.2 möchten wir nun die Nullhypothese, dass alle p_k gleich 0,1 sind, auf dem Niveau $\alpha = 0{,}01$ testen. Die χ^2-Teststatistik ist gleich

$$T = 262 \sum_{k=1}^{10} \frac{(\widehat{p}_j - 0{,}1)^2}{0{,}1} \approx 122{,}580.$$

Wegen $\min_k np_k^0 = 26{,}2$ vertrauen wir der Approximation von G_0 durch F_9; siehe auch Abb. 2.6. Der approximative P-Wert ist hier gleich $1 - F_9(122{,}580) < 10^{-4}$, und auch die Monte-Carlo-Methode liefert extrem kleine P-Werte. Wir können also mit einer Sicherheit von 99 % behaupten, dass p keine Gleichverteilung auf den zehn Ziffern darstellt.

Begründung von Satz 2.7 Die χ^2-Teststatistik T ist gleich $\|Y\|^2$ mit dem Zufallsvektor

$$Y := \sqrt{n}\left(\frac{\widehat{p}_k - p_k^0}{\sqrt{p_k^0}}\right)_{k=1}^{K}.$$

Dieser Zufallsvektor liegt in der $(K-1)$-dimensionalen Ebene

$$\mathbb{H} := \left\{ y \in \mathbb{R}^K : \sum_{k=1}^{K} y_k \sqrt{p_k^0} = 0 \right\}.$$

Aus dem multivariaten Zentralen Grenzwertsatz folgt, dass der Zufallsvektor Y approximativ standardnormalverteilt auf $\mathbb{H}$ ist, wenn $p = p^0$ und $\min_k n p_k^0 \to \infty$. Das heißt, Y ist approximativ verteilt wie $\sum_{j=1}^{K-1} Z_j b_j$ mit stochastisch unabhängigen, nach $\mathcal{N}(0,1)$ verteilten Zufallsvariablen $Z_1, Z_2, \ldots, Z_{K-1}$ und einer Orthonormalbasis $b_1, b_2, \ldots, b_{K-1}$ von $\mathbb{H}$. Dies bedeutet aber, dass $T = \|Y\|^2$ approximativ verteilt ist wie

$$\left\| \sum_{j=1}^{K-1} Z_j b_j \right\|^2 = \sum_{j=1}^{K-1} Z_j^2 \sim \chi_{K-1}^2. \qquad \square$$

Alternatives Verfahren

Der zuvor beschriebene Chiquadrat-Test hat zwei Schwächen: Wenn der Test die Nullhypothese, dass $p = p^0$, ablehnt, hat man noch keinerlei Information darüber, welche Komponenten p_k in welche Richtung von p_k^0 abweichen. In anderen Situationen möchte man vielleicht nachweisen bzw. quantifizieren, dass p „ziemlich nahe" an p^0 ist.

Eine mögliche Alternative zu statistischen Tests ist die Berechnung eines Konfidenzintervalls $[\tilde{a}_k, \tilde{b}_k]$ für p_k, *simultan für alle* $k = 1, \ldots, K$. Genauer gesagt, möchte man mit den gegebenen Daten Konfidenzschranken $\tilde{a}_k = \tilde{a}_k(H)$ und $\tilde{b}_k = \tilde{b}_k(H)$ berechnen, sodass für ein vorgegebenes α gilt:

$$\mathbb{P}\big(p_k \in [\tilde{a}_k, \tilde{b}_k] \text{ für } k = 1, \ldots, K \big) \geq 1 - \alpha.$$

Mit anderen Worten: Man berechnet für den Parametervektor p ein *Konfidenzrechteck*

$$C(H) = [\tilde{a}_1, \tilde{b}_1] \times [\tilde{a}_2, \tilde{b}_2] \times \cdots \times [\tilde{a}_K, \tilde{b}_K]$$

derart, dass

$$\mathbb{P}_p\big(p \in C(H) \big) \geq 1 - \alpha \quad \text{für beliebige } p.$$

Dann kann man mit einer Sicherheit von $1-\alpha$ davon ausgehen, dass *jeder* Parameter p_k in dem entspechenden Intervall $[\tilde{a}_k, \tilde{b}_k]$ liegt. Insbesondere lässt sich dann prüfen, ob jeder hypothetische Parameter p_k^0 in dem entsprechenden Intervall $[\tilde{a}_k, \tilde{b}_k]$ liegt.

Diese Sicherheit erreicht man durch eine sogenannte Bonferroni-Korrektur[4]: Für jeden einzelnen Parameter p_k berechnet man ein $(1-\alpha/K)$-Vertrauensintervall $[\tilde{a}_k, \tilde{b}_k]$, ersetzt also α durch α/K. Dann ist

$$
\begin{aligned}
\mathbb{P}&\left(p_k \in \left[\tilde{a}_k, \tilde{b}_k\right] \text{ für } k = 1, \ldots, K\right) \\
&= 1 - \mathbb{P}\left(p_k \notin \left[\tilde{a}_k, \tilde{b}_k\right] \text{ für mind. ein } k \in \{1, \ldots, K\}\right) \\
&\geq 1 - \sum_{k=1}^{K} \mathbb{P}\left(p_k \notin \left[\tilde{a}_k, \tilde{b}_k\right]\right) \\
&\geq 1 - \sum_{k=1}^{K} \alpha/K \\
&= 1 - \alpha.
\end{aligned}
$$

Der Vorteil dieser Methode ist, dass man möglicherweise Aussagen über die Abweichung bestimmter Parameter p_k von p_k^0 machen kann, insbesondere über die Richtung der Abweichung. Allerdings gibt es auch Datenbeispiele, bei denen der χ^2-Anpassungstest die Nullhypothese verwirft, obwohl $p_k^0 \in [\tilde{a}_k, \tilde{b}_k]$ für alle $k = 1, \ldots, K$.

Beispiel („Zufallsziffern")
Für die Daten in Beispiel 2.2 berechnen wir nun Vertrauensintervalle für die zehn Parameter p_k mit Konfidenzniveau $(1 - \alpha/10) = 0{,}995$, $\alpha = 5\,\%$. Genauer gesagt, berechnen wir für jedes p_k die exakten einseitigen $(1 - \alpha/20)$-Konfidenzschranken $\tilde{a}_k = a_{\alpha/20}(H_k)$ und $\tilde{b}_k = b_{\alpha/20}(H_k)$:

x_k	0	1	2	3	4	5	6	7	8	9
$\tilde{a}_k$	0,009	0,005	0,017	0,072	0,052	0,046	0,060	0,194	0,099	0,030
$\tilde{b}_k$	0,074	0,063	0,095	0,189	0,157	0,148	0,171	0,350	0,229	0,119

Insbesondere kann man mit einer Sicherheit von 95 % behaupten, dass die Wahrscheinlichkeiten der Ziffern 0, 1, 2 strikt kleiner und diejenige der Ziffer 7 strikt größer sind als 0,1.

Möchte man ausschließlich untermauern, dass $\boldsymbol{p}$ nahe an $\boldsymbol{p}^0$ ist, kann man die Konfidenzintervalle $[\tilde{a}_k, \tilde{b}_k]$ auch wie folgt konstruieren: Sind $\tilde{a}_k^* = \tilde{a}_k^*(\boldsymbol{H})$ und $\tilde{b}_k^* = \tilde{b}_k^*(\boldsymbol{H})$ eine untere bzw. obere $(1 - \alpha/K)$-Konfidenzschranke für p_k, dann ist

$$
\left[\tilde{a}_k, \tilde{b}_k\right] := \left[\min(\tilde{a}_k^*, p_k^0), \max(\tilde{b}_k^*, p_k^0)\right]
$$

ein $(1 - \alpha/K)$-Vertrauensintervall für p_k, welches per Konstruktion stets den Wert p_k^0 enthält.

---

[4] Carlo E. Bonferroni (1892–1960): italienischer Mathematiker, der Wahrscheinlichkeitsungleichungen in der Versicherungsmathematik und Statistik einsetzte.

Beispiel (Mendels Gesetz)

In einem Kreuzungsexperiment soll Mendels Vererbungsgesetz verifiziert werden. Von zwei Pflanzen werden durch Kreuzung $n = 400$ Tochterpflanzen erzeugt, die in Bezug auf ein bestimmtes Merkmal (Gen) vom Typ „AA", „AB" oder „BB" sein können. Wenn beide Elternpflanzen vom Typ „AB" sind, sagt Mendels Gesetz voraus, dass der Typ einer Tochterpflanze wie folgt verteilt ist:

$$\left(p_{AA}^0, p_{AB}^0, p_{BB}^0\right) = (1/4, 1/2, 1/4).$$

Angenommen, das Experiment liefert nun

$$\left(H_{AA}, H_{AB}, H_{BB}\right) = (106, 178, 116),$$

also

$$\left(\widehat{p}_{AA}, \widehat{p}_{AB}, \widehat{p}_{BB}\right) = (0{,}265, 0{,}445, 0{,}290).$$

Nun berechnen wir nach der exakten Methode für die drei Parameter p_{AA}, p_{AB} und p_{BB} jeweils eine untere und eine obere $(1 - \alpha/3)$-Vertrauensschranke, wobei $\alpha = 0{,}05$:

Typ	AA	AB	BB
Untere Schranke	0,2190	0,3915	0,2424
Obere Schranke	0,3151	0,4994	0,3412

Wir können also mit einer Sicherheit von $1 - \alpha = 95\,\%$ behaupten, dass

$$\left(p_{AA}, p_{AB}, p_{BB}\right) \in [0{,}2190, 0{,}3151] \times [0{,}3915, \mathbf{0{,}5}] \times [0{,}2424, 0{,}3412].$$

Insbesondere können wir mit einer Sicherheit von 95 % behaupten, dass die maximale Abweichung der tatsächlichen Wahrscheinlichkeiten von den Mendel'schen Werten höchstens gleich $0{,}1085$ ist.

Abwandlung des Chiquadrat-Tests

Der χ^2-Test in der üblichen Formulierung dient dem Nachweis, dass $\boldsymbol{p} \neq \boldsymbol{p}^0$. Man kann ihn aber auch dazu verwenden, „geschönte Daten" aufzuspüren. Das heißt, man kann darauf achten, ob der Vektor $\widehat{\boldsymbol{p}}$ verdächtig *nahe* an $\boldsymbol{p}^0$ ist. Zu diesem Zweck berechne man einfach den *linksseitigen* P-Wert

$$G_0(T)$$

bzw. die Monte-Carlo-Approximation

$$\frac{\#\{s \in \{1, \ldots, m\} : T_s \leq T\} + 1}{m + 1}$$

bzw. die Approximation

$$F_{K-1}(T)$$

mit der Verteilungsfunktion F_{K-1} von χ^2_{K-1}. Wenn dieser P-Wert kleiner oder gleich α ist, kann man mit einer Sicherheit von $1 - \alpha$ behaupten, dass die beobachteten absoluten Häufigkeiten *keine* Realisation eines Zufallsvektors mit Verteilung $\mathrm{Mult}(n, \boldsymbol{p}^0)$ darstellen.

Beispiel

Wir greifen noch einmal das vorangehende Beispiel zu Mendels Vererbungsgesetz auf. Angenommen, ein Experimentator behauptet, sein Experiment habe $(H_{AA}, H_{AB}, H_{BB}) = (102, 199, 99)$ ergeben. Dies würde verdächtig gut zu Mendels Gesetz passen. In der Tat ist hier $T = 0{,}055$, und der approximative linksseitige P-Wert ist gleich $F_2(0{,}055) \approx 0{,}0271$. (Wir verwenden die χ^2-Approximation, da $\min_k np_k = 100$.) Es sind also Zweifel am Bericht des Experimentators erlaubt. Denkbar wäre beispielsweise, dass er die Daten manipuliert oder aus mehreren Experimenten das schönste ausgewählt hat.

2.4 Übungsaufgaben

1. (Punktschätzung von p) Sei H eine Zufallsvariable mit Verteilung $\mathrm{Bin}(n, p)$, wobei $n \in \mathbb{N}$ gegeben, aber $p \in [0, 1]$ unbekannt ist. Betrachten Sie für $c \geq 0$ den Schätzer

$$\widehat{p}_c := \frac{H + c/2}{n + c}.$$

   Für $c = 0$ ergibt dies den Standardschätzer $\widehat{p} = H/n$, und für $c > 0$ wird letzterer zum Wert $1/2$ hin verschoben.
   (a) Bestimmen Sie Bias, Varianz und mittleren quadratischen Fehler von $\widehat{p}_c$. Letztlich sollten Sie sehen, dass $\mathrm{MSE}_p(\widehat{p}_c)$ eine Funktion von n, c und $|p - 1/2|$ ist.
   (b) Skizzieren Sie die Funktion $p \mapsto \mathrm{MSE}_p(\widehat{p}_c)$ für $n = 25$ und $c = 0, 1, 2, \ldots, 7$.
   (c) Für welchen Wert $c = c(n)$ ist der maximale mittlere quadratische Fehler,

$$\max_{0 \leq p \leq 1} \mathrm{MSE}_p(\widehat{p}_c),$$

   möglichst klein?
2. (Erwartungstreue Schätzung von $g(p)$) Seien H, n und p wie in Aufgabe 1, und sei $g : [0, 1] \to \mathbb{R}$ eine beliebige Funktion. Für $g(p)$ betrachten wir nun alle Schätzer der Form $\widehat{g} = s(H)$ mit einer beliebigen Abbildung $s : \{0, 1, \ldots, n\} \to \mathbb{R}$.
   (a) Angenommen, der Schätzer $\widehat{g} = s(H)$ ist erwartungstreu für $g(p)$. Zeigen Sie, dass $p \mapsto g(p)$ ein Polynom vom Grad höchstens n ist.
   (b) Angenommen, $p \mapsto g(p)$ ist ein Polynom vom Grad höchstens n. Zeigen Sie, dass es einen erwartungstreuen Schätzer $\widehat{g} = s(H)$ für $g(p)$ gibt.
   Hinweis: Betrachten Sie für $k = 0, 1, \ldots, n$ den speziellen Schätzer $\widehat{g} := [H]_k$. Welche Größe $g(p)$ wird durch $\widehat{g}$ erwartungstreu geschätzt?
   (c) Die vorangehenden Überlegungen illustrieren, dass Erwartungstreue eine auf den ersten Blick schöne, aber auch sehr restriktive Eigenschaft ist. Vergleichen Sie unter diesem Aspekt den erwartungstreuen Schätzer für $g(p) := (1 - p)^n$ mit dem naiven Schätzer $(1 - H/n)^n$.
3. (Implementierung der exakten Konfidenzschranken für p) Um exakte Konfidenzschranken für einen Binomialparameter p zu berechnen, muss man Gleichungen der Form

$$F_{n,p}(x) = \gamma$$

   für vorgegebenes $n \in \mathbb{N}$, $x \in \{0, 1, \ldots, n - 1\}$ und $\gamma \in (0, 1)$ lösen. Der in Tab. 2.1 beschriebene Algorithmus löst obige Gleichung mit einer vorgegebenen Genauigkeit von $\delta > 0$. Das

Tab. 2.1 Zur Berechnung
exakter Vertrauensschranken
für p

$$
\begin{array}{l}
\hline
\textbf{Algorithmus}(p_1, p_2) \leftarrow \textbf{BinoCB}(x, n, \gamma, \delta) \\
p_1 \leftarrow 0,\, F_1 \leftarrow 1 \\
p_2 \leftarrow 1,\, F_2 \leftarrow 0 \\
\textbf{while } p_2 - p_1 > \delta \textbf{ or } F_1 - F_2 > \delta \textbf{ do} \\
\quad p_m \leftarrow (p_1 + p_2)/2,\, F_m \leftarrow F_{n, p_m}(x) \\
\quad \textbf{if } F_m \geq \gamma \textbf{ then} \\
\qquad p_1 \leftarrow p_m,\, F_1 \leftarrow F_m \\
\quad \textbf{else} \\
\qquad p_2 \leftarrow p_m,\, F_2 \leftarrow F_m \\
\quad \textbf{end if} \\
\textbf{end while} \\
\hline
\end{array}
$$

Ergebnis sind zwei Zahlen $p_1, p_2 \in [0, 1]$ derart, dass $0 < p_2 - p_1 \leq \delta$, $F_{n,p_1}(x) \geq \gamma \geq F_{n,p_2}(x)$ und $F_{n,p_1}(x) - F_{n,p_2}(x) \leq \delta$.

Implementieren Sie diesen Algorithmus. Überprüfen Sie Ihr Programm anhand von Beispiel 2.4.

4. Beweisen Sie Lemma 2.5. Beschreiben Sie dann, wie man exakte Konfidenzschranken für einen unbekannten Parameter $\theta > 0$ berechnen kann, wenn man nur eine Zufallsvariable X mit Verteilungsfunktion F_θ beobachtet. Wie könnte man den Algorithmus in Tab. 2.1 an die hiesige Situation anpassen?

5. (Momente der Standardnormalverteilung) Sei Z eine standardnormalverteilte Zufallsvariable. Zeigen Sie mit einer Symmetrieüberlegung bzw. mit partieller Integration, dass $\mathbb{E}(Z^{2m-1}) = 0$ und

$$
\mathbb{E}(Z^{2m}) = \prod_{i=1}^{m} (2i - 1) \quad \text{für } m \in \mathbb{N}.
$$

Eine alternative Herleitung wird in Aufgabe 13 behandelt.

6. (Ungleichungen für Wilsons und Walds Methode) Zeigen Sie, dass für $p, \widehat{p} \in [0, 1]$ und $c > 0$ gilt:

$$
\widehat{p} \leq_{(\geq)} p +_{(-)} c\sqrt{p(1-p)}
$$

genau dann, wenn

$$
p \geq_{(\leq)} \frac{\widehat{p} + c^2/2 -_{(+)} c\sqrt{\widehat{p}(1-\widehat{p}) + c^2/4}}{1 + c^2}.
$$

Für welche Werte $\widehat{p} \in [0, 1]$ ist Walds Intervall

$$
\left[\widehat{p} \pm c\sqrt{\widehat{p}(1-\widehat{p})} \right]
$$

kürzer bzw. länger als Wilsons Intervall

$$
\left[\frac{\widehat{p} + c^2/2 \pm c\sqrt{\widehat{p}(1-\widehat{p}) + c^2/4}}{1 + c^2} \right]?
$$

7. (Beispiele zu Konfidenzbereichen für einen Binomialparameter p) Definieren Sie für die folgenden Anwendungssituationen jeweils einen geeigneten Wahrscheinlichkeitsparameter p und überlegen Sie, ob hierfür eine untere Konfidenzschranke, eine obere Konfidenzschranke oder ein Konfidenzintervall besonders geeignet wäre. Berechnen Sie dann diese Konfidenzbereiche mit $\alpha = 5\%$. Dabei können Sie entweder (i) exakte Schranken oder (ii) Wilsons Methode verwenden.

   (a) Wie verbreitet ist Flugangst? Anlässlich eines spektakulären „Fluchtversuches" eines Flugpassagiers kurz vor dem Start äußerten sich 335 Schweizerinnen und Schweizer zu der Frage, ob sie unter Flugangst leiden. Ergebnis: 70 Personen antworteten mit „ja".

   (b) Möchte die Mehrheit der Wahlberechtigten gerne per Internet abstimmen? Man fragte 29 Personen, ob sie den Gang zur Urne, eine Briefwahl oder eine Onlinewahl bevorzugen würden. Ergebnis: 22 Personen bevorzugten die Onlinewahl.

   (c) Ein Anbieter eines WLAN-Routers möchte untermauern, dass die meisten Kunden mit der neuen Installationssoftware und -broschüre gut zurechtkommen. Zu diesem Zweck recherchiert er über sein Callcenter, wie viele von 2500 Neukunden die Service-Hotline wegen Installationsproblemen in Anspruch nahmen. Ergebnis: 42 Kunden ließen sich wegen Problemen bei der Installation beraten.

   (d) Eine Stadtregierung soll davon überzeugt werden, dass ein bestimmter Bereich der Innenstadt problematisch ist. Hierzu werden 250 Personen gefragt, ob sie sich nachts alleine in diese Gegend trauen würden. Ergebnis: 139 Personen verneinten diese Frage (keine Enthaltungen).

8. (Vergleich zweier Poissonparameter) In manchen Anwendungen betrachtet man zwei unabhängige, poissonverteilte Zufallsvariablen $Y_1 \sim \text{Poiss}(\lambda_1)$ und $Y_2 \sim \text{Poiss}(\lambda_2)$ mit unbekannten Parametern $\lambda_1, \lambda_2 > 0$. Die Frage ist, ob und inwiefern sich λ_1 und λ_2 unterscheiden. Anwendungsbeispiele sind der Vergleich zweier Zellkonzentrationen in biologisch-medizinischen Experimenten, der Vergleich der Radioaktivität zweier Substanzen in chemisch-physikalischen Experimenten oder der Vergleich zweier Schadensraten in der Versicherungsmathematik.

   (a) Zeigen Sie, dass die bedingte Verteilung von Y_1, gegeben, dass $Y_1 + Y_2 = s$, eine Binomialverteilung mit Parametern s und $p := \lambda_1/(\lambda_1 + \lambda_2)$ ist. Das heißt,

   $$\mathbb{P}(Y_1 = k \mid Y_1 + Y_2 = s) = \binom{s}{k} p^k (1-p)^{s-k} \quad \text{für } k = 0, \ldots, s.$$

   (b) Beschreiben Sie mithilfe von Teil (a), wie man Konfidenzschranken für λ_1/λ_2 berechnen könnte. Zu welchem Ergebnis kommen Sie, wenn beispielsweise $Y_1 = 14$ und $Y_2 = 21$?

9. (Wilsons Methode für Poissonparameter) Sei Y eine Zufallsvariable mit Verteilung $\text{Poiss}(\lambda)$, wobei $\lambda \geq 0$ ein unbekannter Parameter ist. Für λ kann man exakte Konfidenzschranken berechnen, doch wir wollen nun Wilsons Methode (für Binomialparameter) imitieren. Aus dem Zentralen Grenzwertsatz lässt sich ableiten, dass für beliebige Zahlen $-\infty \leq r < s \leq \infty$ gilt:

   $$P\left(\frac{Y-\lambda}{\sqrt{\lambda}} \in [r,s]\right) \to \Phi(s) - \Phi(r) \quad \text{wenn} \lambda \to \infty.$$

   Leiten Sie hieraus approximative $(1-\alpha)$-Konfidenzschranken bzw. -intervalle für λ ab.

10. (Stichprobenumfänge bei Schätzung eines Binomialparameters) Bisher betrachteten wir den Stichprobenumfang n als fest vorgegeben. Mitunter kann man vor der Datenerhebung überlegen, wie groß die Stichprobe eigentlich sein sollte. Als Beispiel betrachten wir $H \sim \text{Bin}(n, p)$ und das $(1-\alpha)$-Vertrauensintervall für p nach der Wilson-Methode.

(a) Wie groß muss der Stichprobenumfang sein, damit die Länge des Vertrauensintervalls garantiert kleiner oder gleich $\delta > 0$ ist? Zu welchem Ergebnis gelangen Sie für $\alpha = 0{,}05$ und $\delta = 0{,}1$?

(b) Von zwei vorgegebenen Werten $0 < p_1 < p_2 < 1$ soll das Vertrauensintervall höchstens einen enthalten. Wie groß muss n sein, damit dies gewährleistet ist? Tipp: Aufgabe 6. Zahlenbeispiel: Für die deutsche FDP ist ein Wähleranteil von $p_1 = 5\,\%$ oder darunter verheerend (wegen der „5 %-Hürde"), ein Wähleranteil von $p_2 = 15\,\%$ oder darüber ist schon ein Anlass zum Feiern. Wie groß muss der Stichprobenumfang sein, damit man mindestens einen dieser Fälle mit einer Sicherheit von ca. 99 % ausschließen kann?

11. (McNemar-Test) Sei $\boldsymbol{H} \sim \mathrm{Mult}(n, \boldsymbol{p})$ mit unbekanntem Wahrscheinlichkeitsvektor $\boldsymbol{p} = (p_j)_{j=1}^{K}$. Die Frage ist nun, ob $p_1 \leq p_2$ (Nullhypothese) oder $p_1 > p_2$ (Alternativhypothese). Anstelle eines statistischen Tests konstruieren wir nun eine geeignete Konfidenzschranke für p_1 / p_2:

(a) Zeigen Sie, dass H_1 bei gegebener Summe $H_1 + H_2$ binomialverteilt ist mit Parametern $H_1 + H_2$ und $\rho := p_1/(p_1 + p_2)$. Das heißt, für beliebige Zahlen $m \in \{0, 1, \ldots, n\}$ und $x \in \{0, 1, \ldots, m\}$ ist

$$\mathbb{P}(H_1 = x \mid H_1 + H_2 = m) = \binom{m}{x} \rho^x (1 - \rho)^{m-x}.$$

(b) Beschreiben Sie nun, wie man mithilfe von Konfidenzschranken für einen Binomialparameter Konfidenzschranken für den Quotienten p_1/p_2 angeben kann.

(c) Werten Sie nun das folgende fiktive Datenbeispiel aus: Für den Nachweis einer bestimmten Krankheit gibt es zwei konkurrierende medizinische Tests A und B. Die Arbeitshypothese lautet, dass Test A sensitiver ist als Test B. Das heißt, bei einer erkrankten Person ist $\mathbb{P}(\text{Test A positiv})$ größer als $\mathbb{P}(\text{Test B positiv})$. Nun werden bei insgesamt $n = 60$ erkrankten Personen beide Tests angewandt. Bei 57 Personen war Test A positiv, bei 50 Personen war Test B positiv, bei 48 Personen waren beide Tests positiv. Belegen diese Daten, dass Test A sensitiver ist als Test B?

Hinweis: Bei jeder Person sind vier verschiedene Ausgänge denkbar. Benennen Sie diese vier Ausgänge und formulieren Sie die Arbeitshypothese mithilfe der entsprechenden Wahrscheinlichkeiten. Wenden Sie dann eine der einseitigen Konfidenzschranken aus Teil (b) an.

12. (Konfidenzschranken zum Nachweis geringer Abweichungen) Bisher konstruierten wir $(1 - \alpha)$-Vertrauensintervalle für eine reelle Größe $g(\theta)$, indem wir eine untere $(1 - \alpha/2)$-Vertrauensschranke und eine obere $(1 - \alpha/2)$-Vertrauensschranke für $g(\theta)$ kombinierten. Wenn man primär zeigen möchte, dass $g(\theta)$ nahe an einem gegebenen Wert g_0 ist, kann man auch anders vorgehen:

Seien $a_\alpha = a_\alpha(\text{Daten})$ und $b_\alpha = b_\alpha(\text{Daten})$ eine untere bzw. obere $(1-\alpha)$-Vertrauensschranke für $g(\theta)$, das heißt, für beliebige Parameter θ ist

$$\left. \begin{array}{l} \mathbb{P}_\theta\big(g(\theta) \geq a_\alpha\big) \\ \mathbb{P}_\theta\big(g(\theta) \leq b_\alpha\big) \end{array} \right\} \geq 1 - \alpha.$$

Zeigen Sie, dass $\big[\min(a_\alpha, g_0), \max(b_\alpha, g_0)\big]$ ein $(1 - \alpha)$-Vertrauensintervall für $g(\theta)$ ist.

13. Um zu klären, ob bei Neugeborenen die relativen Anteile von Mädchen und Knaben unterschiedlich sind, wurden die Daten von $n = 429.440$ Neugeborenen ausgewertet. Darunter waren $H = 221.023$ Knaben.

(a) Berechnen Sie nun mit Wilsons Methode ein 99 %-Vertrauensintervall für die Wahrscheinlichkeit p, dass ein Neugeborenes ein Knabe ist. Wie beantworten Sie die Ausgangsfrage?

(b) Berechnen Sie eine obere 99 %-Vertrauensschranke für $|p - 0{,}5|$.

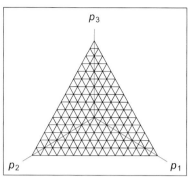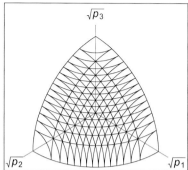

Abb. 2.7 Geometrische Betrachtung zur Chiquadrat-Statistik

14. (Geometrische Interpretation der Chiquadrat-Teststatistik) Für einen Wahrscheinlichkeitsvektor $\boldsymbol{p}$ betrachten wir $\sqrt{\boldsymbol{p}} := \left(\sqrt{p_k}\right)_{k=1}^{K}$. Dies definiert eine Abbildung $\boldsymbol{p} \mapsto \sqrt{\boldsymbol{p}}$ vom Einheitssimplex auf einen Ausschnitt der Einheitssphäre im $\mathbb{R}^K$; siehe Abb. 2.7 für den Fall $K = 3$. Nun definieren wir für zwei Wahrscheinlichkeitsvektoren $\boldsymbol{p}, \boldsymbol{q}$ folgende Größen:

$$T(\boldsymbol{p}, \boldsymbol{q}) := \sum_{k=1}^{K} \frac{(q_k - p_k)^2}{p_k}, \quad \tilde{T}(\boldsymbol{p}, \boldsymbol{q}) := 4 \left\| \sqrt{\boldsymbol{q}} - \sqrt{\boldsymbol{p}} \right\|^2$$

und

$$\delta(\boldsymbol{p}, \boldsymbol{q}) := \max_{k=1,\dots,K} \left| \frac{q_k}{p_k} - 1 \right|.$$

(a) Zeigen Sie, dass im Falle von $\delta(\boldsymbol{p}, \boldsymbol{q}) > 0$ gilt:

$$1 - \frac{3\delta(\boldsymbol{p}, \boldsymbol{q})}{4} \leq \frac{T(\boldsymbol{p}, \boldsymbol{q})}{\tilde{T}(\boldsymbol{p}, \boldsymbol{q})} \leq 1 + \frac{\delta(\boldsymbol{p}, \boldsymbol{q})}{2}.$$

(b) Angenommen, $\widehat{\boldsymbol{p}} = n^{-1}\boldsymbol{H}$ mit $\boldsymbol{H} \sim \text{Mult}(n, \boldsymbol{p}^0)$. Zeigen Sie, dass

$$\mathbb{E}(\delta(\boldsymbol{p}^0, \widehat{\boldsymbol{p}})^2) \leq \frac{K - 1}{\min_{k=1,\dots,K} n p_k^0}.$$

15. Für eine Teststatistik $T = T(\text{Daten})$ betrachten wir den P-Wert

$$\pi := 1 - G_0(T-)$$

für eine gegebene Verteilungsfunktion G_0 sowie den Monte-Carlo-P-Wert

$$\widehat{\pi} := \frac{\#\{s \in \{1, \dots, m\} : T_s \geq T\} + 1}{m + 1}.$$

Dabei sind $T_1, T_2, \dots, T_m$ untereinander und von den Daten unabhängige, nach G_0 verteilte Zufallsvariablen. Nun vergleichen wir π und $\widehat{\pi}$ bei gegebenen Daten, berücksichtigen also nur den Zufall in den (simulierten) Variablen $T_1, \ldots, T_m$ und betrachten T als feste Zahl. Zeigen Sie, dass

$$\mathbb{E}\big((\widehat{\pi} - \pi)^2\big) \leq \frac{1}{4m + 1} \quad \text{falls } m \geq 2.$$

16. (*Leading digits*) Welcher Verteilung gehorcht die erste Ziffer einer Zahl? Wir betrachten folgende Stichprobe: Aus einem Ortsverzeichnis wurde zufällig eine Seite aufgeschlagen. Diese Seite enthält die Namen von 305 Ortschaften. In der Tabelle unten ist nun aufgeführt, in wie vielen Ortschaften die Einwohnerzahl mit der Ziffer $1, 2, \ldots, 9$ beginnt.

Erste Ziffer	1	2	3	4	5	6	7	8	9
Häuigkeit	107	55	39	22	13	18	13	23	15

   (a) Testen Sie die Hypothese, dass diese Ziffern uniform verteilt sind auf der Menge $\{1, 2, \ldots, 9\}$.
   (b) Testen Sie die Hypothese, dass diese Ziffern der Benford-Verteilung gehorchen, das heißt

$$\mathbb{P}(\text{Erste Ziffer} = k) = \log_{10}(1 + 1/k) \quad \text{für } k = 1, 2, \ldots, 9.$$

17. (Benfords Gesetz) Hinter der Benford-Verteilung in der vorangehenden Aufgabe steht ein allgemeines Phänomen: Ist X eine Zufallsvariable mit stetiger Verteilungsfunktion F auf $\mathbb{R}$, und ist diese Verteilung „recht diffus", dann ist die Zufallsvariable $Y := X - \lfloor X \rfloor$ „näherungsweise" uniform verteilt auf $[0, 1)$. (Diese vage Aussage lässt sich mathematisch präzisieren.) Nun sei $Z > 0$ eine Zufallsvariable mit stetiger Verteilung auf $(0, \infty)$. Diese schreiben wir als Dezimalzahl, das heißt,

$$Z = Z_0.Z_1 Z_2 Z_3 \ldots \cdot 10^W = \big(Z_0 + 10^{-1} Z_1 + 10^{-2} Z_2 + 10^{-3} Z_3 + \ldots\big) \cdot 10^W$$

mit Ziffern $Z_0 \in \{1, \ldots, 9\}$, $Z_1, Z_2, Z_3, \ldots \in \{0, 1, \ldots, 9\}$ und einem ganzzahligen Exponenten W. Wir gehen davon aus, dass $X = \log_{10}(Z)$ „recht diffus" verteilt ist. Wie kann man nun aus dem oben beschriebenen Phänomen ableiten, dass

$$\mathbb{P}(Z_0 = k) \approx \log_{10}(1 + 1/k) \quad \text{für } k = 1, 2, \ldots, 9?$$

Anmerkung: Benfords Gesetz wird beispielsweise bei Steuerprüfungen verwendet, um Manipulationen von Datenmaterial aufzuspüren.

18. Die folgende Tabelle enthält die Anzahl von Todesfällen in den USA in den 12 Monaten des Jahres 1966:

Januar	166.761	Juli	159.924
Februar	151.296	August	145.184
März	164.804	September	141.164
April	158.973	Oktober	154.777
Mai	156.455	November	150.678
Juni	149.251	Dezember	163.882

Die Frage ist nun, ob die Todesfallrate eines Monats proportional zu seiner zeitlichen Länge ist. Man kann mathematisch begründen, dass sich die Sterbemonate $X_1, X_2, \ldots, X_N$ der im

Jahre 1966 verstorbenen US-Amerikaner nach Bedingen auf N wie unabhängige und identisch verteilte Zufallsvariablen verhalten, und wir interessieren uns für die unbekannten Wahrscheinlichkeiten $p_k = \mathbb{P}(X_i = \text{Monat Nr.}k)$.

Formulieren und überprüfen Sie eine Nullhypothese mit den beiden zuvor beschriebenen Methoden, also mit dem χ^2-Anpassungstest auf dem Niveau $\alpha = 0{,}01$ bzw. mit den simultanen 99 %-Konfidenzintervallen für die p_k. Wie interpretieren Sie die Ergebnisse?

Numerische Merkmale: Verteilungsfunktionen und Quantile 3

Auch in diesem Kapitel konzentrieren wir uns auf ein Merkmal eines Datensatzes mit Stichprobenwerten $X_1, X_2, \ldots, X_n$ in einer vorerst beliebigen Menge $\mathcal{X}$. Später werden wir uns auf den Fall $\mathcal{X} = \mathbb{R}$ konzentrieren.

3.1 Empirische Verteilung

Wir betrachten die Stichprobenwerte X_i als stochastisch unabhängige Zufallsvariablen mit unbekannter Verteilung P auf einem messbaren Raum $(\mathcal{X}, \mathcal{B})$. Das heißt,

$$\mathbb{P}(X_1 \in B_1, X_2 \in B_2, \ldots, X_n \in B_n) = P(B_1) P(B_2) \cdots P(B_n)$$

für beliebige messbare Mengen $B_1, B_2, \ldots, B_n \subset \mathcal{X}$. Unter diesen Annahmen kann man die Verteilung P durch die *empirische Verteilung* $\widehat{P}$ der Daten schätzen. Diese ist wie folgt definiert: Für eine messbare Menge $B \subset \mathcal{X}$ setzen wir

$$\widehat{P}(B) := \#\{i \leq n : X_i \in B\}/n.$$

Dies entspricht dem relativen Anteil der Datenpunkte, welche in B liegen. Somit ist $\widehat{P}$ das zufällige diskrete Wahrscheinlichkeitsmaß auf $\mathcal{X}$, welches einem Punkt $x \in \mathcal{X}$ das Gewicht $\#\{i \leq n : X_i = x\}/n$ gibt.

Die $\{0, 1\}$-wertigen Zufallsvariablen $1_{[X_i \in B]}$ sind stochastisch unabhängig mit Werten in $\{0, 1\}$ und Erwartungswert $P(B)$. Daher ist

$$n\widehat{P}(B) = \sum_{i=1}^{n} 1_{[X_i \in B]} \sim \text{Bin}(n, P(B)).$$

Insbesondere ist

$$\mathbb{E}(\widehat{P}(B)) = P(B) \quad \text{und} \quad \text{Std}(\widehat{P}(B)) = \sqrt{\frac{P(B)(1 - P(B))}{n}} \leq \frac{1}{2\sqrt{n}}.$$

© Springer Basel 2016
L. Dümbgen, *Einführung in die Statistik*, Mathematik Kompakt,
DOI 10.1007/978-3-0348-0004-4_3

3.2 Verteilungsfunktionen und Quantile

Von nun an betrachten wir den Spezialfall, dass das Merkmal numerisch ist, also $X = \mathbb{R}$. Wir erinnern zunächst an die Definition und Eigenschaften von Verteilungsfunktionen.

Verteilungsfunktion Die Verteilung P wird durch ihre *Verteilungsfunktion* F eindeutig charakterisiert. Dabei ist

$$F(x) := P((-\infty, x]) = \mathbb{P}(X_i \leq x) \quad \text{für } x \in \mathbb{R}.$$

Diese Funktion F hat stets folgende Eigenschaften:

- F ist monoton wachsend,
- $\lim_{x \to -\infty} F(x) = 0$ und $\lim_{x \to \infty} F(x) = 1$,
- F ist rechtsseitig stetig. Genauer gesagt, gilt für beliebige $x \in \mathbb{R}$:

$$F(x) = \lim_{s \to x, s > x} F(s) \quad \text{und} \quad F(x-) := \lim_{s \to x, s < x} F(s) = P((-\infty, x)).$$

Die Sprunghöhe $F(x) - F(x-)$ von F an einer beliebigen Stelle x ist also gleich $P(\{x\})$.

Quantile Mit der Verteilungsfunktion eng verknüpft sind sogenannte *Quantile*: Sei $0 < \gamma < 1$. Eine reelle Zahl q_γ heißt *γ-Quantil der Verteilung P*, wenn

$$P((-\infty, q_\gamma]) \geq \gamma \quad \text{und} \quad P([q_\gamma, \infty)) \geq 1 - \gamma.$$

Dies ist äquivalent zu der Forderung, dass

$$P((-\infty, q_\gamma)) \leq \gamma \quad \text{und} \quad P((q_\gamma, \infty)) \leq 1 - \gamma.$$

Grob gesagt, unterteilt q_γ die reelle Achse in eine linke und eine rechte Halbgerade mit Wahrscheinlichkeit ca. γ bzw. $1 - \gamma$. Mithilfe der Verteilungsfunktion F kann man auch schreiben:

$$F(q_\gamma-) \leq \gamma \leq F(q_\gamma)$$

bzw.

$$F(x) \begin{cases} \leq \gamma & \text{für } x < q_\gamma, \\ \geq \gamma & \text{für } x \geq q_\gamma. \end{cases}$$

An der Stelle q_γ überschreitet die Verteilungsfunktion F also den Wert γ.

Die Menge *aller* γ-Quantile von P ist stets ein abgeschlossenes Intervall mit den Grenzen

$$q_{\gamma,1} := \min\{x \in \mathbb{R} : F(x) \geq \gamma\} \quad \text{und} \quad q_{\gamma,2} := \inf\{x \in \mathbb{R} : F(x) > \gamma\}.$$

Ist von *dem* γ-Quantil von P die Rede, dann meinen wir damit den Mittelpunkt $q_\gamma :=$ $(q_{\gamma,1} + q_{\gamma,2})/2$. Falls F stetig und im Bereich $\{x \in \mathbb{R} : 0 < F(x) < 1\}$ streng monoton wachsend ist, gibt es genau ein γ-Quantil $q_\gamma = F^{-1}(\gamma)$ mit der Umkehrfunktion $F^{-1} :$ $(0,1) \to \{x \in \mathbb{R} : 0 < F(x) < 1\}$ von F.

Quartile und Median   Spezielle Quantile sind die sogenannten *Quartile*, nämlich

- das erste Quartil: $q_{0,25}$,
- das zweite Quartil: $q_{0,50}$,
- das dritte Quartil: $q_{0,75}$.

Ein 50 %-Quantil nennt man auch *Median* der Verteilung P. Der Median ist eine wichtige Kenngröße der Verteilung P, die man wie folgt charakterisieren kann:

Lemma 3.1 (Charakterisierung des Medians) *Sei X eine Zufallsvariable mit Verteilung P, wobei wir voraussetzen, dass $\mathbb{E}(|X|) < \infty$. Für eine feste Zahl $r \in \mathbb{R}$ sei*

$$H(r) := \mathbb{E}(|X - r|),$$

der mittlere Abstand von X zu r. Dann ist H eine konvexe Funktion mit Grenzwerten $H(\pm\infty) = \infty$. Ferner ist r genau dann eine Minimalstelle von H, wenn r ein Median von P ist.

„Briefkastenproblem"   Lemma 3.1 beinhaltet auch die Lösung des folgenden Problems: Entlang einer Straße befinden sich n Haushalte an den Stellen $x_1 < x_2 < \cdots < x_n$. Nun möchte man einen Briefkasten an einer Stelle r aufstellen, sodass die Gesamtsumme

$$\sum_{i=1}^{n} |x_i - r|$$

der Abstände aller Haushalte zu ihm minimal wird. Für ungerades n ist $x_{(n+1)/2}$ die eindeutige optimale Position, bei geradem n ist jede Stelle in $[x_{n/2}, x_{n/2+1}]$ eine Lösung.

Dies ergibt sich aus Lemma 3.1, indem man eine Zufallsvariable X mit $\mathbb{P}(X = x_i) =$ $1/n$ für $1 \leq i \leq n$ betrachtet. Alternativ kann man auch direkt argumentieren: Man stelle sich vor, dass der Briefkasten derzeit an einer Stelle r steht. Nun überlegt man sich, wie sich die Gesamtsumme der Abstände verändert, wenn man den Briefkasten um eine kleine Strecke δ nach rechts oder nach links verschiebt. Dies ist auch eine gute Strategie für Aufgabe 3.

Beweis von Lemma 3.1 Die Konvexität von H ergibt sich aus der Tatsache, dass $h(x, r) :=$ $|x - r|$ bei festem $x \in \mathbb{R}$ eine konvexe Funktion von $r \in \mathbb{R}$ ist. Denn für $r, s \in \mathbb{R}$ und $0 < \lambda < 1$ ist

$$H((1 - \lambda)r + \lambda s) = \mathbb{E}\big(h(X, (1 - \lambda)r + \lambda s)\big)$$
$$\leq \mathbb{E}\big((1 - \lambda)h(X, r) + \lambda h(X, s)\big) = (1 - \lambda)H(r) + \lambda H(s).$$

Außerdem folgt aus der Dreiecksungleichung, dass

$$H(r) \geq \mathbb{E}\big(|r| - |X|\big) = |r| - \mathbb{E}(|X|) \to \infty \quad (r \to \pm\infty).$$

Nun betrachten wir rechts- und linksseitige Ableitungen von H: Für $r < s$ ist

$$\frac{H(s) - H(r)}{s - r} = \mathbb{E}h(X, r, s)$$

mit

$$h(x, r, s) := \frac{|x - s| - |x - r|}{s - r} = \begin{cases} 1, & \text{falls } x \leq r, \\ \dfrac{s + r - 2x}{s - r} & \text{falls } r \leq x \leq s, \\ -1, & \text{falls } x \geq s. \end{cases}$$

Da also stets $|h(x, r, s)| \leq 1$, kann man Erwartungswert und Grenzübergänge vertauschen (majorisierte Konvergenz), und es gilt:

$$H'(s-) = \mathbb{E}\Big(\lim_{r \uparrow s} h(X, r, s)\Big) = \mathbb{P}(X < s) - \mathbb{P}(X \geq s) = 2\mathbb{P}(X < s) - 1,$$
$$H'(r+) = \mathbb{E}\Big(\lim_{s \downarrow r} h(X, r, s)\Big) = \mathbb{P}(X \leq r) - \mathbb{P}(X > r) = 2\mathbb{P}(X \leq r) - 1.$$

Dies zeigt, dass r genau dann eine Minimalstelle von H ist, wenn $H'(r+) \geq 0$, also $\mathbb{P}(X \leq r) \geq 1/2$, und $H'(r-) \leq 0$, also $\mathbb{P}(X < r) \leq 1/2$. Mit anderen Worten, r muss ein Median von P sein. □

Empirische Verteilungsfunktion und Ordnungsstatistiken Ein Schätzer für F ist die *empirische Verteilungsfunktion* $\widehat{F}$ mit

$$\widehat{F}(x) := \widehat{P}((-\infty, x]) = \#\{i \leq n : X_i \leq x\}/n.$$

Es handelt sich um eine monoton wachsende Treppenfunktion. Genauer gesagt, seien

$$X_{(1)} \leq X_{(2)} \leq \cdots \leq X_{(n)}$$

die der Größe nach geordneten Stichprobenwerte X_i. Man nennt $X_{(i)}$ die *i-te Ordnungsstatistik* der gegebenen Daten. Dann ist

$$\widehat{F}(x) = \frac{i}{n} \quad \text{für } X_{(i)} \leq x < X_{(i+1)}, 0 \leq i \leq n,$$

wobei $X_{(0)} := -\infty$ und $X_{(n+1)} := \infty$.

Stichprobenquantile Mithilfe der Ordnungsstatistiken kann man auch *Stichprobenquantile* leicht bestimmen: Eine Zahl $\widehat{q}_\gamma$ nennen wir γ-*Stichprobenquantil*, wenn sie ein γ-Quantil der empirischen Verteilung $\widehat{P}$ ist. Wenn $n\gamma$ keine ganze Zahl ist, gibt es genau ein γ-Stichprobenquantil, nämlich

$$\widehat{q}_\gamma = X_{(\lceil n\gamma \rceil)}.$$

Ist $n\gamma$ eine ganze Zahl, dann ist jede Zahl

$$\widehat{q}_\gamma \in \left[X_{(n\gamma)}, X_{(n\gamma+1)} \right]$$

ein γ-Stichprobenquantil. Ist nachfolgend die Rede von *dem* γ-Stichprobenquantil, dann meinen wir damit

$$\widehat{q}_\gamma := \left(X_{(\lceil n\gamma \rceil)} + X_{(\lfloor n\gamma+1 \rfloor)} \right)/2.$$

Speziell für $\gamma = 0{,}5$ erhalten wir *den* Stichprobenmedian.

Die hier beschriebene Definition von Stichprobenquantilen ist nur einer von vielen Vorschlägen. Zum Beispiel sind in der Statistiksoftware R neun verschiedene Varianten von Stichprobenquantilen implementiert; die hier beschriebene entspricht dort type 2.

Beispiel (Monatsmieten)

In Beispiel 1.8 wurde u. a. nach der Monatsmiete (in CHF) gefragt. Wir betrachten nun die Grundgesamtheit aller Studierenden der Universität Bern im akademischen Jahr 2003/2004, welche *nicht* bei Angehörigen mietfrei wohnten. In unserer Stichprobe gab es $n = 129$ solche Studierende, und wir behandeln diese nun als Zufallsstichprobe aus der besagten Grundgesamtheit. Wir schätzen also den relativen Anteil $F(x)$ aller Studierenden mit einer Monatsmiete kleiner oder gleich x in der Grundgesamtheit durch den relativen Anteil $\widehat{F}(x)$ in unserer Stichprobe. Der kleinste und größte Wert ist $X_{(1)} = 220\,\text{CHF}$ bzw. $X_{(129)} = 2000\,\text{CHF}$. Abbildung 3.1 zeigt die empirische Verteilungsfunktion. Der Graph von $\widehat{F}$ wurde noch durch vertikale Segmente an seinen Sprungstellen ergänzt. Außerdem sieht man eine horizontale Line in Höhe von 0.5, und diese wird an der Stelle $\widehat{q}_{0{,}5} = X_{(65)} = 550\,\text{CHF}$ (mittlere vertikale Linie) überschritten.

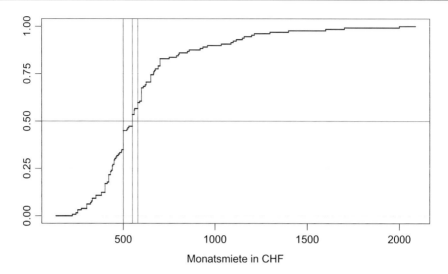

Abb. 3.1 Empirische Verteilungsfunktion, Stichprobenmedian und 95 %-Konfidenzintervall für $q_{0,5}$

Ränge In manchen statistischen Verfahren ersetzt man die ursprünglichen Daten X_i durch ihre *Ränge*, die wie folgt definiert werden:

Angenommen, alle n Werte X_i sind verschieden. Dann setzen wir $R_i := k$, wenn $X_i = X_{(k)}$. Man kann auch schreiben

$$R_i = \#\{l : X_l \le X_i\} = n\widehat{F}(X_i).$$

Der resultierende Rangvektor $(R_i)_{i=1}^n$ ist dann eine Permutation von $(i)_{i=1}^n$.

Falls manche Werte X_i übereinstimmen, arbeitet man mit mittleren Rängen: Zu den Ordnungsstatistiken $X_{(1)} \le X_{(2)} \le \cdots \le X_{(n)}$ gehören eigentlich die Ränge $1, 2, \ldots, n$. Wenn aber

$$X_{(j-1)} < X_{(j)} = X_{(j+1)} = \cdots = X_{(k)} < X_{(k+1)}$$

für gewisse Indizes $1 \le j < k \le n$, dann setzt man

$$R_i := \frac{j + (j+1) + \cdots + k}{k - j + 1} = \frac{j+k}{2}$$

für alle Indizes i mit $X_i = X_{(j)}$. Man kann auch schreiben

$$R_i = \big(\#\{l : X_l < X_i\} + 1 + \#\{l : X_l \le X_i\}\big)/2$$
$$= \big(n\widehat{F}(X_i-) + 1 + n\widehat{F}(X_i)\big)/2.$$

▶ **Bemerkung** Wenn die Verteilungsfunktion F stetig ist, sind die Zufallsvariablen $X_1, X_2, \ldots, X_n$ fast sicher paarweise verschieden, und $X_{(1)} < X_{(2)} < \cdots < X_{(n)}$. Dies ist gleichbedeutend mit der Aussage, dass $\mathbb{P}(X_i = X_j) = \mathbb{P}(X_1 = X_2) = 0$ für beliebige Indizes $1 \leq i < j \leq n$. Hier folgt eine elementare Begründung für die Gleichung $\mathbb{P}(X_1 = X_2) = 0$: Für eine beliebige ganze Zahl $k \geq 2$ wählen wir reelle Zahlen $a_{k,1} < a_{k,2} < \cdots < a_{k,k-1}$ mit $F(a_{k,l}) = l/k$. Mit $a_{k,0} := -\infty$ und $a_{k,k} := \infty$ erfüllen die Intervalle $I_{k,l} = (a_{k,l-1}, a_{k,l}] \cap \mathbb{R}$ für $l = 1, 2, \ldots, k$ die Gleichung $P(I_{k,l}) = k^{-1}$. Insbesondere ist

$$\mathbb{P}(X_1 = X_2) = \sum_{l=1}^{k} \mathbb{P}(X_1 = X_2 \in I_{k,l})$$

$$\leq \sum_{l=1}^{k} \mathbb{P}(X_1 \in I_{k,l}, X_2 \in I_{k,l}) = \sum_{l=1}^{k} P(I_{k,l})^2 = k^{-1}.$$

Da wir k beliebig groß wählen dürfen, ist die Wahrscheinlichkeit auf der linken Seite gleich null.

Mithilfe des Satzes von Fubini (siehe Anhang) kann man noch einfacher argumentieren:

$$\mathbb{P}(X_1 = X_2) = \mathbb{E}\big(\mathbb{P}(X_1 = X_2 \mid X_2)\big) = \mathbb{E}\big(P(\{X_2\})\big) = 0,$$

da $P(\{x\}) = F(x) - F(x-) = 0$ für beliebige $x \in \mathbb{R}$. Die Schreibweise $\mathbb{P}(X_1 = X_2 \mid X_2)$ bedeutet, dass wir X_2 vorübergehend als feste Zahl betrachten, und nur X_1 ist zufällig mit Verteilung P.

3.3 Konfidenzschranken für Quantile

Für Quantile gibt es eine erstaunlich einfache Methode, Konfidenzschranken zu berechnen. Und zwar betrachten wir für feste Indizes $0 \leq k < l \leq n + 1$ das zufällige Intervall

$$[X_{(k)}, X_{(l)}]$$

als Konfidenzintervall für q_γ. Im Falle von $k = 0$ haben wir eigentlich eine obere Konfidenzschranke $X_{(l)}$, im Falle von $l = n + 1$ eine untere Konfidenzschranke $X_{(k)}$, denn $X_{(0)} = -\infty$ und $X_{(n+1)} = \infty$. Ansonsten liegt ein kompaktes Konfidenzintervall vor. Die Frage ist nun, ob und wie wir garantieren können, dass

$$\mathbb{P}\big(q_\gamma \in [X_{(k)}, X_{(l)}]\big) \geq 1 - \alpha.$$

Satz 3.2 *Sei q_γ ein γ-Quantil von P. Für beliebige Indizes $0 \leq k < l \leq n + 1$ ist*

$$\mathbb{P}\big(q_\gamma \in [X_{(k)}, X_{(l)}]\big) \geq F_{n,\gamma}(l - 1) - F_{n,\gamma}(k - 1).$$

Dabei ist $F_{n,\gamma}$ die Verteilungsfunktion von $\mathrm{Bin}(n, \gamma)$. Gleichheit gilt, wenn F an der Stelle q_γ stetig ist.

▶ **Bemerkung** Angenommen, das γ-Quantil ist nicht eindeutig, also $q_{\gamma,1} < q_{\gamma,2}$. Dann ist $F = \gamma$ auf $[q_{\gamma,1}, q_{\gamma,2})$, und das offene Intervall $(q_{\gamma,1}, q_{\gamma,2})$ enthält fast sicher keine Beobachtungen X_i. Für einen beliebigen Punkt $q_\gamma \in (q_{\gamma,1}, q_{\gamma,2})$ ist daher

$$\mathbb{P}\big([q_{\gamma,1}, q_{\gamma,2}] \subset [X_{(k)}, X_{(l)}]\big) = \mathbb{P}\big(q_\gamma \in [X_{(k)}, X_{(l)}]\big)$$
$$= F_{n,\gamma}(l-1) - F_{n,\gamma}(k-1).$$

Beweis von Satz 3.2 Wir betrachten das Gegenereignis und schreiben

$$\mathbb{P}\big(q_\gamma \notin [X_{(k)}, X_{(l)}]\big) = \mathbb{P}\big(X_{(k)} > q_\gamma \, \text{oder} \, X_{(l)} < q_\gamma\big)$$
$$= \mathbb{P}(X_{(k)} > q_\gamma) + \mathbb{P}(X_{(l)} < q_\gamma).$$

Nun untersuchen wir die beiden Summanden auf der rechten Seite getrennt.

Im Falle von $k = 0$ ist $X_{(k)} = -\infty$, also sind sowohl $\mathbb{P}(X_{(k)} > q_\gamma)$ als auch $F_{n,\gamma}(k-1)$ gleich null. Ansonsten ist $X_{(k)} > q_\gamma$ genau dann, wenn höchstens $k-1$ Beobachtungen X_i kleiner oder gleich q_γ sind. Folglich ist

$$\mathbb{P}(X_{(k)} > q_\gamma) = \mathbb{P}\big(n\widehat{P}((-\infty, q_\gamma]) \le k - 1\big)$$
$$= F_{n, F(q_\gamma)}(k-1)$$
$$\le F_{n,\gamma}(k-1).$$

Dabei verwendeten wir die Tatsache, dass $n\widehat{P}((-\infty, q_\gamma])$ nach $\mathrm{Bin}(n, F(q_\gamma))$ verteilt ist, sowie die Ungleichung $F(q_\gamma) \ge \gamma$ und Lemma 2.3. Gleichheit gilt genau dann, wenn $F(q_\gamma) = \gamma$.

Analog können wir $\mathbb{P}(X_{(l)} < q_\gamma)$ behandeln. Im Falle von $l = n + 1$ ist $X_{(l)} = \infty$, also $\mathbb{P}(X_{(l)} < q_\gamma) = 1 - F_{n,\gamma}(l-1) = 0$. Ansonsten ist

$$\mathbb{P}(X_{(l)} < q_\gamma) = \mathbb{P}\big(n\widehat{P}((-\infty, q_\gamma)) \ge l\big)$$
$$= 1 - F_{n, F(q_\gamma)}(l-1)$$
$$\le 1 - F_{n,\gamma}(l-1)$$

mit Gleichheit genau dann, wenn $F(q_\gamma-) = \gamma$.

Alles in allem wissen wir also, dass

$$\mathbb{P}\big(q_\gamma \notin [X_{(k)}, X_{(l)}]\big) \le 1 - F_{n,\gamma}(l-1) + F_{n,\gamma}(k-1)$$

mit Gleichheit, falls $F(q_\gamma) = \gamma = F(q_\gamma-)$. Die beiden letzteren Gleichungen sind genau dann erfüllt, wenn F an der Stelle q_γ stetig ist. $\qquad\square$

Anwendung Um ein $(1 - \alpha)$-Konfidenzintervall für q_γ zu konstruieren, sollte man also $0 \leq k < l \leq n + 1$ so wählen, dass

$$F_{n,\gamma}(l - 1) - F_{n,\gamma}(k - 1) \geq 1 - \alpha. \tag{3.1}$$

Konkret ergibt sich die untere $(1 - \alpha)$-Konfidenzschranke $X_{(k)}$ für q_γ mit

$$k = k_\alpha(n, \gamma) := \max\{k \in \{0, 1, \ldots, n\} : F_{n,\gamma}(k - 1) \leq \alpha\}$$

bzw. die obere $(1 - \alpha)$-Konfidenzschranke $X_{(l)}$ für q_γ mit

$$l = l_\alpha(n, \gamma) := \min\{l \in \{1, 2, \ldots, n + 1\} : F_{n,\gamma}(l - 1) \geq 1 - \alpha\}.$$

Symmetrieüberlegungen liefern übrigens die Beziehung

$$k_\alpha(n, \gamma) = n + 1 - l_\alpha(n, 1 - \gamma)$$

und insbesondere

$$k_\alpha(n, 0{,}5) = n + 1 - l_\alpha(n, 0{,}5).$$

Als $(1 - \alpha)$-Konfidenzintervall für q_γ bietet sich dann $[X_{(k)}, X_{(l)}]$ mit den Indizes $k = k_{\alpha/2}(n, \gamma)$ und $l = l_{\alpha/2}(n, \gamma)$ an. Möglicherweise kann man noch k vergrößern oder l verkleinern, ohne (3.1) zu verletzen.

Beispiel (Monatsmieten)
Im vorangehenden Beispiel mit $n = 129$ Monatsmieten möchten wir nun ein 95 %-Vertrauensintervall für den unbekannten Median $q_{0{,}5}$ berechnen. Weil $F_{n,0{,}5}(52) < \alpha/2 = 2{,}5\% < F_{n,0{,}5}(53)$, ist $k_{\alpha/2}(n, 0{,}5) = 53$, und $l_{\alpha/2}(n, 0{,}5) = n + 1 - k_{\alpha/2}(n, 0{,}5) = 77$. Also ergibt sich das 95 %-Konfidenzintervall $[X_{(53)}, X_{(77)}] = [500\,\text{CHF}, 580\,\text{CHF}]$ für $q_{0{,}5}$. Die Grenzen dieses Intervalls sind ebenfalls in Abb. 3.1 zu sehen.

▶ **Bemerkung** Nun wissen wir einerseits, wie man für ein festes $x \in \mathbb{R}$ Konfidenzschranken für $F(x)$ konstruieren kann, indem man die Zufallsvariable $H := n\widehat{F}(x) \sim \text{Bin}(n, F(x))$ wie in Kap. 2 auswertet. Andererseits wissen wir, wie man für ein festes $\gamma \in (0, 1)$ Konfidenzschranken für q_γ konstruieren kann. Diese beiden Verfahren sind eng verwandt. Betrachtet man nämlich die einseitigen $(1 - \alpha)$-Vertrauensschranken

$$a_\alpha(x) = a_\alpha(x, \text{Daten}) := \inf\{p \in [0, 1] : F_{n,p}(n\widehat{F}_n(x) - 1) < 1 - \alpha\},$$
$$b_\alpha(x) = b_\alpha(x, \text{Daten}) := \sup\{p \in [0, 1] : F_{n,p}(n\widehat{F}_n(x)) > \alpha\}$$

für $F(x)$, dann besteht folgender Zusammenhang:

$$X_{(k_\alpha(n,\gamma))} \leq x \text{ genau dann, wenn } b_\alpha(x) > \gamma,$$
$$X_{(l_\alpha(n,\gamma))} > x \text{ genau dann, wenn } a_\alpha(x) < \gamma.$$

Den Nachweis dieser Aussagen überlassen wir den Leserinnen und Lesern als Übungsaufgabe.

▶ **Bemerkung 3.3 (Verteilung von Ordnungsstatistiken)** Der Beweis von Satz 3.2 liefert eine konkrete Formel für die Verteilungsfunktion einer beliebigen Ordnungsstatistik $X_{(k)}$. Und zwar ist

$$\mathbb{P}(X_{(k)} \leq x) = 1 - F_{n,F(x)}(k-1)$$

für beliebige $k \in \{1, 2, \ldots, n\}$ und $x \in \mathbb{R}$. Denn $X_{(k)} \leq x$ ist gleichbedeutend damit, dass mindestens k Beobachtungen X_i kleiner oder gleich x sind. Zusammen mit dem zweiten Teil von Lemma 2.3 ergibt sich außerdem die Formel

$$\mathbb{P}(X_{(k)} \leq x) = \int_0^{F(x)} n \binom{n-1}{k-1} u^{k-1} (1-u)^{n-k} \, du.$$

3.4 Kolmogorov-Smirnov-Konfidenzbänder

In diesem Abschnitt werden wir ein $(1 - \alpha)$-*Konfidenzband für* F herleiten. Genauer gesagt, werden wir zeigen, dass es zu jedem Stichprobenumfang n und jedem $\alpha \in (0, 1)$ eine Konstante $\kappa_{n,\alpha}$ gibt, sodass

$$\mathbb{P}_F\left(F(x) \in \left[\widehat{F}(x) \pm \kappa_{n,\alpha}\right] \cap [0, 1] \text{ für alle } x \in \mathbb{R} \right) \geq 1 - \alpha \tag{3.2}$$

für beliebige Verteilungsfunktionen F, und Gleichheit gilt, falls F stetig ist. Mit anderen Worten,

$$\mathbb{P}_F\left(\|\widehat{F} - F\|_\infty \leq \kappa_{n,\alpha} \right) \geq 1 - \alpha,$$

wobei $\|h\|_\infty := \sup_{x \in \mathbb{R}} |h(x)|$ die Supremumsnorm einer Funktion $h : \mathbb{R} \to \mathbb{R}$ bezeichnet. Es wird sich auch zeigen, dass $\kappa_{n,\alpha}$ bei festem α von der Größenordnung $O(n^{-1/2})$ ist. Ein wichtiges Hilfsmittel sind sogenannte Quantiltransformationen, die auch bei Computersimulationen eine wichtige Rolle spielen.

Quantilsfunktion Für $0 < u < 1$ sei

$$F^{-1}(u) := \min\{x \in \mathbb{R} : F(x) \geq u\}.$$

Aufgrund der allgemeinen Eigenschaften von F ist diese Zahl wohldefiniert in $\mathbb{R}$. Es handelt sich um das minimale u-Quantil $q_{u,1}$ der Verteilung P.

Beispiel (Verteilungen mit endlichem Träger)
Für ein $m \in \mathbb{N}$ und reelle Zahlen $x_1 < x_2 < \ldots < x_m$ sei

$$p_i := P\{x_i\} > 0 \quad \text{für } i = 1, \ldots, m,$$

wobei $\sum_{i=1}^{m} p_i = 1$. Dann ist

$$F(x) = \begin{cases} 0 & \text{für } x < x_1, \\ \sum_{i=1}^{j} p_i & \text{für } x_j \leq x < x_{j+1} \text{ und } 1 \leq j < m, \\ 1 & \text{für } x \geq x_m, \end{cases}$$

und

$$F^{-1}(u) = \begin{cases} x_1 & \text{falls } 0 < u \leq p_1, \\ x_k & \text{falls } \sum_{i=1}^{k-1} p_i < u \leq \sum_{i=1}^{k} p_i \text{ und } 1 < k \leq m. \end{cases}$$

Beispiel (Exponentialverteilungen)
Für $b > 0$ sei

$$F_b(x) := \max\{1 - e^{-x/b}, 0\},$$

die Verteilungsfunktion der *Exponentialverteilung mit Skalenparameter (Mittelwert)* b. Hier ist

$$F_b^{-1}(u) = -b \log(1 - u)$$

für beliebige $u \in (0, 1)$.

Lemma 3.4 (Quantiltransformation)

(a) *Sei U uniform verteilt auf $[0, 1]$, das heißt, $\mathbb{P}(U \in B) = \text{Länge}(B)$ für beliebige Intervalle $B \subset [0, 1]$. Dann definiert*

$$X := F^{-1}(U)$$

eine Zufallsvariable mit Verteilungsfunktion F.

(b) *Seien $U_1, U_2, \ldots, U_n$ stochastisch unabhängig und uniform verteilt auf $[0, 1]$ mit empirischer Verteilungsfunktion $\widehat{F}_U$, also $\widehat{F}_U(v) := \#\{i \leq n : U_i \leq v\}/n$. Dann verhält sich die zufällige Funktion $\mathbb{R} \ni x \mapsto \widehat{F}(x)$ genauso wie die zufällige Funktion*

$$\mathbb{R} \ni x \mapsto \widehat{F}_U(F(x)).$$

Insbesondere ist

$$\mathbb{P}\left(\|\widehat{F} - F\|_\infty \leq \kappa\right) \geq \mathbb{P}\left(\sup_{v \in [0,1]} \left|\widehat{F}_U(v) - v\right| \leq \kappa\right)$$

für beliebige $\kappa \geq 0$ mit Gleichheit, falls F stetig ist. Ferner ist die rechte Seite stetig in $\kappa \geq 0$.

Zu Teil (a) ist noch zu sagen, dass $\mathbb{P}(U = 0) = \mathbb{P}(U = 1) = 0$, sodass $X = F^{-1}(U)$ fast sicher wohldefiniert ist in $\mathbb{R}$. Wir sehen hier ein allgemeines Rezept, wie man Zufallsvariablen mit uniformer Verteilung auf $[0, 1]$ in Zufallsvariablen mit beliebiger vorgegebener Verteilung(sfunktion) transformieren kann. Dieses wird oftmals bei Computersimulationen angewandt, denn die Computer liefern auf $[0, 1]$ uniform verteilte Pseudozufallszahlen.

Beweis von Lemma 3.4 Aus der Definition von F^{-1} ergibt sich folgende Aussage: Für beliebige $x \in \mathbb{R}$ und $u \in (0, 1)$ ist

$$F^{-1}(u) \leq x \quad \text{genau dann, wenn} \quad F(x) \geq u.$$

Hieraus ergibt sich Teil (a), denn

$$\mathbb{P}(X \leq x) = \mathbb{P}(F^{-1}(U) \leq x) = \mathbb{P}(U \leq F(x)) = F(x).$$

Was Teil (b) anbelangt, so sind die Zufallsvektoren $(X_i)_{i=1}^{n}$ und $\left(F^{-1}(U_i)\right)_{i=1}^{n}$ gemäß Teil (a) identisch verteilt. Daher verhält sich die zufällige Funktion $\mathbb{R} \ni x \mapsto \widehat{F}(x)$ genauso wie die Funktion

$$\mathbb{R} \ni x \mapsto \frac{1}{n} \sum_{i=1}^{n} 1_{[F^{-1}(U_i) \leq x]} = \frac{1}{n} \sum_{i=1}^{n} 1_{[U_i \leq F(x)]} = \widehat{F}_U(F(x)).$$

Insbesondere ist $\|\widehat{F} - F\|_\infty$ genauso verteilt wie

$$\sup_{v \in F(\mathbb{R})} \left|\widehat{F}_U(v) - v\right|,$$

und dies ist offensichtlich kleiner oder gleich

$$S := \sup_{v \in [0,1]} \left|\widehat{F}_U(v) - v\right| = \sup_{v \in (0,1)} \left|\widehat{F}_U(v) - v\right|.$$

Dabei ergibt sich die letzte Gleichung aus der rechtsseitigen Stetigkeit von $\widehat{F}_U$ und $\widehat{F}_U(1) = 1$. Wenn nun F stetig ist, dann ist $(0, 1) \subset F(\mathbb{R}) \subset [0, 1]$, sodass $\|\widehat{F} - F\|_\infty$ exakt wie S verteilt ist.

Zu zeigen bleibt, dass $\mathbb{P}(S \leq \kappa)$ stetig in $\kappa \geq 0$ ist. Mit anderen Worten, für beliebige $\kappa \geq 0$ ist zu zeigen, dass $\mathbb{P}(S = \kappa) = 0$. Dazu halten wir zunächst fest, dass $\widehat{F}_U(v) - v = i/n - v$ auf jedem Intervall $[U_{(i)}, U_{(i+1)})$, $0 \leq i \leq n$. Dabei sind $U_{(1)} \leq U_{(2)} \leq \ldots \leq U_{(n)}$ die Ordnungsstatistiken der Variablen $U_1, U_2, \ldots, U_n$, und $U_{(0)} := 0$, $U_{(n+1)} := 1$. Hieraus ergibt sich die Darstellung

$$S = \max_{i=1,2,\ldots,n} \max\left(\frac{i}{n} - U_{(i)}, U_{(i)} - \frac{i-1}{n}\right).$$

Insbesondere ist

$$\mathbb{P}(S = \kappa) \le \sum_{i=1}^{n} \left(\mathbb{P}\left(U_{(i)} = \frac{i}{n} - \kappa \right) + \mathbb{P}\left(U_{(i)} = \frac{i-1}{n} + \kappa \right) \right) = 0.$$

Denn gemäß Bemerkung 3.3 hat jede Ordnungsstatistik $U_{(i)}$ eine stetige Verteilungsfunktion. $\square$

Konfidenzbänder Aus Teil (b) von Lemma 3.4 ergibt sich das besagte Kolmogorov-Smirnov-Konfidenzband[1] für F. Sei nämlich

$$\kappa_{n,\alpha} := \min\left\{ \kappa \ge 0 : \mathbb{P}\left(\sup_{v\in[0,1]} \left| \widehat{F}_U(v) - v \right| \le \kappa \right) = 1 - \alpha \right\}.$$

Dann ist (3.2) erfüllt. Mit anderen Worten, man kann mit einer Sicherheit von $1 - \alpha$ davon ausgehen, dass der Graph von F im Konfidenzband

$$\left\{ (x,y) : x \in \mathbb{R}, y \in \left[\widehat{F}(x) \pm \kappa_{n,\alpha} \right] \cap [0,1] \right\}$$

enthalten ist.

▶ **Bemerkung** Die exakte Verteilung von $\sup_{v\in[0,1]} \left| \widehat{F}_U(v) - v \right|$ wird beispielsweise in der Monografie von Galen Shorack und Jon Wellner [26] behandelt. Dort findet man auch die Grenzwerte

$$\lim_{n\to\infty} \mathbb{P}\left(\sqrt{n} \sup_{v\in[0,1]} \pm(\widehat{F}_U(v) - v) \ge \eta \right) = \exp(-2\eta^2),$$

$$\lim_{n\to\infty} \mathbb{P}\left(\sqrt{n} \sup_{v\in[0,1]} \left| \widehat{F}_U(v) - v \right| \ge \eta \right) = 2 \sum_{i=1}^{\infty} (-1)^{i-1} \exp(-2i^2\eta^2)$$

für beliebige $\eta > 0$. Schließlich zeigte P. Massart [18], dass

$$\mathbb{P}\left(\sup_{v\in[0,1]} \left| \widehat{F}_U(v) - v \right| \ge \kappa \right) \le 2\exp(-2n\kappa^2) \tag{3.3}$$

für beliebige $n \in \mathbb{N}$ und $\kappa \ge 0$. Hieraus ergibt sich die Ungleichung

$$\kappa_{n,\alpha} \le \tilde{\kappa}_{n,\alpha} := \sqrt{\frac{\log(2/\alpha)}{2n}}.$$

Diese obere Schranke ist erstaunlich gut, sodass wir in unseren numerischen Beispielen immer mit $\tilde{\kappa}_{n,\alpha}$ an Stelle von $\kappa_{n,\alpha}$ arbeiten.

Weitere Details zu $\widehat{F}$ und der Beweis einer etwas schwächeren Variante von (3.3) finden sich in Abschn. A.7 des Anhangs.

---

[1] Andrei N. Kolmogorov (1903–1987) und Vladimir I. Smirnov (1887–1974): bedeutende russische Mathematiker. Kolmogorov war federführend in der Entwicklung der modernen Wahrscheinlichkeitstheorie.

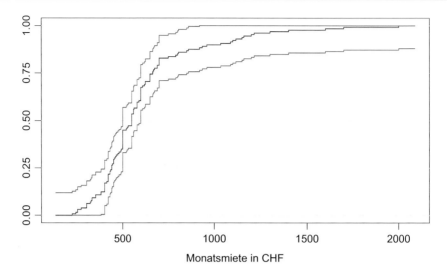

Abb. 3.2 Kolmogorov-Smirnov-Konfidenzband für F

Beispiel (Monatsmieten)
Abbildung 3.2 zeigt ein 95 %-Konfidenzband für F in unserem Datenbeispiel mit den $n = 129$ Monatsmieten. Dabei verwendeten wir $\tilde{\kappa}_{129,0,05} \approx 0{,}1196$.

Beispiel (Körpergrößen)
Zahlreiche empirische Untersuchungen zeigen, dass das Merkmal Körpergröße in vielen Populationen (nach Geschlechtern getrennt) näherungsweise normalverteilt ist. Streng genommen, kann dies natürlich nicht stimmen, wenn die Körpergröße nur mit einer Genauigkeit von einem Zentimeter ermittelt wird. Auch negative Werte sind offensichtlich unmöglich. Ein präziseres Modell geht daher von einer ursprünglich normalverteilten, aber dann auf ganze Zahlen (Zentimeter) gerundeten Größe aus. Man könnte sich also vorstellen, dass für die gerundete Körpergröße X einer zufällig herausgegriffenen Person gilt:

$$\mathbb{P}(X \leq x) = \tilde{\Phi}_{\mu,\sigma}(x) := \Phi\left(\frac{\lfloor x \rfloor + 0{,}5 - \mu}{\sigma}\right)$$

für gewisse unbekannte Parameter $\mu > 0$ und $\sigma > 0$. Zumindest wenn μ deutlich größer als σ ist, ist der Wert von $\tilde{\Phi}_{\mu,\sigma}(0)$ vernachlässigbar klein. Mit dem kritischen Wert $\kappa_{n,\alpha}$ für das Kolmogorov-Smirnov-Konfidenzband kann man nun den Konfidenzbereich

$$C_\alpha := \left\{(m, s) \in \mathbb{R} \times (0, \infty) : \|\widehat{F} - \tilde{\Phi}_{m,s}\|_\infty \leq \kappa_{n,\alpha}\right\}$$

für den unbekannten Parameter (μ, σ) definieren. Bei der konkreten Berechnung ist es hilfreich zu wissen, dass für eine beliebige Verteilungsfunktion $\tilde{F}$ die Supremumsnorm $\|\widehat{F} - \tilde{F}\|_\infty$ gleich

$$\max_{i=1,\dots,n} \max\left(\frac{i}{n} - \tilde{F}(X_{(i)}),\, \tilde{F}(X_{(i)}-) - \frac{i-1}{n}\right)$$

Abb. 3.3 Kolmogorov-
Smirnov-Konfidenzbereich
für (μ, σ)

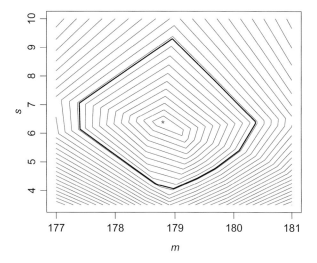

ist. Dies kann man wie im Beweis von Lemma 3.4 (b) begründen. Insbesondere ist $\|\widehat{F} - \tilde{\Phi}_{m,s}\|_\infty$ eine stetige Funktion des Parameters (m, s). Allerdings gibt es keine geschlossene Formel für obigen Konfidenzbereich, und man ist auf numerische Approximationen angewiesen.

Denkbar ist, dass der Konfidenzbereich C_α die leere Menge ist. In diesem Fall könnten wir mit einer Sicherheit von $1 - \alpha$ behaupten, dass das obige Modell nicht adäquat ist.

Als konkretes Zahlenbeispiel betrachten wir die Daten aus Beispiel 1.8 und konzentrieren uns auf die Männer. Dies ergibt eine Stichprobe von $n = 145$ Werten. Abbildung 3.3 zeigt Konturlinien der Funktion $(m, s) \mapsto \|\widehat{F} - \tilde{\Phi}_{m,s}\|_\infty$. (Genau genommen wurde diese Funktion im dargestellten Bereich auf 251×251 Gitterpunkten ausgewertet und interpoliert.) Der kleinste Ab-

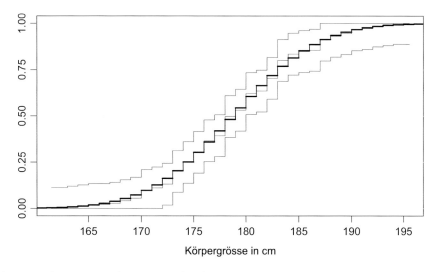

Abb. 3.4 Kolmogorov-Smirnov-Approximation

stand von 0,0311 ergab sich an der Stelle $(m, s) = (178,8, 6,39)$, die durch einen Stern markiert ist. Dieser *Minimum-Distanz-Schätzer* von (μ, σ) ist eine Alternative zum traditionellen Schätzer $(\overline{X}, S) = (178,94, 6,24)$, den wir im späteren Abschn. 4.1 behandeln werden, zumal letzterer wegen der Rundung auf ganze Zentimeter verzerrt ist. Die fett gezeichnete Linie entspricht allen Parametern (m, s) mit $\|\widehat{F} - \tilde{\Phi}_{m,s}\|_\infty = \tilde{\kappa}_{n,0,05} \approx 0,1128$ und umschließt den Konfidenzbereich $C_{0,05}$. Abbildung 3.4 zeigt noch die empirische Verteilungsfunktion $\widehat{F}$ und das Kolmogorov-Smirnov-Konfidenzband (feine Linien) zusammen mit der Funktion $\tilde{\Phi}_{178,8,6,39}$ (hervorgehoben).

Übrigens wäre der Konfidenzbereich deutlich kleiner, wenn man den Rundungsfehlern nicht Rechnung tragen und einfach die stetigen Verteilungsfunktionen $\Phi_{m,s}(x) = \Phi((x - m)/s)$ verwenden würde. Dies wäre jedoch kein Vorteil, sondern ein Artefakt des falschen Modells.

3.5 Übungsaufgaben

1. Zeigen Sie, dass die folgenden Funktionen Verteilungsfunktionen sind, und bestimmen Sie jeweils die Umkehrfunktion $F^{-1} : (0, 1) \to \mathbb{R}$:

$$F_1(x) := \frac{e^x}{1 + e^x}, \qquad F_2(x) := \exp(-\exp(-x)),$$

$$F_3(x) := \frac{1}{2} + \frac{x}{2\sqrt{1 + x^2}}, \qquad F_4(x) := \begin{cases} 0 & \text{für } x \le 0, \\ 1 - (1 + x^2)^{-\gamma/2} & \text{für } x \ge 0, \end{cases} \quad \text{mit } \gamma > 0.$$

2. (Randbereiche der Standardnormalverteilung) Ausgerechnet für die Verteilungsfunktion Φ oder Quantilsfunktion Φ^{-1} der Standardnormalverteilung gibt es keine geschlossenen Formeln. Aber für $x \ge 0$ kann man $1 - \Phi(x)$ recht gut durch Ausdrücke der Form $\phi(x)/h(x)$ approximieren oder abschätzen, wobei $\phi = \Phi'$ und $h : [0, \infty) \to (0, \infty)$ eine differenzierbare Funktion mit $h' \ge 0$ und $h(0) > 0$ ist. Zeigen Sie zunächst, dass $\Delta := \phi/h - (1 - \Phi)$ mit einer solchen Funktion h stets die Gleichungen $\lim_{x \to \infty} \Delta(x) = 0$ und

$$\Delta'(x) = \frac{\phi(x)}{h(x)^2} \left(h(x)^2 - xh(x) - h'(x) \right)$$

erfüllt. Zeigen Sie nun, dass

$$\frac{\phi(x)}{h_1(x)} \le 1 - \Phi(x) \le \frac{\phi(x)}{h_2(x)} \le \frac{\exp(-x^2/2)}{2} \quad \text{für alle } x \ge 0,$$

wenn $h_1(x) := x/2 + \sqrt{1 + x^2/4}$ und $h_2(x) := x/2 + \sqrt{2/\pi + x^2/4}$. Leiten Sie hieraus auch ab, dass

$$\Phi^{-1}(1 - \alpha) \le \sqrt{-2 \log(2\alpha)} \quad \text{für } 0 < \alpha \le 1/2.$$

3. In einem Dorf mit 33 Anwesen soll ein Briefkasten so aufgestellt werden, dass die Summe aller Entfernungen von einem Haus zum Briefkasten minimal wird. Gemeint ist hierbei die Entfernung entlang der Straßen wie im Plan, der in Abb. 3.5 gezeigt wird. Zeigen Sie, dass es genau eine optimale Position für den Briefkasten gibt. (Hierzu muss man keine Entfernungen ausmessen. Überlegen Sie sich für verschiedene Straßenabschnitte, wie sich die Summe aller Entfernungen änderte, wenn man den Briefkasten dort aufgestellt hätte und seine Position nun um ein kleines Stück verschieben würde.)

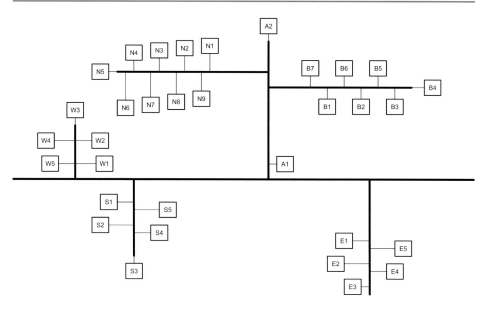

Abb. 3.5 Ortsplan

4. (Anwendungsbeispiel zu Quantilen) Den Bäckermeister von Schilda kostet die Herstellung eines Hefezopfes einen Betrag $h > 0$, und er bietet ihn für den Betrag $v > h$ zum Verkauf an. Nach seinen Erfahrungen in der Vergangenheit geht er davon aus, dass die Nachfrage X nach Hefezöpfen (Anzahl potenziell verkaufter Zöpfe) am kommenden Samstag eine bestimmte Verteilung P auf $\mathbb{N}_0$ hat. Die Frage ist nun, wie viele Zöpfe er backen sollte, damit sein erwarteter Nettogewinn möglichst hoch ist. (Schildbürger sind übrigens „krüsch" bzw. „schnäderfräßig" und kaufen nur frische Hefezöpfe.) Das Ergebnis hängt von der Verteilung von X und dem Quotienten h/v ab.

5. Zeigen Sie, dass stets

$$\sum_{i=1}^{n} R_i = n(n+1)/2 \quad \text{und} \quad \sum_{i=1}^{n} R_i^2 \leq n(n+1)(2n+1)/6$$

mit Gleichheit genau dann, wenn die Werte $X_1, X_2, \ldots, X_n$ paarweise verschieden sind.

6. Sei $(X_1, X_2, \ldots, X_n)$ ein beliebiges Tupel von n reellwertigen Zufallsvariablen mit folgenden zwei Eigenschaften:
   (i) Mit Wahrscheinlichkeit 1 sind $X_1, X_2, \ldots, X_n$ paarweise verschieden.
   (ii) Für jede Permutation σ von $\{1, 2, \ldots, n\}$ sind $(X_{\sigma(1)}, X_{\sigma(2)}, \ldots, X_{\sigma(n)})$ und $(X_1, X_2, \ldots, X_n)$ identisch verteilt.
   Zeigen Sie, dass $R: \{1, 2, \ldots, n\} \to \{1, 2, \ldots, n\}$ mit $R(j) = \sum_{i=1}^{n} 1_{[X_i \leq X_j]}$ eine rein zufällige Permutation von $\{1, 2, \ldots, n\}$ definiert; das heißt, für jede Permutation τ von $\{1, 2, \ldots, n\}$ ist $\mathbb{P}(R = \tau) = 1/n!$.

7. Zeigen Sie, dass

$$\mathbb{P}\big(q_{0,5} \in [X_{(1)}, X_{(n)}]\big) \geq 1 - 2^{1-n}$$

mit Gleichheit, falls F an der Stelle $q_{0,5}$ stetig ist. Wie groß muss n sein, damit diese Mindestwahrscheinlichkeit 95 % oder mehr beträgt?

Tab. 3.1 Verteilungsfunktion $F_{30,0.25}$ von $\mathrm{Bin}(30, 0{,}25)$

x	$F_{30,0.25}(x)$	x	$F_{30,0.25}(x)$	x	$F_{30,0.25}(x)$	x	$F_{30,0.25}(x)$
0	0,0002	8	0,6736	16	0,9998	24	1,0000
1	0,0020	9	0,8034	17	0,9999	25	1,0000
2	0,0106	10	0,8943	18	1,0000	26	1,0000
3	0,0374	11	0,9493	19	1,0000	27	1,0000
4	0,0979	12	0,9784	20	1,0000	28	1,0000
5	0,2026	13	0,9918	21	1,0000	29	1,0000
6	0,3481	14	0,9973	22	1,0000	30	1,0000
7	0,5143	15	0,9992	23	1,0000		

Tab. 3.2 Verteilungsfunktion $F_{30,0.5}$ von $\mathrm{Bin}(30, 0{,}5)$.

x	$F_{30,0.5}(x)$	x	$F_{30,0.5}(x)$	x	$F_{30,0.5}(x)$	x	$F_{30,0.5}(x)$
0	0,0000	8	0,0081	16	0,7077	24	0,9998
1	0,0000	9	0,0214	17	0,8192	25	1,0000
2	0,0000	10	0,0494	18	0,8998	26	1,0000
3	0,0000	11	0,1002	19	0,9506	27	1,0000
4	0,0000	12	0,1808	20	0,9786	28	1,0000
5	0,0002	13	0,2923	21	0,9919	29	1,0000
6	0,0007	14	0,4278	22	0,9974	30	1,0000
7	0,0026	15	0,5722	23	0,9993		

Tab. 3.3 Lebensdauer (in Monaten) von $n = 30$ Katzen in Monaten

66,6	89,5	103,2	122,5	140,0	148,4
70,5	96,1	106,2	127,0	140,6	160,1
77,1	96,6	106,9	127,2	143,0	167,7
84,4	97,7	112,0	129,0	144,0	182,0
88,4	102,0	122,2	129,1	145,8	189,0

8. Angenommen, man möchte für einen Datensatz mit $n = 30$ Beobachtungen ein Konfidenzintervall für das zugrundeliegende Quantil q_γ berechnen.

   (a) Bestimmen Sie für $\gamma \in \{0{,}25, 0{,}5, 0{,}75\}$ *alle* „minimalen" Indexpaare (k, l) derart, dass $[X_{(k)}, X_{(l)}]$ ein 90 %-Konfidenzintervall für q_γ ist. Dabei bedeutet „minimal", dass weder $[X_{(k+1)}, X_{(l)}]$ noch $[X_{(k)}, X_{(l-1)}]$ ein 90 %-Konfidenzintervall für q_γ ist. Verwenden Sie hierzu die Tab. 3.1 und 3.2 oder ein eigenes Programm.

   (b) Tabelle 3.3 enthält die Lebensdauer von $n = 30$ Hauskatzen in Monaten (sortierte Werte). Berechnen Sie eine untere 90 %-Vertrauensschranke für den Median der Lebensdauer von Hauskatzen. Formulieren Sie das Ergebnis auch in Worten.

9. Schreiben Sie ein Programm, welches zu gegebenem $n \in \mathbb{N}$, $\gamma \in (0, 1)$ und $\alpha \in (0, 1)$ die Indizes $k = k_\alpha(n, \gamma)$ und $l = l_\alpha(n, \gamma)$ liefert.

10. Als Maß für die „Gewichtigkeit" einer Person wird in der Medizin der „Body-Mass-Index"

$$\mathrm{BMI} := \frac{\text{Körpergewicht in kg}}{(\text{Körpergröße in m})^2}$$

verwendet. Personen mit $20 \leq$ BMI < 25 gelten als normal schwer, Personen mit $25 \leq$ BMI < 30 gelten als potentiell übergewichtig, und Personen mit BMI ≥ 30 gelten als potentiell fettleibig. (Allerdings muss man bedenken, dass sportlich aktive Personen wegen des Muskel- und Knochenaufbaus zu höherem BMI neigen.)

Besorgen Sie sich einen Datensatz, welcher Körpergrößen und -gewichte oder direkt BMI-Werte von diversen Personen enthält. Überlegen Sie sich, welche Population dieser Datensatz repräsentiert. Berechnen Sie Punktschätzer und $90\,\%$-Vertrauensintervalle für die drei Quartile $q_{0,25}$, $q_{0,5}$ und $q_{0,75}$.

11. (Approximationen für $k_\alpha(n, \gamma)$ und $l_\alpha(n, \gamma)$) Sei $H \sim \text{Bin}(n, \gamma)$. Aus dem Zentralen Grenzwertsatz ergibt sich, dass $(H - n\gamma)/\sqrt{n\gamma(1-\gamma)}$ approximativ standardnormalverteilt ist, wenn $n\gamma(1-\gamma) \to \infty$. Insbesondere ist

$$F_{n,\gamma}(x) = \mathbb{P}(H \leq x) = \mathbb{P}(H < x + 1) \approx \Phi\left(\frac{x + 1/2 - n\gamma}{\sqrt{n\gamma(1-\gamma)}}\right)$$

für $x = 0, 1, \ldots, n$.

   (a) Illustrieren Sie graphisch, dass sich die obige „Stetigkeitskorrektur" $+1/2$ lohnt. Vergleichen Sie dazu jeweils den exakten Wert $F_{n,\gamma}(x)$ mit der Approximation $\Phi\big((x + s - np)/\sqrt{np(1-p)}\big)$ für $s = 0, 0.5, 1$.

   (b) Verwenden Sie obige Approximationsformel, um Näherungen für $k_\alpha(n, \gamma)$ und $l_\alpha(n, \gamma)$ zu bestimmen. Vergleichen Sie diese Näherungen mit den exakten Indizes.

12. Sei Y eine reellwertige Zufallsvariable mit Verteilungsfunktion G und Quantilsfunktion G^{-1}.

   (a) Drücken Sie die Verteilungsfunktion F und die Quantilsfunktion F^{-1} folgender Zufallsvariablen durch G und G^{-1} aus:

      (a.1) $X := \lceil Y \rceil$,

      (a.2) $X := b^Y$ mit $b > 1$,

      (a.3) $X := \log_b(Y)$ mit $b > 1$, wobei wir voraussetzen, dass $Y > 0$.

   (b) Angenommen, G hat eine stetige Dichtefunktion $g = G'$. Bestimmen Sie nun die Dichtefunktion $f = F'$ für (a.2–3).

13. (Kolmogorov-Smirnov-Bänder und Quantile) Das Konfidenzband für F impliziert auch Konfidenzschranken für q_γ, *simultan für alle* $\gamma \in (0, 1)$: Mit einer Sicherheit von $1 - \alpha$ können wir davon ausgehen, dass $\|\widehat{F} - F\|_\infty \leq \kappa_{n,\alpha}$. Welche Konfidenzintervalle $\big[X_{(k(\gamma))}, X_{(l(\gamma))}\big]$ ergeben sich daraus für q_γ, simultan für alle $\gamma \in (0, 1)$?

14. (Monte-Carlo-Simulation der Kolmogorov-Smirnov-Statistik) Erstellen Sie ein Programm, das für vorgegebene Parameter $n \in \mathbb{N}$, $\alpha \in (0, 1)$ und $m \in \mathbb{N}$ einen Monte-Carlo-Schätzwert für das $(1 - \alpha)$-Quantil von

$$S := \sup_{v \in [0,1]} \left|\widehat{F}_U(v) - v\right|$$

in m Simulationen berechnet. Verwenden Sie hierfür die spezielle Darstellung von S im Beweis von Lemma 3.4.

15. (Stichprobenplanung für Kolmogorov-Smirnov-Bänder) Geben Sie mithilfe von Massarts Ungleichung (3.3) einen Stichprobenumfang n an, sodass die empirische Verteilungsfunktion $\widehat{F}$ die Ungleichung

$$\left\|\widehat{F}_n - F\right\|_\infty \geq 0{,}01$$

mit Wahrscheinlichkeit höchstens $0{,}01$ erfüllt.

Bestimmen Sie umgekehrt bis auf fünf Nachkommastellen eine möglichst kleine Konstante $\kappa > 0$ mit der Eigenschaft, dass $\left\|\widehat{F}_n - F\right\|_\infty \geq \kappa$ mit Wahrscheinlichkeit höchstens κ, sofern $n \geq 40.000$.

Numerische Merkmale: Mittelwerte und andere Kenngrößen $\quad$ **4**

Auch in diesem Kapitel betrachten wir unabhängige Zufallsvariablen $X_1, X_2, \ldots, X_n$ mit unbekannter Verteilung P auf $\mathbb{R}$. Nun beschäftigen wir uns mit der Schätzung diverser Kenngrößen der Verteilung P durch entsprechende Kenngrößen der Stichprobe $(X_i)_{i=1}^n$. Außerdem behandeln wir allgemeine Vorzeichentests für „verbundene Stichproben".

4.1 Mittelwerte und Standardabweichungen

In diesem Abschnitt geht es primär um die Schätzung des *Mittelwertes* $\mu = \mathbb{E}(X_i)$ der Verteilung P, also der Zahl

$$\mu = \mu(P) = \int x \, P(dx).$$

Für eine allgemeine Funktion h verbirgt sich hinter dem Integral $\int h(x) \, P(dx)$ die Zahl $\sum_x h(x) \cdot P(\{x\})$, falls P eine diskrete Verteilung ist, oder $\int_{-\infty}^{\infty} h(x) f(x) \, dx$, falls P durch eine Dichtefunktion f beschrieben wird.

Wir setzen in diesem Abschnitt stets voraus, dass $\mathbb{E}(X_i^2) < \infty$, was auch impliziert, dass $\mathbb{E}(|X_i|)$ endlich ist. Mit dem Mittelwert eng verknüpft ist die *Varianz* $\sigma^2 = \mathbb{E}((X_i - \mu)^2)$ der Verteilung P, die man schreiben kann als

$$\sigma^2 = \sigma(P)^2 = \int (x - \mu)^2 \, P(dx) = \int x^2 \, P(dx) - \mu^2.$$

Die *Standardabweichung* der Verteilung P ist die Quadratwurzel $\sigma = \sigma(P)$ aus der Varianz.

© Springer Basel 2016
L. Dümbgen, *Einführung in die Statistik*, Mathematik Kompakt,
DOI 10.1007/978-3-0348-0004-4_4

An μ ist man beispielsweise in folgenden Situationen interessiert:

- Die Daten X_i sind die Werte eines numerischen Merkmals in einer Stichprobe aus einer Grundgesamtheit. Dann ist μ der arithmetische Mittelwert dieses Merkmals in der Grundgesamtheit.
- Die Daten X_i sind wiederholte Messungen mit einem Messinstrument, um einen unbekannten Parameter μ zu bestimmen. Das Messgerät arbeitet korrekt, wenn es keine systematischen Fehler gibt, das heißt, wenn jede Einzelmessung Erwartungswert μ hat.

Prädiktionsproblem Bevor wir uns mit der Schätzung von μ und σ beschäftigen, wollen wir diese Größen noch über ein Vorhersageproblem motivieren. Wir nehmen vorübergehend an, dass die Verteilung P bekannt ist. Nun möchten wir den Wert einer zukünftigen Beobachtung X mit Verteilung P durch eine feste Zahl r möglichst präzise vorhersagen. Dabei kann man „möglichst präzise" auf viele Arten definieren. Die zwei gängigsten sind:

- Minimierung des mittleren absoluten Vorhersagefehlers

$$\mathbb{E}(|X - r|).$$

Dieses Kriterium hatten wir bereits in Lemma 3.1 behandelt, und der Median $q_{0,5} = q_{0,5}(P)$ erwies sich als beste Vorhersage von X.

- Minimierung des mittleren quadrierten Vorhersagefehlers

$$\mathbb{E}((X - r)^2).$$

Die Gleichung $\mathbb{E}((X - r)^2) = \mathrm{Var}(X) + (r - \mathbb{E}(X))^2 = \sigma^2 + (r - \mu)^2$ zeigt, dass μ die beste Vorhersage von X im Sinne des mittleren quadrierten Vorhersagefehlers ist. Der resultierende mittlere quadrierte Vorhersagefehler ist die Varianz σ^2.

Punktschätzung von μ und σ

Ein naheliegender Schätzer für μ ist der Mittelwert der empirischen Verteilung $\widehat{P}$, und dies führt zum *Stichprobenmittelwert*

$$\mu(\widehat{P}) = \frac{1}{n} \sum_{i=1}^{n} X_i =: \overline{X}.$$

Dieser Schätzer ist unverzerrt und mit wachsendem n zunehmend präziser:

$$\mathbb{E}(\overline{X}) = \mu \quad \text{und} \quad \mathbb{E}\big((\overline{X} - \mu)^2\big) = \frac{\sigma^2}{n}.$$

Insbesondere ist $\mathbb{E}\big(|\overline{X} - \mu|\big) \leq \sqrt{\mathbb{E}((\overline{X} - \mu)^2)} = \sigma/\sqrt{n}$.

Da im Allgemeinen nicht nur der Mittelwert μ, sondern auch die Standardabweichung σ bzw. die Varianz σ^2 unbekannt ist, benötigen wir noch Schätzer für letztere. Auch hier könnte man die entsprechenden Kenngrößen der empirischen Verteilung $\widehat{P}$ verwenden, also die Varianz σ^2 durch

$$\sigma^2(\widehat{P}) = \frac{1}{n}\sum_{i=1}^{n}(X_i - \overline{X})^2 = \frac{1}{n}\sum_{i=1}^{n}X_i^2 - \overline{X}^2$$

schätzen. Dieser Wert ist allerdings systematisch zu klein. Aus Aufgabe 1 ergibt sich, dass die *Stichprobenvarianz*

$$S^2 := \frac{1}{n-1}\sum_{i=1}^{n}(X_i - \overline{X})^2 = \frac{1}{n-1}\left(\sum_{i=1}^{n}X_i^2 - n\overline{X}^2\right)$$

ein unverzerrter Schätzer für die Varianz σ^2 ist. Bei großen Stichprobenumfängen spielt der Korrekturfaktor $n/(n-1)$ kaum eine Rolle, doch bei kleineren Stichproben macht er durchaus Sinn. Die Quadratwurzel S ist die sogenannte *Stichprobenstandardabweichung* und dient als Punktschätzer für die Standardabweichung σ.

Auch S^2 und S sind konsistente Schätzer für σ^2 bzw. σ in dem Sinne, dass

$$\lim_{n\to\infty}\mathbb{E}\big(|S^2 - \sigma^2|\big) = 0 = \lim_{n\to\infty}\mathbb{E}(|S - \sigma|).$$

Dies ergibt sich aus der folgenden Version des schwachen Gesetzes der großen Zahlen: Für unabhängige, identisch verteilte Zufallsvariablen $Y_1, Y_2, Y_3, \ldots$ mit Erwartungswert $v \in \mathbb{R}$ ist $\lim_{n\to\infty}\mathbb{E}\big(|\overline{Y} - v|\big) = 0$, wobei $\overline{Y} := n^{-1}\sum_{i=1}^{n}Y_i$. Dies wenden wir nun auf die Zufallsvariablen $Y_i := (X_i - \mu)^2$ mit Erwartungswert $v = \sigma^2$ an: Es ist

$$S^2 - \sigma^2 = \frac{1}{n-1}\sum_{i=1}^{n}(X_i - \overline{X})^2 - \sigma^2$$

$$= \frac{1}{n-1}\sum_{i=1}^{n}\big((X_i - \mu) - (\overline{X} - \mu)\big)^2 - \sigma^2$$

$$= \frac{1}{n-1}\sum_{i=1}^{n}Y_i - \frac{n}{n-1}(\overline{X} - \mu)^2 - \sigma^2$$

$$= \frac{n}{n-1}(\overline{Y} - v) - \frac{n}{n-1}(\overline{X} - \mu)^2 + \frac{\sigma^2}{n-1}.$$

Also ist

$$\mathbb{E}\big(|S^2 - \sigma^2|\big) \le \frac{n}{n-1}\mathbb{E}\big(|\overline{Y} - v|\big) + \frac{n}{n-1}\mathbb{E}\big((\overline{X} - \mu)^2\big) + \frac{\sigma^2}{n-1}$$

$$= \frac{n}{n-1}\mathbb{E}\big(|\overline{Y} - v|\big) + \frac{2\sigma^2}{n-1}$$

und konvergiert gegen 0 für $n \to \infty$. Ferner ist

$$\mathbb{E}(|S - \sigma|) = \mathbb{E}\left(\frac{|S^2 - \sigma^2|}{S + \sigma}\right) \le \frac{\mathbb{E}\big(|S^2 - \sigma^2|\big)}{\sigma}.$$

Z-Konfidenzschranken für μ

Um Konfidenzschranken für μ zu konstruieren, betrachten wir die standardisierte Größe

$$Z := \frac{\overline{X} - \mathbb{E}(\overline{X})}{\mathrm{Std}(\overline{X})} = \frac{\sqrt{n}(\overline{X} - \mu)}{\sigma}.$$

Diese Zufallsgröße Z hat Erwartungswert null und Standardabweichung eins. Zudem folgt aus dem Zentralen Grenzwertsatz, dass sie bei großem n approximativ standardnormalverteilt ist, das heißt,

$$\lim_{n \to \infty} \mathbb{P}(r \leq Z \leq s) = \Phi(s) - \Phi(r)$$

für beliebige $-\infty \leq r < s \leq \infty$. Wenn P selbst eine Normalverteilung ist, also $P = \mathcal{N}(\mu, \sigma^2)$, dann ist Z sogar für jedes n standardnormalverteilt; siehe Satz 4.1. Andererseits ist $r \leq Z \leq s$ gleichbedeutend mit

$$\overline{X} - \frac{\sigma}{\sqrt{n}} s \leq \mu \leq \overline{X} - \frac{\sigma}{\sqrt{n}} r.$$

Wenn also die Standardabweichung σ bekannt ist, erhalten wir folgende Konfidenzbereiche für μ: Die obere Konfidenzschranke

$$\overline{X} + \frac{\sigma}{\sqrt{n}} \Phi^{-1}(1 - \alpha),$$

die untere Konfidenzschranke

$$\overline{X} - \frac{\sigma}{\sqrt{n}} \Phi^{-1}(1 - \alpha)$$

bzw. das Konfidenzintervall

$$\left[\overline{X} \pm \frac{\sigma}{\sqrt{n}} \Phi^{-1}(1 - \alpha/2) \right].$$

Das Vertrauensniveau ist für großes n approximativ gleich $1 - \alpha$; im Falle von normalverteilten Daten X_i ist es exakt gleich $1 - \alpha$. Falls wir nur eine obere Schranke $\overline{\sigma}$ für σ kennen, dürfen wir in den obigen Schranken σ durch $\overline{\sigma}$ ersetzen. Das Vertrauensniveau ist dann (approximativ bzw. exakt) größer oder gleich $1 - \alpha$.

Beispiel (Messfehler)

Gegeben sei eine Waage, die bei Auflegen eines Objektes mit unbekanntem Gewicht μ einen Messwert X anzeigt. Aufgrund von umfangreichen Testserien sei bekannt oder zumindest plausibel, dass X normalverteilt ist mit (unbekanntem) Mittelwert μ und bekannter Standardabweichung σ. Hier ist also $P = \mathcal{N}(\mu, \sigma^2)$ mit einer geräteabhängigen Konstante σ, welche die Ungenauigkeit einer einzelnen Messung quantifiziert. Angenommen, die Messung wird n-mal unabhängig wiederholt. Dann ist

$$\mathbb{P}[\text{Messwert weicht um mehr als } c \text{ von } \mu \text{ ab}]$$

$$= \mathbb{P}\big(|\overline{X} - \mu| > c\big) = \mathbb{P}\Big(|Z| > \frac{\sqrt{n}\,c}{\sigma}\Big) = 2\Big(1 - \Phi\Big(\frac{\sqrt{n}\,c}{\sigma}\Big)\Big).$$

Mit anderen Worten, mit einer Sicherheit von $1 - \alpha$ liegt μ im Intervall $[\overline{X} \pm c]$ mit $c := \sigma \Phi^{-1}(1 - \alpha/2)/\sqrt{n}$. Wenn man ein α und eine Genauigkeit c vorgibt, kann man umgekehrt einen Mindestwert für den Stichprobenumfang nach folgender Formel bestimmen:

$$n \geq \frac{\sigma^2 \Phi^{-1}(1 - \alpha/2)^2}{c^2}.$$

Student-Konfidenzschranken für μ

Nur selten ist die Annahme des vorigen Abschnitts, dass die Standardabweichung σ bekannt ist, gerechtfertigt. Ein naheliegender Ausweg ist, sie durch die Stichprobenstandardabweichung S zu ersetzen und die standardisierte Größe

$$T := \frac{\sqrt{n}(\overline{X} - \mu)}{S}$$

zu betrachten. Mit anderen Worten, man ersetzt die unbekannte Standardabweichung $\sigma/\sqrt{n}$ von $\overline{X}$ durch den *Standardfehler (standard error)* $S/\sqrt{n}$. Tatsächlich ist auch T bei großem n approximativ standardnormalverteilt, denn $\mathbb{E}|S/\sigma - 1| \to 0$ für $n \to \infty$. Die Frage ist aber, wie sich die Schätzung von σ bei festem n genau auswirkt.

    William S. Gosset[1] untersuchte diese Frage für normalverteilte Beobachtungen X_i. Auf Wunsch seines Arbeitgebers publizierte er unter dem Pseudonym „student" und führte eine neue Klasse von Verteilungen ein:

Definition (Students t-Verteilungen)

Seien $Z_0, Z_1, Z_2, \ldots, Z_k$ stochastisch unabhängig und standardnormalverteilt. *Students t-Verteilung (Student-Verteilung, t-Verteilung) mit k Freiheitsgraden ist definiert als die Verteilung von*

$$Z_0 \bigg/ \sqrt{\frac{1}{k}\sum_{i=1}^{k} Z_i^2}.$$

Als Symbol für diese Verteilung verwendet man t_k. Ihr β-Quantil bezeichnet man mit $t_{k;\beta}$.

---

[1] William S. Gosset (1876–1937): britischer Statistiker, Angestellter der Firma Guinness in Dublin.

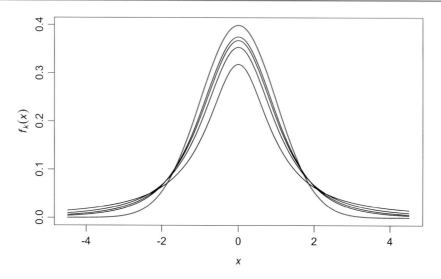

Abb. 4.1 Dichtefunktionen von t_1, t_2, t_3, t_4 und $\mathcal{N}(0,1)$

Anmerkungen zu t_k Die Student-Verteilung t_k hat eine Dichtefunktion, nämlich

$$f_k(x) = C_k(1 + x^2/k)^{-(k+1)/2}$$

mit einer gewissen Normierungskonstante $C_k > 0$. Wichtig ist für uns in erster Linie, dass auch f_k eine um null symmetrische Glockenkurve ist. Diese Symmetrie impliziert, dass $t_{k;1/2} = 0$ und

$$t_{k;1-\beta} = -t_{k;\beta}.$$

Auch bei den Student-Quantilen ist man auf Computerprogramme oder Tabellen angewiesen.

Die Dichtefunktion f_k wird in Abschn. A.6 im Anhang hergeleitet. Dort wird auch gezeigt, dass $f_k(0)$ streng monoton wachsend in k ist, dass $\lim_{k\to\infty} f_k(x) = \phi(x)$ für beliebige $x \in \mathbb{R}$ und dass für $1/2 < \beta < 1$ gilt:

$$t_{1;\beta} > t_{2;\beta} > t_{3;\beta} > \cdots \quad \text{mit} \quad \lim_{k\to\infty} t_{k;\beta} = \Phi^{-1}(\beta).$$

Abbildung 4.1 zeigt die Dichtefunktionen f_k für $k = 1, 2, 3, 4$ sowie die Gauß'sche Glockenkurve ϕ, und zwar ist $f_1(0) < f_2(0) < f_3(0) < f_4(0) < \phi(0)$.

Diese t-Verteilungen sowie Chiquadrat-Verteilungen kommen wie folgt ins Spiel:

Satz 4.1 (W. Gosset, R.A. Fisher) *Seien $X_1, X_2, \ldots, X_n$ stochastisch unabhängig und nach $\mathcal{N}(\mu, \sigma^2)$ verteilt. Dann ist das Paar*

$$\left(\frac{\sqrt{n}(\overline{X} - \mu)}{\sigma}, \frac{S}{\sigma} \right)$$

genauso verteilt wie

$$\left(Z_1, \sqrt{\frac{1}{n-1} \sum_{i=2}^{n} Z_i^2} \right)$$

mit stochastisch unabhängigen, standardnormalverteilten Zufallsvariablen $Z_1, Z_2, \ldots,$ Z_n. Insbesondere ist $T = \sqrt{n}(\overline{X} - \mu)/S$ nach t_{n-1} und $(n-1)S^2/\sigma^2$ nach χ_{n-1}^2 verteilt.

Konfidenzschranken für μ Im Falle von normalverteilten Beobachtungen X_i ist die Hilfsgröße $T = \sqrt{n}(\overline{X} - \mu)/S$ Student-verteilt mit $n - 1$ Freiheitsgraden, weshalb

$$\left. \begin{array}{l} \mathbb{P}\left(T \leq t_{n-1;1-\alpha} \right) \\ \mathbb{P}\left(T \geq -t_{n-1;1-\alpha} \right) \\ \mathbb{P}\left(|T| \leq t_{n-1;1-\alpha/2} \right) \end{array} \right\} = 1 - \alpha.$$

Durch Auflösen der Ungleichungen $\pm T \leq c$ nach μ ergeben sich drei verschiedene $(1 - \alpha)$-Konfidenzbereiche für μ, nämlich die untere Konfidenzschranke

$$\overline{X} - \frac{S}{\sqrt{n}} t_{n-1;1-\alpha},$$

die obere Konfidenzschranke

$$\overline{X} + \frac{S}{\sqrt{n}} t_{n-1;1-\alpha}$$

bzw. das Konfidenzintervall

$$\left[\overline{X} \pm \frac{S}{\sqrt{n}} t_{n-1;1-\alpha/2} \right].$$

Sind die Beobachtungen X_i nicht normalverteilt, dann haben diese Konfidenzbereiche zumindest asymptotisch für $n \to \infty$ das Konfidenzniveau $1 - \alpha$.

Beispiel (Monatsmiete)

Wir greifen noch einmal das Beispiel der Monatsmieten auf, interessieren uns aber nun für die mittlere Monatsmiete μ aller Studierenden in Bern (sofern sie überhaupt Miete bezahlen) im akademischen Jahr 2003/2004. Angenommen, wir möchten unterstreichen, dass das Studentenleben im Kanton Bern recht teuer ist. Dann ist es sinnvoll, eine untere Vertrauensschranke für μ zu berechnen. Unser Datensatz enthält $n = 129$ Beobachtungen mit $\overline{X} = 609{,}128$ und $S = 289{,}153$. Nun ermitteln wir $t_{128;0{,}95} = 1{,}6568$ und erhalten die untere approximative 95 %-Konfidenzschranke

$$\overline{X} - \frac{S}{\sqrt{n}}\, t_{n-1;1-\alpha} = 609{,}128 - \frac{289{,}153}{\sqrt{129}}\, 1{,}6568 = 565{,}947.$$

Mit einer Sicherheit von ca. 95 % behaupten wir also, dass die mittlere Monatsmiete μ mehr als 565 CHF beträgt.

Beweis von Satz 4.1 Mit $Z_i := (X_i - \mu)/\sigma$ ist $X_i = \mu + \sigma Z_i$, und die Komponenten von $\boldsymbol{Z} = (Z_i)_{i=1}^{n}$ sind unabhängig und standardnormalverteilt. Mit dem Mittelwert $\overline{Z}$ der Komponenten von $\boldsymbol{Z}$ ist $\overline{X} = \mu + \sigma \overline{Z}$, und für die Stichprobenstandardabweichungen $S = S_X$ der X-Werte bzw. S_Z der Z-Werte gilt die Gleichung $S_X = \sigma S_Z$. Folglich ist

$$\left(\frac{\sqrt{n}(\overline{X} - \mu)}{\sigma},\ \frac{S_X}{\sigma} \right) = \left(\sqrt{n}\,\overline{Z},\ S_Z \right).$$

Nun verwenden wir die *Rotationsinvarianz* von standardnormalverteilten Zufallsvektoren: Sei $\boldsymbol{B} \in \mathbb{R}^{n \times n}$ eine orthonormale Matrix, das heißt, $\boldsymbol{B}^{\top} \boldsymbol{B} = \boldsymbol{B} \boldsymbol{B}^{\top} = \boldsymbol{I}_n$. Dann hat der Zufallsvektor $\boldsymbol{Z}$ die gleiche Verteilung wie $\boldsymbol{Y} = (Y_i)_{i=1}^{n} := \boldsymbol{B}^{\top} \boldsymbol{Z}$. Dahinter steckt die Tatsache, dass der Zufallsvektor $\boldsymbol{Z}$ nach der Dichtefunktion

$$f(\boldsymbol{z}) := (2\pi)^{-n/2} \exp\!\left(-\|\boldsymbol{z}\|^2 / 2 \right)$$

auf dem $\mathbb{R}^n$ verteilt ist, und letztere bleibt invariant unter Rotationen und Spiegelungen von $\boldsymbol{z}$. Wir wählen nun speziell eine orthonormale Matrix der Form

$$\boldsymbol{B} = \begin{bmatrix} n^{-1/2} & b_{12} & \cdots & b_{1n} \\ n^{-1/2} & b_{22} & \cdots & b_{2n} \\ \vdots & \vdots & \ddots & \vdots \\ n^{-1/2} & b_{n2} & \cdots & b_{nn} \end{bmatrix} = [\boldsymbol{b}_1\, \boldsymbol{b}_2\, \ldots\, \boldsymbol{b}_n].$$

Mit anderen Worten, wir wählen eine Orthonormalbasis $\boldsymbol{b}_1, \boldsymbol{b}_2, \ldots, \boldsymbol{b}_n$ des $\mathbb{R}^n$, sodass $\boldsymbol{b}_1$ gleich $n^{-1/2}(1, 1, \ldots, 1)^{\top}$ ist. Dann ist

$$Y_1 = \boldsymbol{b}_1^{\top} \boldsymbol{Z} = n^{-1/2} \sum_{i=1}^{n} Z_i = \sqrt{n}\,\overline{Z},$$

und

$$\sum_{i=1}^{n}(Z_i - \overline{Z})^2 = \sum_{i=1}^{n} Z_i^2 - n\overline{Z}^2 = \|\boldsymbol{Z}\|^2 - Y_1^2 = \|\boldsymbol{Y}\|^2 - Y_1^2 = \sum_{i=2}^{n} Y_i^2.$$

Folglich ist

$$\left(\sqrt{n}\,\overline{Z},\ S_Z\right) = \left(Y_1,\ \sqrt{\frac{1}{n-1}\sum_{i=2}^{n} Y_i^2}\,\right).$$ □

Beispiel zu „verzerrten Stichproben" (*biased sampling*)

In diesem Abschnitt diskutieren wir eine Situation, in welcher man eine Stichprobe aus einer Grundgesamtheit zieht, die sich systematisch von der eigentlich interessierenden Grundgesamtheit unterscheidet. Genauer gesagt, betrachten wir eine Population, von der wir der Einfachheit halber annehmen, dass sie sich über einen längeren Zeitraum kaum verändert in Bezug auf Lebenserwartung oder Familienplanung ihrer Mitglieder. Nun betrachten wir folgende Teilpopulationen und Merkmale:

- Teilpopulation 1 aller Mütter (Frauen mit mindestens einem Kind) mit abgeschlossener Familienplanung und darin das Merkmal $Y = $ „Anzahl Kinder" mit den relativen Anteilen

$$q_k := \mathbb{P}(Y = k), \quad k = 1, 2, 3, \ldots$$

sowie dem Mittelwert

$$\nu := \mathbb{E}(Y) = \sum_{k=1}^{\infty} k \cdot q_k,$$

also der mittleren Anzahl von Kindern pro Mutter.

- Teilpopulation 2 aller Personen, deren Mütter die Familienplanung abgeschlossen haben, und darin das Merkmal $X = $ „Anzahl Geschwister" (bzw. Halbgeschwister mit gleicher Mutter) mit den relativen Anteilen

$$p_j := \mathbb{P}(X = j), \quad j = 0, 1, 2, \ldots$$

sowie dem Mittelwert

$$\mu := \mathbb{E}(X) = \sum_{j=0}^{\infty} j \cdot p_j,$$

also der mittleren Anzahl von Geschwistern (mütterlicherseits) pro Person.

Die Frage ist nun, welcher Zusammenhang zwischen den Verteilungen $(q_k)_{k\geq 1}$ und $(p_j)_{j\geq 0}$ und deren Mittelwerten ν bzw. μ besteht. Auf den ersten Blick vermutet man vielleicht, dass $\nu = \mu + 1$, doch tatsächlich ist $\nu < \mu + 1$. Eine Mutter mit k Kindern ist in der Population der Nachkommen k-fach vertreten. Das heißt, wenn wir insgesamt N Mütter betrachten, gibt es $\sum_{k=1}^{\infty} N q_k k = N\nu$ Nachkommen, und darunter haben $N q_{j+1}(j+1)$ genau $j \geq 0$ Geschwister (mütterlicherseits). Also ist

$$p_j = \frac{q_{j+1}(j+1)}{\nu} \quad \text{bzw.} \quad \frac{q_{j+1}}{\nu} = \frac{p_j}{j+1} \quad \text{für } j = 0, 1, 2, \ldots.$$

Summiert man letztere Gleichung über alle $j \geq 0$, so ergibt sich die Gleichung

$$\frac{1}{\nu} = \sum_{j=0}^{\infty} \frac{p_j}{j+1} = \mathbb{E}\left(\frac{1}{X+1}\right).$$

Insbesondere folgt aus der Jensen'schen[2] Ungleichung und der strikten Konvexität der Funktion $0 \leq x \mapsto 1/(x+1)$, dass

$$\nu = \left(\mathbb{E}\left(\frac{1}{X+1}\right)\right)^{-1} < \left(\frac{1}{\mathbb{E}(X)+1}\right)^{-1} = \mu + 1,$$

es sei denn, X ist fast sicher konstant. Letzteres würde bedeuten, dass alle Mütter die gleiche Anzahl von Nachkommen haben.

Auswertung von Stichproben aus Teilpopulation 2 Angenommen, man zieht eine Zufallsstichprobe aus der Teilpopulation der Nachkommen und beobachtet die X-Werte $X_1, X_2, \ldots, X_n$. Mit diesen Werten kann man offensichtlich den Schätzwert $\overline{X}$ und ein Student-Konfidenzintervall für μ berechnen. Bildet man aber die Werte $W_i := 1/(X_i+1)$, dann ist ein Schätzwert für ν gegeben durch

$$\widehat{\nu} := \frac{1}{\overline{W}}.$$

Den Stichprobenmittelwert $\overline{W}$ kann man übrigens auch wie folgt ausdrücken:

$$\overline{W} = \sum_{j\geq 0} \frac{\widehat{p}_j}{j+1}$$

mit $\widehat{p}_j := H_j/n$ und $H_j := \#\{i \leq n : X_i = j\}$. Die Wahrscheinlichkeiten q_k lassen sich durch

$$\widehat{q}_k := \frac{\widehat{\nu}\,\widehat{p}_{k-1}}{k}$$

---

[2] Johan Jensen (1859–1925): dänischer Mathematiker und Ingenieur.

schätzen. Ein approximatives $(1 - \alpha)$-Konfidenzintervall für ν erhält man, indem man zunächst ein approximatives $(1 - \alpha)$-Konfidenzintervall für $1/\nu = E(W)$ berechnet und dann die Kehrwerte der Schranken bildet:

$$\left[\left(\overline{W} + \frac{S_W}{\sqrt{n}} t_{n-1;1-\alpha/2} \right)^{-1} , \left(\overline{W} - \frac{S_W}{\sqrt{n}} t_{n-1;1-\alpha/2} \right)_+^{-1} \right],$$

wobei $a_+ := \max(a, 0)$. Übrigens gibt es auch für die Stichprobenstandardabweichung S_W eine alternative Darstellung, nämlich

$$S_W = \sqrt{\frac{n}{n-1} \left(\sum_{j=0}^{\infty} \frac{\widehat{p}_j}{(j+1)^2} - \overline{W}^2 \right)}.$$

Beispiel

Bei der Befragung von Vorlesungsteilnehmern (Beispiel 1.8) wurde u. a. nach der Anzahl Geschwister (mütterlicherseits) gefragt. Dies ergab $n = 260$ Werte X_i, und es stellte sich heraus, dass $\overline{X} = 1{,}5538$ und $S_X = 0{,}9711$. Um ein 95 %-Konfidenzintervall für μ anzugeben, benötigen wir das 97,5 %-Quantil von t_{259}. Mithilfe einer Tabelle bzw. eines Computerprogramms erhalten wir $t_{259;0,975} = 1{,}9692$ und das approximative 95 %-Vertrauensintervall

$$\left[\overline{X} \pm \frac{S_X}{\sqrt{n}} t_{n-1;1-\alpha/2} \right] = \left[1{,}5538 \pm \frac{0{,}9711}{\sqrt{260}} 1{,}9692 \right] = [1{,}4352, 1{,}6724]$$

für μ.

Wenn uns aber die Verteilung von Y in der Teilpopulation der Mütter interessiert, gehen wir wie folgt vor: Die absoluten Häufigkeiten $H_j = \#\{i : X_i = j\}$ und relativen Häufigkeiten $\widehat{p}_j$ (auf vier Nachkommastellen gerundet) sind wie folgt:

j	0	1	2	3	4	5	6	≥ 7
H_j	22	122	79	28	6	2	1	0
$\widehat{p}_j$	0,0846	0,4692	0,3038	0,1077	0,0231	0,0077	0,0038	0

Hieraus ergeben sich $\overline{W} \approx 0{,}4539$ und $S_W \approx 0{,}1943$. Anstelle des naiven Schätzwertes $\overline{X} + 1 = 2{,}5538$ für ν erhalten wir also

$$\widehat{\nu} = \frac{1}{0{,}4539} \approx 2{,}2032,$$

und für die Wahrscheinlichkeiten q_k ergeben sich folgende Schätzer $\widehat{q}_k = \widehat{\nu} \widehat{p}_{k-1} / k$ auf vier Nachkommastellen gerundet:

k	1	2	3	4	5	6	7	≥ 8
$\widehat{q}_k$	0,1864	0,5169	0,2231	0,0593	0,0102	0,0028	0,0012	0

Ferner ergibt sich mit $t_{259;0,975} = 1{,}9692$ das approximative 95 %-Konfidenzintervall

$$\left[\overline{W} \pm \frac{S_W}{\sqrt{n}} t_{n-1;1-\alpha/2} \right] \approx \left[0{,}4539 \pm \frac{0{,}1943}{\sqrt{260}} 1{,}9692 \right] \approx [0{,}4302, 0{,}4776]$$

für $1/\nu = \mathbb{E}(W)$. Für den Kehrwert $\nu = 1/\mathbb{E}(W)$ erhalten wir somit das approximative 95 %-Vertrauensintervall

$$\left[\frac{1}{0{,}4776}, \frac{1}{0{,}4302}\right] \approx [2{,}0937, 2{,}3248].$$

Bemerkenswert ist, dass dieses Intervall den naiven Schätzwert $\overline{X} + 1$ nicht enthält.

▶ **Bemerkung** Je länger man über das hier beschriebene Problem und das obige Datenbeispiel nachdenkt, desto mehr Fragen und Probleme kommen einem in den Sinn. Zum Beispiel haben wir keine Population genau spezifiziert, und auch unsere Stichprobe von Nachkommen ist (mal wieder) keine Zufallsstichprobe. Insbesondere muss man eigentlich berücksichtigen, dass wir nur junge Leute mit Gymnasialbildung befragt haben. Ein zweites Problem ist, dass die Lebensentwürfe von Müttern vermutlich einem gewissen zeitlichen Trend unterliegen. Wenn man an einer möglichst aktuellen Bestandsaufnahme interessiert ist und auch das Problem unterschiedlicher Schulbildungen und sozialer Schichten umgehen möchte, könnte man Kinder in Kindergärten oder Primarschulen befragen. Hier tritt aber ein neues Problem auf: Manche der beteiligten Mütter haben ihre Familienplanung noch nicht abgeschlossen; das heißt, zum Zeitpunkt der Datenerhebung stehen die Werte von X bzw. Y noch nicht fest. Ein möglicher Ausweg ist dann, die Kinder nach der Zahl

$$\tilde{X} := \text{Anzahl älterer Geschwister (mütterlicherseits)}$$

zu fragen. Dies wird in Aufgabe 5 vertieft.

Schranken für σ

In manchen Anwendungen ist man auch an Konfidenzbereichen für σ interessiert. Zum Beispiel ist für den Hersteller eines Messinstruments, der sein Gerät seriös anpreisen möchte, eine obere Vertrauensschranke von Interesse. Möchte man nachweisen, dass eine bestimmte Messmethode recht ungenau ist, bietet sich eine untere Schranke für σ an.

Der Einfachheit halber betrachten wir nur den Fall normalverteilter Beobachtungen X_i. Laut Satz 4.1 ist $(n-1)S^2/\sigma^2$ Chiquadrat-verteilt mit $n-1$ Freiheitsgraden. Bezeichnen wir mit $\chi^2_{n-1;\beta}$ das β-Quantil von χ^2_{n-1}, dann ist insbesondere

$$\left.\begin{array}{l} \mathbb{P}\big((n-1)S^2/\sigma^2 \leq \chi^2_{n-1;1-\alpha}\big) \\[2pt] \mathbb{P}\big((n-1)S^2/\sigma^2 \geq \chi^2_{n-1;\alpha}\big) \\[2pt] \mathbb{P}\big(\chi^2_{n-1;\alpha/2} \leq (n-1)S^2/\sigma^2 \leq \chi^2_{n-1;1-\alpha/2}\big) \end{array}\right\} = 1-\alpha.$$

Auch hier kann man die Ungleichungen innerhalb $\mathbb{P}(\cdot)$ nach σ auflösen und erhält die folgenden $(1-\alpha)$-Konfidenzbereiche für σ: Die untere $(1-\alpha)$-Konfidenzschranke

$$S\sqrt{(n-1)/\chi^2_{n-1;1-\alpha}},$$

die obere $(1 - \alpha)$-Konfidenzschranke

$$S \sqrt{(n-1)/\chi^2_{n-1;\alpha}}$$

bzw. das $(1 - \alpha)$-Konfidenzintervall

$$\left[S \sqrt{(n-1)/\chi^2_{n-1;1-\alpha/2}} \, , \, S \sqrt{(n-1)/\chi^2_{n-1;\alpha/2}} \right].$$

4.2   Weitere Kenngrößen und Robustheit

Quantile, Mittelwert und Standardabweichung sind spezielle Kenngrößen, die wir nun in allgemeinerem Rahmen betrachten. Der Einfachheit halber konzentrieren wir uns auf empirische Kenngrößen $K(X_1, X_2, \ldots, X_n)$, welche gewisse Aspekte der Daten quantifizieren.

Oftmals lässt sich $K(X_1, X_2, \ldots, X_n)$ als Kenngröße $K(\widehat{P})$ der empirischen Verteilung von $X_1, X_2, \ldots, X_n$ darstellen. Betrachtet man nun $X_1, X_2, \ldots, X_n$ als unabhängige Zufallsvariablen mit Verteilung P, dann ist $K(\widehat{P})$ ein Schätzer für die Kenngröße $K(P)$.

Wir beschreiben nachfolgend eine Reihe solcher Kenngrößen, die in der (deskriptiven) Statistik üblich sind. Dabei unterscheiden wir drei Arten von Kenngrößen:

- Lageparameter (*location parameters*, *centers*),
- Skalenparameter (*scale parameters*, *measures of spread*),
- Formparameter (*shape parameters*).

Lageparameter

Ein Lageparameter $K(X_1, \ldots, X_n)$ ist eine Zahl, die (i) „möglichst nahe" an allen X-Werten liegt oder (ii) einen typischen Wert bzw. die Größenordnung der X-Werte angibt.

Wenn man die X-Werte affin linear transformiert, sollte sich auch der Lageparameter entsprechend ändern. Dies führt zu der folgenden mathematischen Charakterisierung eines Lageparameters: Für beliebige Beobachtungen $X_1, \ldots, X_n$ und beliebige Konstanten $a \in \mathbb{R}, b > 0$ soll gelten:

$$K(a + bX_1, \ldots, a + bX_n) = a + bK(X_1, \ldots, X_n).$$

Stichprobenmittelwert (*sample mean*)   Der populärste Lageparameter ist das arithmetische Mittel $\overline{X}$ der Zahlen $X_1, \ldots, X_n$.

Stichprobenquantile   Für jedes feste $\gamma \in (0, 1)$ ist das Stichprobenquantil $\widehat{q}_\gamma$ ein Lageparameter.

Getrimmter Mittelwert (*trimmed mean*) Mitunter misstraut man den größten und kleinsten X-Werten in der Stichprobe. In diesem Falle fixiert man eine Zahl $\tau \in (0, 0{,}5)$, zum Beispiel $\tau = 10\,\%$, und berechnet den arithmetischen Mittelwert $\overline{X}_\tau$ aller Ordnungsstatistiken $X_{(i)}$ mit $n\tau < i < n + 1 - n\tau$:

$$\overline{X}_\tau = \frac{1}{n - 2k} \sum_{i=k+1}^{n-k} X_{(i)} \quad \text{mit } k := \lfloor n\tau \rfloor.$$

Beispielsweise ergibt sich bei $n = 100$ Beobachtungen und $\tau = 0{,}1$ der getrimmte Mittelwert $\overline{X}_\tau = \sum_{i=11}^{90} X_{(i)}/80$.

Skalenparameter

Ein Skalenparameter $K(X_1, \ldots, X_n)$ quantifiziert (i) die „typische" Abweichung der X-Werte von ihrem „Zentrum" oder (ii) den „typischen" Abstand der X-Werte untereinander. Dabei betrachtet man nur Stichprobenumfänge $n \geq 2$.

Diese Kenngröße sollte unverändert bleiben, wenn man alle X-Werte um ein und dieselbe Konstante verschiebt, und sie sollte um den Faktor $b > 0$ zunehmen, wenn alle X-Werte mit b multipliziert werden. Für beliebige Beobachtungen $X_1, \ldots, X_n$ und beliebige Konstanten $a \in \mathbb{R}$, $b > 0$ soll also gelten:

$$K(a + bX_1, \ldots, a + bX_n) = bK(X_1, \ldots, X_n).$$

Zusätzlich verlangen wir, dass

$$K(X_1, \ldots, X_n) > 0 \quad \text{falls } \#\{X_1, \ldots, X_n\} = n.$$

Spannweite (*range*) Ein erster Skalenparameter ist die Spannweite der X-Werte in der Stichprobe,

$$X_{(n)} - X_{(1)},$$

also der Abstand zwischen kleinstem und größtem Stichprobenwert.

Interquartilsabstand (*interquartile range*, IQR) Ein in der explorativen Datenanalyse gerne verwendeter Skalenparameter ist der Interquartilsabstand. Dieser ist definiert als der Abstand zwischen erstem und drittem Quartil, also

$$\text{IQR} := \widehat{q}_{0,75} - \widehat{q}_{0,25}.$$

Mit anderen Worten, der IQR ist die Länge des Intervalls $[\widehat{q}_{0,25}, \widehat{q}_{0,75}]$ bzw. $(\widehat{q}_{0,25}, \widehat{q}_{0,75})$, von welchem wir wissen, dass es mindestens bzw. höchstens 50\,% aller Beobachtungen enthält.

Stichprobenstandardabweichung (*sample standard deviation*) Die Stichprobenstandardabweichung S ist ebenfalls ein Skalenparameter.

Ginis Skalenparameter Diese Kenngröße wurde von Corrado Gini[3] vorgeschlagen. Es handelt sich um den arithmetischen Mittelwert der Abstände $|X_i - X_j|$ über alle möglichen Paare von Beobachtungen:

$$G := \binom{n}{2}^{-1} \sum_{1 \leq i < j \leq n} |X_i - X_j|.$$

Die Summe erstreckt sich über alle Indexpaare (i, j) mit $1 \leq i < j \leq n$, und hiervon gibt es $\binom{n}{2} = n(n-1)/2$ Stück.

Diese Definition des Skalenparameters von Gini ist intuitiv einleuchtend, aber die Berechnung nach dieser Formel würde eine Summierung von $n(n-1)/2$ Zahlen bedeuten. Eine alternative Formel für G lautet (Aufgabe 6):

$$G = \frac{2}{n(n-1)} \sum_{i=1}^{n} (2i - n - 1) X_{(i)}. \tag{4.1}$$

Berechnet man die Ordnungsstatistiken mit einem geeigneten Sortieralgorithmus, dann erfordert die Berechnung von G also nur $O(n \log n)$ Schritte.

Median der absoluten Abweichungen (*median absolute deviation, MAD*) Ähnlich wie bei der Standardabweichung geht es hier um typische Abweichungen vom Zentrum, diesmal dem Median: Zunächst berechnet man den Stichprobenmedian $M :=$ Median$(X_1, \ldots, X_n)$ der X-Werte und dann den Stichprobenmedian der absoluten Abweichungen $|X_i - M|$:

$$\text{MAD} := \text{Median}\big(|X_1 - M|, |X_2 - M|, \ldots, |X_n - M|\big).$$

Man kann also sagen, dass $|X_i - M| < \text{MAD}$ für höchstens 50 % und $|X_i - M| \leq \text{MAD}$ für mindestens 50 % aller Beobachtungen.

Wenn die Abstände des Medians zu den beiden anderen Quartilen identisch sind, ist MAD $=$ IQR/2. Denn nach Definition der Quartile ist dann $|X_i - M| \leq$ IQR/2 für mindestens 50 % und $|X_i - M| <$ IQR/2 für höchstens 50 % aller Beobachtungen gilt.

Formparameter

Ein Formparameter beschreibt Aspekte der empirischen Verteilung der X-Werte wie zum Beispiel Symmetrie bezüglich des „Zentrums", die völlig invariant sind unter affinen, mo-

---

[3] Corrado Gini (1884–1965): italienischer Ökonometriker. Bekannt ist vor allem der Gini-Index als Maß der ungleichen Verteilung von Einkommen.

noton wachsenden Transformationen. Formal: Für beliebige Beobachtungen $X_1, \ldots, X_n$ und beliebige Konstanten $a \in \mathbb{R}, b > 0$ soll gelten:

$$K(a + bX_1, \ldots, a + bX_n) = K(X_1, \ldots, X_n).$$

Nachfolgend behandeln wir kurz zwei Beispiele von Formparametern, die Schiefe und die Kurtose.

Schiefe (*skewness*) Der Mittelwert $\overline{X}$ ist der Schwerpunkt aller X-Werte in dem Sinne, dass $\sum_{i=1}^{n}(X_i - \overline{X}) = 0$. Anschaulich bedeutet dies Folgendes: Angenommen, n gleich schwere Personen nehmen auf einer Wippe Platz, und zwar an den Positionen $X_1, \ldots, X_n$. Wenn der Drehpunkt mit $\overline{X}$ übereinstimmt, dann befindet sich die Wippe im Gleichgewicht.

Um nun zu quantifizieren, wie unsymmetrisch die Werte X_i um den Schwerpunkt $\overline{X}$ herum liegen, betrachtet man die Summe $\sum_{i=1}^{n}(X_i - \overline{X})^3$. Nun werden also die Abweichungen vom Mittelwert überproportional gewichtet. Diese Summe wird noch standardisiert, und man erhält die

$$\text{Schiefe} := \frac{1}{nS^3} \sum_{i=1}^{n}(X_i - \overline{X})^3 = \frac{1}{n} \sum_{i=1}^{n}\left(\frac{X_i - \overline{X}}{S}\right)^3.$$

Diese lässt sich deuten als Schätzwert für die theoretische Kenngröße

$$\text{Schiefe}(P) := \int \left(\frac{x - \mu(P)}{\sigma(P)}\right)^3 P(dx).$$

Man spricht von einer „rechtsschiefen" bzw. „linksschiefen" Verteilung P, wenn Schiefe(P) strikt positiv bzw. negativ ist.

Ein gutes Beispiel für rechtsschiefe Verteilungen sind Gammaverteilungen:

Definition (Gammaverteilungen)

Die *Gammaverteilung mit Formparameter $a > 0$ und Skalenparameter $b > 0$* ist definiert als das Wahrscheinlichkeitsmaß auf $\mathbb{R}$ mit Dichtefunktion

$$g_{a,b}(x) := \begin{cases} 0 & \text{für } x \leq 0, \\ \dfrac{1}{b\Gamma(a)}\left(\dfrac{x}{b}\right)^{a-1} \exp\left(-\dfrac{x}{b}\right) & \text{für } x > 0, \end{cases}$$

wobei $\Gamma(a) := \int_0^\infty t^{a-1}e^{-t}\,dt$. Als Symbol für diese Verteilung verwenden wir Gamma(a, b).

Ist $Y \sim \text{Gamma}(a, 1)$ mit $a > 0$, dann ist $bY \sim \text{Gamma}(a, b)$ für alle $b > 0$. Daher bezeichnen wir b als Skalenparameter. Der Parameter $a > 0$ beschreibt die Form der

Dichtefunktion $g_{a,b}$. Im Falle von $a < 1$ hat sie einen Pol an der Stelle 0. Im Falle von $a = 1$ beschreibt sie eine Exponentialverteilung. Im Falle von $a > 1$ ist sie stetig auf $\mathbb{R}$ mit eindeutiger Maximalstelle bei $a - 1$, und für $a > 2$ ist sie stetig differenzierbar auf ganz $\mathbb{R}$. Ihre Schiefe ist gleich $2/\sqrt{a}$, siehe Aufgabe 11.

Kurtose (*curtosis*) Die Kurtose ist definiert als die Zahl

$$\text{Kurtose} := \frac{1}{nS^4} \sum_{i=1}^{n} (X_i - \overline{X})^4 - 3 = \frac{1}{n} \sum_{i=1}^{n} \left(\frac{X_i - \overline{X}}{S}\right)^4 - 3.$$

Diese Kenngröße (wie auch die Schiefe) wird mitunter als Teststatistik verwendet, um allfällige Abweichungen von Normalverteilungen zu entdecken. Man kann sie nämlich als Schätzwert für die theoretische Kenngröße

$$\text{Kurtose}(P) := \int \left(\frac{x - \mu(P)}{\sigma(P)}\right)^4 P(dx) - 3$$

deuten, und im Falle einer Normalverteilung P ist dieser Wert gleich null. Allgemein deutet $\text{Kurtose}(P) > 0$ bzw. $\text{Kurtose}(P) < 0$ auf mehr bzw. weniger Masse in den Extrembereichen hin, wenn man P mit einer Normalverteilung $\mathcal{N}(\mu(P), \sigma(P)^2)$ vergleicht.

In Aufgabe 12 wird ein Zusammenhang zwischen Schiefe, Kurtose und sogenannten momentenerzeugenden Funktionen behandelt. Über diesen Zugang kann man dann leicht zeigen, dass Schiefe und Kurtose von Gamma(a, b) gleich $2/\sqrt{a}$ bzw. $6/a$ sind, siehe Aufgabe 14.

Robustheit

Der Mittelwert ist einfacher zu berechnen als der Median, da keine Sortierung der X-Werte notwendig ist. Andererseits reagiert er empfindlich auf „Ausreißer" in den Daten. Dabei verstehen wir unter „Ausreißern" Werte, die entweder falsch eingetragen wurden (zum Beispiel durch falsches Setzen von Dezimalpunkten, unsinnige Angaben auf Fragebögen) oder tatsächlich ungewöhnlich groß oder klein sind. Ein einziger extremer Wert kann dafür sorgen, dass der Mittelwert $\overline{X}$ von den meisten Werten X_i sehr weit entfernt ist. Im Gegensatz dazu ist der Median *robust* gegenüber Ausreißern, siehe Aufgabe 15.

Eine Kenngröße, die auf einen gewissen Anteil von „Ausreißern" nur wenig reagiert, nennt man *robust*. Eine präzise Definition ist möglich mithilfe des von Hampel [10] und Donoho und Huber [5] konzipierten *Bruchpunktes (breakdown point)*. Sei a_n die größte Zahl in $\{0, 1, \ldots, n\}$ mit der Eigenschaft, dass für beliebige Werte $X_1, \ldots, X_n$ gilt:

$$\sup\{|K(Y_1, \ldots, Y_n)| : Y_i \neq X_i \text{ für höchstens } a_n \text{ Indizes } i\} < \infty.$$

Der *Bruchpunkt* der Kenngröße $K(\cdot)$ ist dann definiert als die Zahl

$$\liminf_{n \to \infty} \frac{a_n}{n}.$$

(Wir setzen dabei voraus, dass $K(\cdot)$ für beliebige Stichprobenumfänge $n \geq n_0$ definiert ist.) Ist diese Zahl strikt positiv, nennt man die Kenngröße robust.

Der Mittelwert hat Bruchpunkt null, denn $a_n = 0$. Für den Median ergibt sich aus Aufgabe 15, dass $a_n = \lfloor (n-1)/2 \rfloor$. Er hat also Bruchpunkt $1/2$. Diese Aussage kann man auf beliebige Stichprobenquantile verallgemeinern.

Lemma 4.2 *Für $\gamma \in (0,1)$ hat das Stichprobenquantil $\widehat{q}_\gamma$ den Bruchpunkt*

$$\min(\gamma, 1-\gamma).$$

Beweis Sei $\widehat{P}$ die empirische Verteilung von Beobachtungen $X_1, X_2, \ldots, X_n$, und für ein festes $k \in \{1, 2, \ldots, n\}$ sei $\widehat{Q}$ die empirische Verteilung von $Y_1, Y_2, \ldots, Y_n$, wobei $\#\{i : Y_i \neq X_i\} \leq k$. Für ein beliebiges Intervall $B \subset \mathbb{R}$ gelten dann die Ungleichungen

$$\widehat{P}(B) - k/n \leq \widehat{Q}(B) \leq \widehat{P}(B) + k/n.$$

Im Falle von $k < n \min(\gamma, 1-\gamma)$ ist also

$$\widehat{Q}((-\infty, x]) \leq k/n < \gamma, \quad \text{falls } x < X_{(1)}$$

und

$$\widehat{Q}([x, \infty)) \leq k/n < \gamma, \quad \text{falls } x > X_{(n)}.$$

Dies zeigt, dass $\widehat{q}_\gamma(Y_1, Y_2, \ldots, Y_n)$ garantiert im Intervall $[X_{(1)}, X_{(n)}]$ liegt. Somit ist $a_n \geq \lceil n \min(\gamma, 1-\gamma) \rceil - 1$.

Im Falle von $\gamma \leq 1/2$ und $k > n\gamma$ ersetzen wir $X_1, \ldots, X_k$ durch eine beliebig kleine Zahl $x < X_{(1)}$ und erhalten $\widehat{q}_\gamma(Y_1, Y_2, \ldots, Y_n) = x$. Im Falle von $\gamma > 1/2$ und $k > n(1-\gamma)$ ersetzen wir $X_1, \ldots, X_k$ durch eine beliebig große Zahl $x > X_{(n)}$ und erhalten $\widehat{q}_\gamma(Y_1, Y_2, \ldots, Y_n) = x$. Dies zeigt, dass $a_n \leq \lfloor n \min(\gamma, 1-\gamma) \rfloor + 1$.

Diese einfachen Überlegungen zeigen, dass $a_n/n \to \min(\gamma, 1-\gamma)$ für $n \to \infty$. In Aufgabe 16 werden sie noch vertieft. $\square$

Bei Skalenparametern betrachtet man in der Regel $\log(K)$ anstelle von K und beschränkt sich auf Stichproben $X_1, \ldots, X_n$ mit paarweise verschiedenen Werten.

Lemma *Der IQR hat Bruchpunkt $1/4$, und der MAD hat Bruchpunkt $1/2$.*

Kenngröße		Bruchpunkt
Mittelwert	$\overline{X}$	0
Quantil	$\widehat{q}_\gamma$	$\min(\gamma, 1 - \gamma)$
Getrimmter Mittelwert	$\overline{X}_\tau$	τ
Spannweite	$X_{(n)} - X_{(1)}$	0
Interquartilsabstand	IQR	1/4
Standardabweichung	S	0
Ginis Skalenparameter	G	0
Median der absol. Abw.	MAD	1/2

Tab. 4.1 Bruchpunkte einiger Lage- und Skalenparameter

Beweis Wir leiten nur den Bruchpunkt des IQR her; die Aussage zum MAD wird als Aufgabe 17 gestellt. Sei $n \geq 5$, und seien $Y_1, \ldots, Y_n$ die neuen Beobachtungen, nachdem bis zu $k \geq 1$ der Beobachtungen X_i abgeändert wurden. Dann ist $IQR(Y_1, \ldots, Y_n)$ die Länge eines Intervalls $[A, B]$, welches mindestens $\lceil n/2 \rceil$ der Beobachtungen Y_i, also mindestens $\lceil n/2 \rceil - k$ der Beobachtungen X_i enthält. Im Falle von $l := \lceil n/2 \rceil - k \geq 2$ ist also

$$IQR(Y_1, \ldots, Y_n) \geq \min_{i=1,\ldots,n+1-l} (X_{(i+l-1)} - X_{(i)}) > 0.$$

Andererseits enthalten sowohl $(-\infty, A]$ als auch $[B, \infty)$ mindestens $\lceil n/4 \rceil$ Beobachtungen Y_i, also mindestens $\lceil n/4 \rceil - k$ Beobachtungen $X_{(i)}$. Im Falle von $l := \lceil n/4 \rceil - k \geq 1$ ist also $A \geq X_{(l)}$ und $B \leq X_{(n+1-l)}$, das heißt,

$$IQR(Y_1, \ldots, Y_n) \leq X_{(n+1-l)} - X_{(l)} < \infty.$$

Dies zeigt, dass $a_n \geq \min(\lceil n/2 \rceil - 2, \lceil n/4 \rceil - 1) = \lceil n/4 \rceil - 1$. Wenn man andererseits die $\lceil n/4 \rceil$ größten Ordnungsstatistiken von $X_1, \ldots, X_n$ um $R > 0$ vergrößert, wird $IQR(X_1, \ldots, X_n)$ um $R/2$ bzw. R größer, je nachdem, ob $n/4$ eine ganze Zahl ist oder nicht. Daher ist $a_n < \lceil n/4 \rceil$. Diese Betrachtungen zeigen, dass $a_n = \lceil n/4 \rceil - 1$, sodass der Bruchpunkt des IQR gleich 1/4 ist. □

Tabelle 4.1 zeigt, welche der zuvor aufgeführten Lage- und Skalenparameter robust sind.

4.3   Vorzeichentests und damit verwandte Verfahren

In diesem Abschnitt verlassen wir kurzzeitig den Rahmen einer einzelnen numerischen Variable und beschäftigen uns mit „verbundenen Stichproben". Als Nebenprodukt werden diese Überlegungen auch Verfahren liefern, mit denen wir das Zentrum einer symmetrischen Verteilung schätzen können.

Tab. 4.2 Gossets Getreidedaten

	Ertrag			Ertrag			Ertrag	
Feld	regulär	getrocknet	Feld	regulär	getrocknet	Feld	regulär	getrocknet
1	1903	2009	5	2108	2180	9	1612	1542
2	1935	1915	6	1961	1925	10	1316	1443
3	1910	2011	7	2060	2122	11	1511	1535
4	2496	2463	8	1444	1482			

Vorzeichentests für verbundene Stichproben

Der Ausdruck „verbundene Stichproben (*paired samples*)" bedeutet eigentlich „zwei gleichartige Variablen in einem Datensatz". Ausgangspunkt ist ein Datensatz mit zwei numerischen Variablen, und die entsprechenden Beobachtungspaare seien (Y_1, Z_1), (Y_2, Z_2), ..., (Y_n, Z_n). Die Frage ist nun, ob die Differenzen

$$X_i := Y_i - Z_i$$

tendenziell größer oder tendenziell kleiner als null sind. Um diese Frage zu beantworten, könnte man die Differenzen X_i als stochastisch unabhängige, identisch verteilte Zufallsgrößen auffassen und mit früher behandelten Methoden Konfidenzschranken für den Mittelwert $\mathbb{E}(X_1)$ oder bestimmte Quantile der Verteilung von X_1 berechnen.

Beispiel (Gossets Getreidedaten)
In seiner berühmten Arbeit von 1908 über die Student-Verteilung illustrierte Gosset seine Methode mit dem in Tab. 4.2 angegebenen Datensatz: Elf gleich große Getreidefelder wurden halbiert. Auf einer Hälfte wurde reguläres und auf der anderen Hälfte speziell getrocknetes Saatgut ausgebracht. Gemessen wurden letztlich die Erträge (in lbs/acre).

Gosset analysierte diese Daten unter der Annahme, dass die Differenzen X_i nach $\mathcal{N}(\mu, \sigma^2)$ verteilt sind mit unbekannten Parametern μ und σ^2. Den unbekannten Erwartungswert μ kann man als mittleren Ertragszuwachs bei Verwendung von regulärem Saatgut versus getrocknetem Saatgut interpretieren. Hierfür ergibt sich das 95 %-Vertrauensintervall

$$\left[\overline{X} \pm \frac{S_X}{\sqrt{n}} t_{10;0,975} \right] \approx \left[-33{,}727 \pm \frac{66{,}171}{\sqrt{11}} 2{,}228 \right] = [-78{,}182, 10{,}727].$$

Es ist also nicht auszuschließen, dass $\mu = 0$. Mit einer Sicherheit von 95 % kann behauptet werden, dass sich der mittlere Ertrag um höchstens 79 lbs/acre ändert, wenn man getrocknetes anstelle von regulärem Saatgut ausbringt.

Manchmal ist die Annahme von unabhängigen, identisch normalverteilten Differenzen eher zweifelhaft, und es macht beispielsweise Sinn, von unabhängigen, aber nicht identisch verteilten Differenzen X_i auszugehen. Das folgende Lemma beschreibt zwei äquivalente Möglichkeiten die Nullhypothese, dass kein systematischer Unterschied zwischen Y- und Z-Werten besteht, zu präzisieren. Dabei verwenden wir im Folgenden die

Schreibweisen

$$\boldsymbol{w}\boldsymbol{x} := (w_i x_i)_{i=1}^{n} \quad \text{und} \quad |\boldsymbol{x}| := \big(|x_i|\big)_{i=1}^{n}$$

für Vektoren $\boldsymbol{w}, \boldsymbol{x} \in \mathbb{R}^n$.

Lemma 4.3 (Vorzeichensymmetrie) *Sei $\boldsymbol{\xi}$ ein auf $\{-1, 1\}^n$ uniform verteilter Zufallsvektor und von X stochastisch unabhängig. Mit anderen Worten, die Zufallsvariablen $X, \xi_1, \xi_2, \ldots, \xi_n$ seien stochastisch unabhängig, wobei $\mathbb{P}(\xi_i = 1) = \mathbb{P}(\xi_i = -1) = 1/2$. Dann sind die folgenden drei Aussagen äquivalent:*

(i) *Für beliebige feste $\boldsymbol{s} \in \{-1, 1\}^n$ sind $\boldsymbol{s}X$ und X identisch verteilt.*
(ii) *Die Zufallsvektoren $\boldsymbol{\xi}X$ und X sind identisch verteilt.*
(iii) *Die Zufallsvektoren $\boldsymbol{\xi}|X|$ und X sind identisch verteilt.*

Beweis von Lemma 4.3 Für beliebige Borel-Mengen $B \subset \mathbb{R}^n$ ist

$$\mathbb{P}(\boldsymbol{\xi}X \in B) = \sum_{s \in \{-1,1\}^n} \mathbb{P}(\boldsymbol{\xi} = s, sX \in B) = 2^{-n} \sum_{s \in \{-1,1\}^n} \mathbb{P}(sX \in B).$$

Falls Aussage (i) zutrifft, sind alle Summanden $\mathbb{P}(sX \in B)$ auf der rechten Seite gleich $\mathbb{P}(X \in B)$. Also ist $\mathbb{P}(\boldsymbol{\xi}X \in B) = \mathbb{P}(X \in B)$, und Aussage (ii) trifft ebenfalls zu.

Nun zeigen wir, dass die Verteilungen von $\boldsymbol{\xi}X$ und $\boldsymbol{\xi}VX$ übereinstimmen, wenn V ein beliebiger Vorzeichenvektor der Form $V = f(X) \in \{-1, 1\}^n$ ist. Für beliebige Borel-Mengen $B \subset \mathbb{R}^n$ ist

$$
\begin{aligned}
\mathbb{P}(\boldsymbol{\xi}VX \in B) &= 2^{-n} \sum_{s \in \{-1,1\}^n} \mathbb{P}(sVX \in B) \\
&= 2^{-n} \mathbb{E}\Big(\sum_{s \in \{-1,1\}^n} 1_{[sVX \in B]} \Big) \\
&= 2^{-n} \mathbb{E}\Big(\sum_{s \in \{-1,1\}^n} 1_{[sX \in B]} \Big) \\
&= 2^{-n} \sum_{s \in \{-1,1\}^n} \mathbb{P}(sX \in B) \\
&= \mathbb{P}(\boldsymbol{\xi}X \in B).
\end{aligned}
$$

Dabei verwendeten wir im dritten Schritt die Tatsache, dass die Abbildung $s \mapsto sV$ von $\{-1, 1\}^n$ nach $\{-1, 1\}^n$ bijektiv ist. Dies zeigt, dass die Zufallsvektoren $\boldsymbol{\xi}VX$ und $\boldsymbol{\xi}X$ identisch verteilt sind.

Setzt man speziell $V_i := 1_{[X_i \geq 0]} - 1_{[X_i < 0]}$, dann ist $VX = |X|$. Also sind $\boldsymbol{\xi}|X|$ und $\boldsymbol{\xi}X$ identisch verteilt. Insbesondere sind die Aussagen (ii) und (iii) äquivalent.

Ist V ein beliebiger fester Vorzeichenvektor, dann zeigt sich, dass $\boldsymbol{\xi} V X = V \boldsymbol{\xi} X$ und $\boldsymbol{\xi} X$ identisch verteilt sind. Insbesondere impliziert Aussage (ii) auch Aussage (i). $\square$

Nullhypothese H_0 (Vorzeichensymmetrie) Der Zufallsvektor $X = (X_i)_{i=1}^{n}$ ist *vorzeichensymmetrisch verteilt*, das heißt, er erfüllt die in Lemma 4.3 beschriebenen Bedingungen.

Beispiel (Vorlesungen als Beruhigungsmittel)

In einer Biometrievorlesung für Studierende der Informatik ermittelten $n = 18$ Studierende ihre Pulsfrequenz zu Beginn (Y_i) und gegen Ende (Z_i) der Veranstaltung. Beide Werte sind die Anzahl von Pulsschlägen in einer Minute. Die Arbeitshypothese war, dass die Y-Werte systematisch höher ausfallen würden als die Z-Werte, dass also die Vorlesung beruhigend wirkt. Die Nullhypothese H_0, dass der Vektor $X = Y - Z$ aller Pulsdifferenzen vorzeichensymmetrisch ist, illustrieren wir in Abb. 4.2. Dort sieht man grafische Darstellungen der Vektoren X und $\boldsymbol{\xi}^{(1)}|X|, \boldsymbol{\xi}^{(2)}|X|, \dots, \boldsymbol{\xi}^{(8)}|X|$ in rein zufälliger Reihenfolge. Dabei simulierten wir untereinander und von X unabhängige, auf $\{-1, 1\}^n$ uniform verteilte Vorzeichenvektoren $\boldsymbol{\xi}^{(1)}, \boldsymbol{\xi}^{(2)}, \dots, \boldsymbol{\xi}^{(8)}$. Die Komponenten von X selbst wurden so angeordnet, dass $|X_1| \le |X_2| \le \dots \le |X_n|$. Die Leserinnen und Leser sollten vor dem Weiterlesen versuchen, den Originalvektor zu erkennen.

Das Original befindet sich rechts oben. Wer dies richtig erraten hat, kann nun mit einer Sicherheit von $8/9 \approx 88{,}9\,\%$ behaupten, dass die Nullhypothese nicht erfüllt ist. Denn anderenfalls wären die neun Plots vollkommen gleichwertig, und die Wahrscheinlichkeit, die Originaldaten zu erkennen, wäre gleich $1/9$; siehe auch die Erläuterungen zu Monte-Carlo-Tests in Abschn. 8.1. Formale statistische Tests werden wir später anwenden.

Wenn man die 18 Versuchspersonen nicht als Zufallsstichprobe aus einer größeren Population auffasst, sollte man bedenken, dass zufällige Schwankungen der Pulsfrequenz (ohne äußere Einflüsse) von Person zu Person unterschiedlich stark sind. Daher ist es wichtig, dass wir keine identisch verteilten Zufallsvariablen X_i unterstellen.

P-Werte für H_0 In manchen Anwendungen hat man einen begründeten Verdacht, dass die Differenzen X_i tendenziell positiv bzw. tendenziell negativ sind (einseitige Arbeitshypothesen). In anderen Situationen rechnet man mit einer Abweichung von H_0, doch gibt es a priori keine Vermutung über die Vorzeichen der X_i (zweiseitige Arbeitshypothese). Um nun H_0 zu testen, berechnen wir für eine gegebene Teststatistik $T : \mathbb{R}^n \to \mathbb{R}$ und je nach Arbeitshypothese einen der P-Werte $\pi_\ell(X)$, $\pi_r(X)$ oder $\pi_z(X)$. Dabei setzen wir

$$\pi_\ell(\boldsymbol{x}) := 2^{-n} \#\big\{ \boldsymbol{s} \in \{-1, 1\}^n : T(\boldsymbol{s}|\boldsymbol{x}|) \le T(\boldsymbol{x}) \big\},$$
$$\pi_r(\boldsymbol{x}) := 2^{-n} \#\big\{ \boldsymbol{s} \in \{-1, 1\}^n : T(\boldsymbol{s}|\boldsymbol{x}|) \ge T(\boldsymbol{x}) \big\}$$

und $\pi_z(\boldsymbol{x}) := 2 \cdot \min\{\pi_\ell(\boldsymbol{x}), \pi_r(\boldsymbol{x})\}$ für einen festen Vektor $\boldsymbol{x} \in \mathbb{R}^n$. Diese Größen quantifizieren, wie außergewöhnlich ein Vektor $\boldsymbol{x}$ unter allen Vektoren $\tilde{\boldsymbol{x}}$ mit $|\tilde{\boldsymbol{x}}| = |\boldsymbol{x}|$ ist. Mit einem rein zufällig gewählten Zufallsvektor $\boldsymbol{\xi} \in \{-1, 1\}^n$ wie in Lemma 4.3 kann man auch schreiben:

$$\pi_\ell(\boldsymbol{x}) = \mathbb{P}\big(T(\boldsymbol{\xi}|\boldsymbol{x}|) \le T(\boldsymbol{x}) \big),$$
$$\pi_r(\boldsymbol{x}) = \mathbb{P}\big(T(\boldsymbol{\xi}|\boldsymbol{x}|) \ge T(\boldsymbol{x}) \big).$$

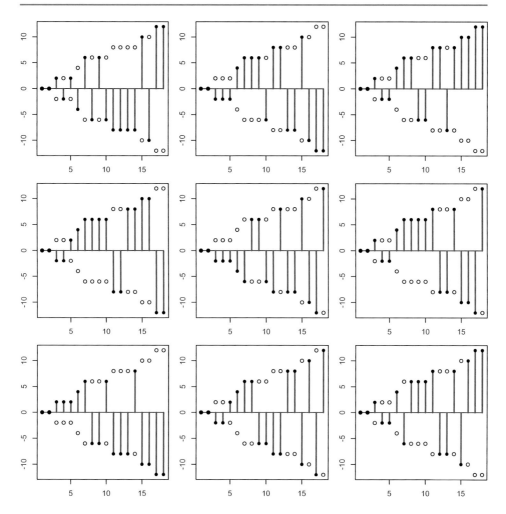

Abb. 4.2 Nullhypothese der Vorzeichensymmetrie

Die Nullhypothese H_0 verwerfen wir auf dem Niveau α, wenn unser vorab gewählter P-Wert kleiner oder gleich α ist. Dieser Vorzeichentest hält das vorgegebene Niveau α ein:

Lemma 4.4 *Sei $\pi(X)$ einer der drei oben beschriebenen P-Werte. Unter der Nullhypothese der Vorzeichensymmetrie von X ist*

$$\mathbb{P}\big(\pi(X) \le \alpha\big) \le \alpha$$

für jedes $\alpha \in (0, 1)$.

Beweis von Lemma 4.4 Unter H_0 ist

$$\mathbb{P}\big(\pi(X) \leq \alpha\big) = 2^{-n} \sum_{s \in \{-1,1\}^n} \mathbb{P}\big(\pi(s|X|) \leq \alpha\big)$$

$$= \mathbb{E}\bigg(2^{-n} \sum_{s \in \{-1,1\}^n} 1_{[\pi(s|X|) \leq \alpha]}\bigg).$$

Es genügt also zu zeigen, dass

$$2^{-n} \sum_{s \in \{-1,1\}^n} 1_{[\pi(s|x|) \leq \alpha]} = \mathbb{P}\big(\pi(\xi|x|) \leq \alpha\big) \leq \alpha$$

für beliebige feste Vektoren $x \in \mathbb{R}^n$. Zu diesem Zweck betrachten wir die Zufallsvariable $Y := T(\xi|x|)$. Und zwar ist

$$\mathbb{P}(Y \leq y) = 2^{-n} \#\big\{s \in \{-1,1\}^n : T(s|x|) \leq y\big\} =: G_{|x|}(y)$$

für beliebige $y \in \mathbb{R}$. Wegen $\big|\xi|x|\big| = |x|$ kann man außerdem schreiben:

$$\pi_\ell(\xi|x|) = G_{|x|}(Y),$$
$$\pi_r(\xi|x|) = 1 - G_{|x|}(Y-),$$
$$\pi_z(\xi|x|) = 2 \cdot \min\{G_{|x|}(Y), 1 - G_{|x|}(Y-)\}.$$

Nach Lemma 1.3 ist also $\mathbb{P}\big(\pi(\xi|x|) \leq \alpha\big)$ stets kleiner oder gleich α.   □

Die konkrete Berechnung der P-Werte erfolgt bei großen Stichproben nicht über die obigen Formeln mit 2^n Summanden. Vielmehr nutzt man Besonderheiten der Teststatistik $T(\cdot)$ aus, oder man verwendet Monte-Carlo-P-Werte bzw. approximative P-Werte.

Spezielle Vorzeichentests

Im Folgenden betrachten wir drei spezifische Beispiele für T und die resultierenden Tests. In allen drei Fällen ist die Teststatistik von der Form

$$T(x) := \sum_{i=1}^n \text{sign}(x_i) B_i \tag{4.2}$$

mit gewissen Zahlen $B_i = B_i(|x|)$, $1 \leq i \leq n$. Dabei setzen wir stets voraus, dass $B_i = 0$, falls $x_i = 0$. Dann ist nämlich $\text{sign}(x_i)B_i = 2 \cdot 1_{[x_i > 0]} B_i - B_i$, und wir können auch schreiben:

$$T(x) = 2 T_0(x) - B_+$$

mit $B_+ := \sum_{i=1}^{n} B_i$ und

$$T_0(\boldsymbol{x}) := \sum_{i=1}^{n} 1_{[x_i > 0]} B_i. \tag{4.3}$$

Für die exakte Berechnung der P-Werte ist die Testgröße $T_0(\boldsymbol{x})$ oft besser geeignet als $T(\boldsymbol{x})$, aber ihr Wert ist in der Regel schwieriger zu interpretieren.

Pearsons Vorzeichentest   Im einfachsten Fall betrachtet man nur die Vorzeichen der x_i und verwendet

$$T(\boldsymbol{x}) := \sum_{i=1}^{n} \operatorname{sign}(x_i).$$

Dies entspricht (4.2) mit $B_i = 1_{[x_i \neq 0]}$. Die entsprechende Summe B_+ ist gleich

$$N = N(|\boldsymbol{x}|) := \#\{i \leq n : x_i \neq 0\}$$

und $T(\boldsymbol{x}) = 2\,T_0(\boldsymbol{x}) - N$ mit

$$T_0(\boldsymbol{x}) = \#\{i \leq n : x_i > 0\}.$$

Hier ist $T_0(\boldsymbol{\xi}|\boldsymbol{x}|)$ wie $\sum_{i=1}^{N} 1_{[\xi_i = 1]}$, also nach $\operatorname{Bin}(N, 0{,}5)$ verteilt. Daraus ergeben sich die P-Werte

$$\pi_\ell(\boldsymbol{x}) = F_{N,0,5}(T_0(\boldsymbol{x})),$$
$$\pi_r(\boldsymbol{x}) = 1 - F_{N,0,5}(T_0(\boldsymbol{x}) - 1),$$

wobei $F_{N,0,5}$ die Verteilungsfunktion von $\operatorname{Bin}(N, 0{,}5)$ bezeichnet.

Beispiel (Darwins Pflanzenexperiment)

Um nachzuweisen, dass Kreuzbefruchtung zu kräftigeren Pflanzen führt als Selbstbefruchtung, führte Charles Darwin (1809–1882) das folgende Experiment durch: Er ließ jeweils zwei gleich alte Pflanzenkeime, von denen einer durch Kreuzbefruchtung und der andere durch Selbstbefruchtung entstand, unter identischen Bedingungen in einem gemeinsamen Behälter wachsen. Nach einer gewissen Zeit wurden die Wuchshöhen der Pflanzen (Einheit: 0,125 inches) gemessen; siehe Tab. 4.3. Mit diesen Daten wandte sich Darwin an Karl Pearson.

Tab. 4.3 Darwins Pflanzenexperiment

Pair	Cross	Self	Pair	Cross	Self	Pair	Cross	Self
1	23,5	17,4	6	21,5	18,6	11	23,3	16,3
2	12,0	20,4	7	22,1	18,6	12	21,0	18,0
3	21,0	20,0	8	20,4	15,3	13	22,1	12,8
4	22,0	20,0	9	18,3	16,5	14	23,0	15,5
5	19,1	18,4	10	21,6	18,0	15	12,0	18,0

Für Paar Nr. i seien Y_i und Z_i die Wuchshöhen der durch Kreuzbefruchtung bzw. Selbstbefruchtung entstandenen Pflanze. Alle $n = 15$ Differenzen X_i sind von Null verschieden, also $N = 15$. Darwins einseitige Arbeitshypothese führt zum rechtsseitigen P-Wert, den wir mit $\alpha = 0{,}05$ vergleichen: Von den $N = 15$ Differenzen sind $T_0(X) = 13$ strikt positiv, also ist

$$\pi_r(X) = 1 - F_{15,0,5}(12) = 0{,}0037.$$

Wir verwerfen also H_0 auf dem Niveau von 5 % (und bestätigen Darwins Arbeitshypothese mit einer Sicherheit von 95 %).

Beispiel (Vorlesungen als Beruhigungsmittel, Fortsetzung)
Von den $n = 18$ Differenzen sind $N = 16$ von null verschieden und $T_0(X) = 11$ strikt positiv. Aufgrund der einseitigen Arbeitshypothese berechnen wir auch hier den rechtsseitigen P-Wert und erhalten:

$$\pi_r(X) = 1 - F_{16,0,5}(10) = 0{,}1051.$$

Wir können also H_0 auf dem Standardniveau von 5 % nicht verwerfen.

Vorzeichen-t-Test Der einfache Vorzeichentest berücksichtigt nicht die Absolutbeträge, obwohl man vielleicht absolut große Differenzen stärker gewichten möchte als kleine. Dies würde man erreichen, wenn man beispielweise die Teststatistik $T(x) := \sum_{i=1}^{n} x_i = \sum_{i=1}^{n} \text{sign}(x_i)|x_i|$ verwendet. Der resultierende Vorzeichentest ist deutlich schwieriger zu berechnen als der einfache Vorzeichentest. Andererseits kann man zeigen, dass er Abweichungen von H_0 im Wesentlichen genauso gut erkennt wie entsprechende Student-Konfidenzschranken für $\mathbb{E}(X_1)$. Und das, obwohl letztere von unabhängigen, identisch normalverteilten Zufallsvariablen X_i ausgehen, also wesentlich stärkere Modellannahmen voraussetzen.

Wilcoxons Signed-Rank-Test Ein möglicher Kompromiss zwischen dem einfachen Vorzeichentest und dem Vorzeichen-t-Test besteht darin, die Absolutbeträge $|x_1|, |x_2|, \ldots, |x_n|$ durch ihre Ränge zu ersetzen. Dabei betrachtet man hier nur die N von null verschiedenen Komponenten von x und definiert

$$R_i := \Big(\#\{l : 0 < |x_l| < |x_i|\} + 1_{[x_i \neq 0]} + \#\{l : 0 < |x_l| \leq |x_i|\} \Big)/2.$$

Die Signed-Rank-Statistik von Wilcoxon[4] (1945) ist dann definiert als

$$T(x) := \sum_{i=1}^{n} \text{sign}(x_i) R_i.$$

Falls die von 0 verschiedenen Werte $|x_i|$ paarweise verschieden sind, ist das Tupel $(R_1, R_2, \ldots, R_n)$ eine Permutation von $(1, 2, \ldots, n)$, falls $N = n$ bzw. von $(0, \ldots, 0,$

---

[4] Frank Wilcoxon (1892–1965): US-amerikanischer Chemiker und Statistiker; führte in seiner Arbeit [29] zwei neue und heute weit verbreitete statistische Tests ein.

$1, 2, \ldots, N$), falls $N < n$. In diesem Falle vergleicht man $T(\boldsymbol{x})$ mit der Verteilung der Zufallsvariable

$$\sum_{i=1}^{N} \xi_i \cdot i.$$

Die konkrete Berechnung entsprechender P-Werte ist nach wie vor aufwendig. Aber die Verteilung von $T(\boldsymbol{\xi}|\boldsymbol{x}|)$ kann in $O(N^3)$ Schritten und mit Speicherbedarf $O(N^2)$ exakt bestimmt werden. Zu diesem Zweck verwenden wir die Darstellung (4.3) und nutzen aus, dass stets

$$R_+ = N(N+1)/2,$$

siehe auch Aufgabe 5. Demnach ist $T(\boldsymbol{x}) = 2\,T_0(\boldsymbol{x}) - N(N+1)/2$ mit

$$T_0(\boldsymbol{x}) = \sum_{i=1}^{n} 1_{[x_i > 0]} R_i,$$

und

$$T_0(\boldsymbol{\xi}|\boldsymbol{x}|) = \sum_{i=1}^{n} 1_{[\xi_i = 1]} R_i.$$

Die möglichen Werte von $T_0(\boldsymbol{x})$ und $T_0(\boldsymbol{\xi}|\boldsymbol{x}|)$ liegen in der Menge $\{k/2 \,:\, k = 0, 1, \ldots, N(N+1)\}$, und man kann schreiben:

$$\pi_\ell(\boldsymbol{x}) = \mathbb{P}\big(T_0(\boldsymbol{\xi}|\boldsymbol{x}|) \leq T_0(\boldsymbol{x})\big) = G_N(T_0(\boldsymbol{x})),$$
$$\pi_r(\boldsymbol{x}) = \mathbb{P}\big(T_0(\boldsymbol{\xi}|\boldsymbol{x}|) \geq T_0(\boldsymbol{x})\big) = 1 - G_N(T_0(\boldsymbol{x}) - 1/2).$$

Dabei setzen wir allgemein

$$G_j(y) := \mathbb{P}\Big(\sum_{i=1}^{j} 1_{[\xi_i = 1]} M_i \leq y\Big)$$

für $1 \leq j \leq N$ mit den der Größe nach geordneten und strikt positiven Komponenten $M_1 \leq M_2 \leq \cdots \leq M_N$ von $(R_i)_{i=1}^{n}$. Nun ist aber

$$G_j(y) = \mathbb{P}\Big(\xi_j = -1 \text{ und } \sum_{i=1}^{j-1} 1_{[\xi_i = 1]} M_i \leq y\Big)$$

$$+ \mathbb{P}\Big(\xi_j = 1 \text{ und } \sum_{i=1}^{j-1} 1_{[\xi_i = 1]} M_i + M_j \leq y\Big)$$

$$= \big(G_{j-1}(y) + G_{j-1}(y - M_j)\big)/2,$$

wobei $G_0(y) := 1_{[y \geq 0]}$. Mit dieser Induktionsformel lässt sich das Tupel $\boldsymbol{G} = \big(G[k]\big)_{k=0}^{N(N+1)}$ mit $G[k] := G_N(k/2)$ als Funktion von N und $(M_i)_{i=1}^{N}$ berechnen; siehe Tab. 4.4.

Tab. 4.4 Hilfsprogramm für
Wilcoxons Signed-Rank-Test

$$
\begin{aligned}
&G = \big(G[k]\big)_{k=0}^{N(N+1)} \leftarrow (1)_{k=0}^{N(N+1)} \\
&m \leftarrow 0 \\
&\texttt{for } j \leftarrow 1 \texttt{ to } N \texttt{ do} \\
&\quad m \leftarrow m + 2M_j \\
&\quad \big(G[k]\big)_{k=2M_j}^{2m} \leftarrow \Big(\big(G[k]\big)_{k=2M_j}^{2m} + \big(G[k-2M_j]\big)_{k=2M_j}^{2m} \Big) / 2 \\
&\quad \big(G[k]\big)_{k=0}^{2M_j-1} \leftarrow \big(G[k]\big)_{k=0}^{2M_j-1} / 2 \\
&\texttt{end for}
\end{aligned}
$$

Beispiel (Vorlesung als Beruhigungsmittel, Fortsetzung)
In Tab. 4.5 sind die Datenpaare (Y_i, Z_i) so angeordnet, dass die Werte $|X_i|$ ansteigen. In der Spalte mit den Rängen sind in Klammern Ränge angegeben, die man ohne Mittelung verteilen würde. Hier ist $T_0(X) = 108{,}5$ und $T(X) = 81$. Der entsprechende exakte rechtsseitige P-Wert ist hier gleich $\pi_r(X) = 0{,}0171$. Wir behaupten also mit einer Sicherheit von 95 %, dass H_0 falsch ist (und die Vorlesung beruhigend wirkte).

Approximative und konservative P-Werte   Alle drei Klassen von Vorzeichentests verwenden eine Teststatistik der Form (4.2). Hier ist

$$
\mathbb{E}\big(T(\xi\,|x|)\big) = 0 \quad \text{und} \quad \text{Std}\big(T(\xi\,|x|)\big) = \|B\|
$$

Tab. 4.5 Beispiel zur
Berechnung der Wilcoxon-
Signed-Rank-Statistik

Y_i	Z_i	X_i	R_i	$\text{sign}(X_i)$
66	66	0	0 (0)	0
78	78	0	0 (0)	0
54	56	−2	2 (1)	−1
76	78	−2	2 (2)	−1
80	78	2	2 (3)	+1
94	90	4	4 (4)	+1
68	74	−6	6,5 (5)	−1
64	70	−6	6,5 (6)	−1
76	70	6	6,5 (7)	+1
80	74	6	6,5 (8)	+1
64	72	−8	10,5 (9)	−1
66	58	8	10,5 (10)	+1
70	62	8	10,5 (11)	+1
80	72	8	10,5 (12)	+1
82	72	10	13,5 (13)	+1
102	92	10	13,5 (14)	+1
74	62	12	15,5 (15)	+1
90	78	12	15,5 (16)	+1

mit der euklidischen Norm $\|B\|$ von $B = (B_i)_{i=1}^n$; siehe den ersten Teil von Aufgabe 18. Aus ihrem zweiten Teil oder dem Zentralen Grenzwertsatz lässt sich zudem ableiten, dass

$$\left| \pi(x) - \tilde{\pi}(x) \right| \to 0 \quad \text{falls} \quad \max_{i=1,\ldots,n} |B_i|/\|B\| \to 0$$

mit den approximativen P-Werten

$$\tilde{\pi}_l(x) := \Phi\big(T(x)/\|B\|\big),$$
$$\tilde{\pi}_r(x) := \Phi\big(-T(x)/\|B\|\big) = 1 - \tilde{\pi}_l(x) \quad \text{und}$$
$$\tilde{\pi}_z(x) := 2 \cdot \min\{\tilde{\pi}_l(x), \tilde{\pi}_r(x)\} = 2\,\Phi\big(-|T(x)|/\|B\|\big).$$

Man kann auch die exakten P-Werte durch folgende obere Schranken ersetzen:

$$\pi_\ell(x) \le \exp\Big(-\frac{\min\{T(x), 0\}^2}{2\|B\|^2}\Big),$$
$$\pi_r(x) \le \exp\Big(-\frac{\max\{T(x), 0\}^2}{2\|B\|^2}\Big),$$
$$\pi_z(x) \le 2\exp\Big(-\frac{T(x)^2}{2\|B\|^2}\Big).$$

Diese Schranken ergeben sich aus dem zweiten Teil von Aufgabe 18. Darin wird ein Spezialfall von Hoeffdings[5] [13] Ungleichung behandelt.

Zentrum einer symmetrischen Verteilung

Man kann den zuletzt beschriebenen Signed-Rank-Test auch verwenden, um ein Vertrauensintervall für das unbekannte Zentrum μ einer Verteilung P zu berechnen. Wir nehmen nun an, dass die Zufallsvariablen $X_1, X_2, \ldots, X_n$ stochastisch unabhängig und identisch verteilt sind mit unbekannter stetiger Verteilungsfunktion F auf $\mathbb{R}$. Ferner nehmen wir an, dass diese Verteilung symmetrisch ist um ihren unbekannten Median μ, das heißt,

$$F(\mu - r) + F(\mu + r) = 1 \quad \text{für beliebige } r \in \mathbb{R}. \tag{4.4}$$

Nun kann man $(1 - \alpha)$-Vertrauensschranken für μ konstruieren, indem man Wilcoxons Signed-Rank-Test auf die verschobenen Datenvektoren

$$X - m := (X_i - m)_{i=1}^n$$

---

[5] Wassily Hoeffding (1914–1991): Finnischer Statistiker und Wahrscheinlichkeitstheoretiker, der 1946 in die USA emigrierte; Mitbegründer der Nichtparametrischen Statistik.

für hypothetische Werte m von μ anwendet. Genauer gesagt, ist $X - \mu$ unter der Annahme (4.4) vorzeichensymmetrisch verteilt, und $T(X - \mu)$ ist genauso verteilt wie

$$\sum_{i=1}^{n} \xi_i \cdot i.$$

Für eine beliebige Schranke c ist also

$$\left.\begin{array}{l} \mathbb{P}\big(T(X - \mu) \leq c\big) \\ \mathbb{P}\big(T(X - \mu) \geq -c\big) \end{array}\right\} = \mathbb{P}\Big(\sum_{i=1}^{n} \xi_i \cdot i \leq c\Big).$$

Um Ungleichungen der Form $\pm T(X - \mu) \leq c$ nach μ aufzulösen, ist die folgende Darstellung der Wilcoxon-Signed-Rank-Statistik nützlich:

Lemma 4.5 (Tukey[6]) *Für einen Vektor $x \in \mathbb{R}^n$ mit Komponenten $x_i \neq 0$ ist*

$$T(x) = \tilde{T}(x) := \sum_{1 \leq i \leq j \leq n} \text{sign}(x_i + x_j).$$

Beweis von Lemma 4.5 Da nach Voraussetzung $|x_j| > 0$ für alle j, ist

$$R_i(x) = \#\{j : |x_j| < |x_i|\} + \frac{1 + \#\{j : |x_j| = |x_i|\}}{2},$$

also

$$T(x) = \sum_{i=1}^{n} \text{sign}(x_i)\Big(\sum_{j=1}^{n}\Big(1_{[|x_j| < |x_i|]} + \frac{1_{[|x_j| = |x_i|]}}{2}\Big) + \frac{1}{2}\Big) = \sum_{i=1}^{n}\sum_{j=1}^{n} H_{ij}$$

mit

$$H_{ij} := \text{sign}(x_i)\Big(1_{[|x_j| < |x_i|]} + \frac{1_{[|x_j| = |x_i|]}}{2} + \frac{1_{[i=j]}}{2}\Big).$$

Nun ist

$$H_{ii} = \text{sign}(x_i) = \text{sign}(x_i + x_i).$$

Im Falle von $i \neq j$ und $|x_j| < |x_i|$ ist

$$H_{ij} = \text{sign}(x_i) = \text{sign}(x_i + x_j) \quad \text{und} \quad H_{ji} = 0.$$

---

[6] John W. Tukey (1915–2000): US-amerikanischer Statistiker; Mitentwickler der schnellen Fourier-Transformation; wichtige Beiträge zur mathematischen, explorativen und robusten Statistik.

Im Falle von $i \neq j$ und $|x_j| = |x_i|$ ist

$$H_{ij} = \text{sign}(x_i)/2, \quad H_{ji} = \text{sign}(x_j)/2 \quad \text{und} \quad H_{ij} + H_{ji} = \text{sign}(x_i + x_j).$$

Folglich ist

$$T(x) = \sum_{1 \leq i < j \leq n} \underbrace{(H_{ij} + H_{ji})}_{=\text{sign}(x_i+x_j)} + \sum_{i=1}^{n} \text{sign}(x_i + x_i) = \sum_{1 \leq i \leq j \leq n} \text{sign}(x_i + x_j). \qquad \square$$

Unter der Annahme (4.4) erfüllt der Vektor $X - \mu$ die Voraussetzung von Lemma 4.5 mit Wahrscheinlichkeit eins. Wir können also ausnutzen, dass

$$m \mapsto \tilde{T}(X - m) = \sum_{1 \leq i \leq j \leq n} \text{sign}\left(\frac{X_i + X_j}{2} - m\right)$$

monoton fallend ist in m und dass für beliebige Schranken c gilt:

$$\left.\begin{array}{l} \mathbb{P}\big(\tilde{T}(X - \mu) \leq c\big) \\ \mathbb{P}\big(\tilde{T}(X - \mu) \geq -c\big) \end{array}\right\} = \mathbb{P}(2T_n^* - \tilde{n} \leq c),$$

wobei

$$\tilde{n} := \frac{n(n + 1)}{2} \quad \text{und} \quad T_n^* := \sum_{i=1}^{n} 1_{[\xi_i = 1]} i.$$

Bezeichnen wir mit G_n die Verteilungsfunktion von T_n^*, und fixieren wir eine Fehlerwahrscheinlichkeit $\alpha \in (0, 1)$, dann ergibt sich für das unbekannte Zentrum μ die untere $(1 - \alpha)$-Konfidenzschranke

$$a_\alpha(X) = \inf\big\{m \in \mathbb{R} : \tilde{T}(X - m) \leq 2G_n^{-1}(1 - \alpha) - \tilde{n}\big\},$$

die obere $(1 - \alpha)$-Konfidenzschranke

$$b_\alpha(X) = \sup\big\{m \in \mathbb{R} : \tilde{T}(X - m) \geq \tilde{n} - 2G_n^{-1}(1 - \alpha)\big\}$$

bzw. das $(1 - \alpha)$-Vertrauensintervall $\big[a_{\alpha/2}(X), b_{\alpha/2}(X)\big]$. Um konkrete Formeln hierfür zu erhalten, bezeichnen wir mit

$$W_1 \leq W_2 \leq \cdots \leq W_{\tilde{n}}$$

die $\tilde{n}$ der Größe nach sortierten paarweisen Mittelwerte $(X_i + X_j)/2$ mit $1 \leq i \leq j \leq n$. Für $0 \leq k \leq \tilde{n}$ und $W_k < m < W_{k+1}$ ist dann $\tilde{T}(X - m)$ gleich $\tilde{n} - 2k$, wobei $W_0 := -\infty$

Abb. 4.3 Funktion $m \mapsto$
$\tilde{T}(X - m)$ für Gossets Daten

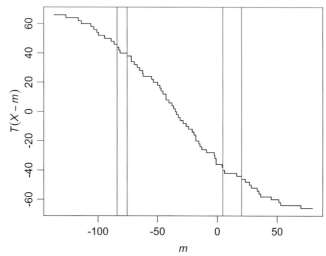

und $W_{\tilde{n}+1} := \infty$. Dies ist kleiner oder gleich $2G_n^{-1}(1-\alpha) - \tilde{n}$ bzw. größer oder gleich $\tilde{n} - 2G_n^{-1}(1-\alpha)$ genau dann, wenn $k \geq \tilde{n} - G_n^{-1}(1-\alpha)$ bzw. $k \leq G_n^{-1}(1-\alpha)$. Folglich ist

$$a_\alpha(X) = W_{\tilde{n} - G_n^{-1}(1-\alpha)} \quad \text{und} \quad b_\alpha(X) = W_{G_n^{-1}(1-\alpha)+1}.$$

Beispiel (Gossets Getreidedaten, Fortsetzung)
Für $n = 11$ Beobachtungen zeigen numerische Rechnungen, dass $G_{11}^{-1}(0{,}95) = 52$ und $G_{11}^{-1}(0{,}975) = 55$. Wegen $\tilde{n} = 11 \cdot 12/2 = 66$ ergibt sich hieraus das 95 %-Konfidenzintervall

$$[W_{11}, W_{56}] = [-84, 20],$$

was vergleichbar ist mit dem Resultat der Student-Methode. Abbildung 4.3 zeigt die Funktion $m \mapsto \tilde{T}(X - m)$ und die resultierenden ein- und zweiseitigen 95 %-Konfidenzschranken.

4.4   Asymptotische Betrachtungen und Vergleiche

In den vorangehenden drei Abschnitten haben wir diverse Lageparameter kennengelernt, die man als Schätzer für das „Zentrum" der Verteilung P deuten kann. Nun möchten wir diese Schätzer in Bezug auf ihre Präzision untersuchen und vergleichen. Wir beginnen mit dem Mittelwert, betrachten dann den Median, und danach führen wir noch einen neuen Lageparameter ein, welcher mit Wilcoxons Signed-Rank-Test zusammenhängt. Beweise werden am Ende dieses Abschnitts geführt. In allen Fällen betrachten wir Zufallsgrößen Δ_n der Form

$$\Delta_n := \sqrt{n}\big(K(X_1, X_2, \ldots, X_n) - K(P)\big)$$

und zeigen, dass diese für $n \to \infty$ approximativ nach $\mathcal{N}(0, \tau^2)$ mit einem $\tau = \tau(P) > 0$ verteilt sind. Dies bedeutet, dass für beliebige Zahlen $-\infty \le r < s \le \infty$ gilt:

$$\lim_{n \to \infty} \mathbb{P}(r \le \Delta_n \le s) = \Phi(s/\tau) - \Phi(r/\tau).$$

Wir schreiben hierfür kurz

$$\Delta_n \to_{\mathcal{L}} \mathcal{N}(0, \tau^2),$$

siehe auch Abschn. A.2 im Anhang. Außerdem empfehlen wir an dieser Stelle die Aufgaben 25 und 26.

Der Mittelwert Wie bereits gesagt wurde, hat der Stichprobenmittelwert $\overline{X}$ als Schätzer für den Erwartungswert $\mu = \mu(P)$ folgende Eigenschaft: Ist $\sigma = \sigma(P) \in (0, \infty)$, dann folgt aus dem Zentralen Grenzwertsatz, dass

$$\sqrt{n}(\overline{X} - \mu) \to_{\mathcal{L}} \mathcal{N}(0, \sigma^2). \tag{4.5}$$

Median und Quantile Auch für das Stichprobenquantil $\widehat{q}_\gamma$ und das entsprechende Quantil $q_\gamma = q_\gamma(P)$ lässt sich unter gewissen Regularitätsannahmen ein solches Resultat beweisen.

Satz 4.6 (Asymptotische Normalverteilung von Stichprobenquantilen) *Für ein festes $\gamma \in (0, 1)$ sei q_γ das eindeutige γ-Quantil der Verteilung P. Genauer gesagt, sei F an der Stelle q_γ differenzierbar mit Ableitung $F'(q_\gamma) > 0$. Dann gilt:*

$$\sqrt{n}(\widehat{q}_\gamma - q_\gamma) \to_{\mathcal{L}} \mathcal{N}(0, \sigma_\gamma^2)$$

mit

$$\sigma_\gamma := \frac{\sqrt{\gamma(1 - \gamma)}}{F'(q_\gamma)}.$$

Hodges-Lehmann-Schätzer für μ Angenommen, die Verteilungsfunktion F von P ist stetig und um $\mu \in \mathbb{R}$ symmetrisch, also $F(\mu + r) = 1 - F(\mu - r)$ für beliebige $r \in \mathbb{R}$. In diesem Falle ist μ ein Median und auch der Mittelwert der Verteilung P. Man könnte also μ durch $\overline{X}$ oder $\widehat{q}_{0.5}$ schätzen. Hier ist noch ein alternativer Lageparameter: Der Absolutbetrag der Wilcoxon-Signed-Rank-Statistik $\widetilde{T}(X - m)$ wird minimal in m, wenn m ein Median der paarweisen Mittelwerte $(X_i + X_j)/2$ (sogenannte Walsh-Mittelwerte), $1 \le i \le j \le n$ ist. Dies suggeriert einen Schätzer, der u.a. von Hodges und Lehmann[7]

---

[7] Joseph L. Hodges (1922–2000) und Erich L. Lehmann (1917–2009): mathematische Statistiker an der Universität Berkeley.

[11] vorgeschlagen und analysiert wurde:

$$\widehat{\mu}_W := \mathrm{Median}\left(\frac{X_i + X_j}{2} : 1 \le i < j \le n\right).$$

Wir lassen hier Indexpaare (i, j) mit $i = j$ weg, um die Analyse von $\widehat{\mu}_W$ etwas zu vereinfachen; die Auswirkung ist sehr gering. Auch dieser Schätzer ist unter gewissen Annahmen asymptotisch normalverteilt:

Satz 4.7 (Asymptotische Normalverteilung des Hodges-Lehmann-Schätzers) *Sei $F = F_0(\cdot - \mu)$ mit einer Verteilungsfunktion F_0 mit beschränkter und stetiger Dichtefunktion $f_0 = F_0'$ derart, dass $f_0(-x) = f_0(x)$ für alle $x \in \mathbb{R}$. Dann gilt:*

$$\sqrt{n}(\widehat{\mu}_W - \mu) \to_{\mathcal{L}} \mathcal{N}(0, \sigma_W^2)$$

mit

$$\sigma_W := \left(\sqrt{12} \int_{-\infty}^{\infty} f_0(x)^2\,dx\right)^{-1}.$$

Vergleich dreier Schätzer Angenommen, P hat eine stetige, beschränkte und um μ symmetrische Dichtefunktion $f_0(\cdot - \mu)$ wie in Satz 4.7. Zusätzlich seien $f_0(0) > 0$ und $\sigma^2 = \int_{-\infty}^{\infty} f_0(x)x^2\,dx < \infty$. Dann sind die drei Zufallsgrößen $\sqrt{n}(\overline{X} - \mu)$, $\sqrt{n}(\widehat{q}_{0,5} - \mu)$ und $\sqrt{n}(\widehat{\mu}_W - \mu)$ asymptotisch normalverteilt mit Mittelwert 0 und Standardabweichung σ bzw.

$$\sigma_{0,5} = (2f_0(0))^{-1} \quad \text{bzw.} \quad \sigma_W = \left(\sqrt{12} \int_{-\infty}^{\infty} f_0(x)^2\,dx\right)^{-1}.$$

Angenommen, $P = \mathcal{N}(\mu, \sigma^2)$. Dann ergibt sich aus den Aufgaben 27 und 28, dass

$$\frac{\sigma_{0,5}}{\sigma} = \sqrt{\pi/2} \approx 1{,}2533 \quad \text{und} \quad \frac{\sigma_W}{\sigma} = \sqrt{\pi/3} \approx 1{,}0233.$$

Der Hodges-Lehmann-Schätzer ist also deutlich präziser als der Stichprobenmedian und nur wenig ungenauer als der Stichprobenmittelwert.

    Am Ende dieses Abschnittes werden wir zeigen, dass stets

$$\frac{\sigma_W}{\sigma} \le \sqrt{125/108} \approx 1{,}0758. \tag{4.6}$$

Gleichheit gilt genau dann, wenn $f_0(x) = \tau^{-1} f_*(\tau^{-1} x)$ für ein $\tau > 0$ und

$$f_*(x) = 0{,}75 \max(1 - x^2, 0).$$

Dies ist die Dichtefunktion der Epanechnikov-Verteilung. Sie spielt im Zusammenhang mit Kerndichteschätzern eine wichtige Rolle, siehe Kap. 5.

Nun liefern wir Beweise für die vorangehenden Aussagen. Wenn nichts anderes gesagt wird, beziehen sich Konvergenzaussagen immer auf das Szenario, dass $n \to \infty$.

Beweis von Satz 4.6 Da $X_{(\lceil n\gamma \rceil)} \leq \widehat{q}_\gamma \leq X_{(\lfloor n\gamma + 1 \rfloor)}$, betrachten wir $X_{(k_n)}$ anstelle von $\widehat{q}_\gamma$, wobei $k_n \in \{1, 2, \ldots, n\}$ mit $|k_n - n\gamma| \leq 1$. Gemäß Aufgabe 26(a) genügt es zu zeigen, dass für eine beliebige Zahl $r \in \mathbb{R}$ gilt:

$$\mathbb{P}\big(\sqrt{n}(X_{(k_n)} - q_\gamma) \leq r\big) \to \Phi(r/\sigma_\gamma).$$

Mit $x_n := q_\gamma + r/\sqrt{n}$ ist

$$\begin{aligned}
\mathbb{P}\big(\sqrt{n}(X_{(k_n)} - q_\gamma) \leq r\big) &= \mathbb{P}\big(X_{(k_n)} \leq x_n\big) \\
&= \mathbb{P}\big(\widehat{F}(x_n) \geq k_n/n\big) \\
&= \mathbb{P}(Z_n \geq s_n),
\end{aligned}$$

wobei

$$Z_n := \frac{\sqrt{n}\big(\widehat{F}(x_n) - F(x_n)\big)}{\sqrt{F(x_n)(1 - F(x_n))}} \quad \text{und} \quad s_n := \frac{\sqrt{n}\big(k_n/n - F(x_n)\big)}{\sqrt{F(x_n)(1 - F(x_n))}}.$$

Doch $F(x_n) = \gamma + F'(q_\gamma)r/\sqrt{n} + o(1/\sqrt{n})$ und $k_n/n = \gamma + O(1/n)$, sodass gilt: $\sqrt{F(x_n)(1 - F(x_n))} \to \sqrt{\gamma(1 - \gamma)}$, $\sqrt{n}(k_n/n - F(x_n)) \to -F'(q_\gamma)r$, also

$$s_n \to s := \frac{-F'(q_\gamma)r}{\sqrt{\gamma(1 - \gamma)}} = \frac{-r}{\sigma_\gamma}.$$

Ferner ist die Zufallsvariable Z_n nach dem Zentralen Grenzwertsatz (angewandt auf Binomialverteilungen) asymptotisch standardnormalverteilt. Folglich ist

$$\lim_{n \to \infty} \mathbb{P}\big(\sqrt{n}(X_{(k_n)} - q_\gamma) \leq r\big) = 1 - \Phi(s) = \Phi\Big(\frac{r}{\sigma_\gamma}\Big).$$

Denn für beliebige feste $\varepsilon > 0$ ist

$$\mathbb{P}(Z_n \geq s_n) \begin{cases} \leq \mathbb{P}(Z_n \geq s - \varepsilon) + 1_{[s_n < s - \varepsilon]} \to 1 - \Phi(s - \varepsilon), \\ \geq \mathbb{P}(Z_n \geq s + \varepsilon) - 1_{[s_n > s + \varepsilon]} \to 1 - \Phi(s + \varepsilon), \end{cases}$$

und für $\varepsilon \downarrow 0$ ergibt sich der Grenzwert $1 - \Phi(s)$. $\qquad \square$

Ein wesentliches Hilfsmittel für den Beweis von Satz 4.7 ist der folgende Spezialfall eines allgemeinen Resultates von Hoeffding [12] über sogenannte U-Statistiken:

Lemma 4.8 (Hoeffding) *Sei*

$$U := \binom{n}{2}^{-1} \sum_{1 \le i < j \le n} h(X_i, X_j)$$

mit unabhängigen, identisch verteilten Zufallsvariablen $X_1, X_2, \ldots, X_n \in \mathbb{R}$ und einer festen messbaren Funktion $h : \mathbb{R} \times \mathbb{R} \to \mathbb{R}$, wobei $h(x, y) = h(y, x)$ für alle $x, y \in \mathbb{R}$ und $\mathbb{E}\big(h(X_1, X_2)^2\big) < \infty$. Mit $h_1(x) := \mathbb{E}h(x, X_2)$ und $h_0 := \mathbb{E}h(X_1, X_2) = \mathbb{E}h_1(X_1)$ ist dann

$$U = h_0 + \frac{2}{n} \sum_{i=1}^{n} \big(h_1(X_i) - h_0\big) + R,$$

wobei

$$\mathbb{E}(R^2) \le \frac{2 \operatorname{Var}(h(X_1, X_2))}{n(n-1)}.$$

Beweis von Lemma 4.8 Der Beweis basiert im Wesentlichen auf dem Satz von Fubini (siehe Abschn. A.4 im Anhang). Zunächst ist $h_1(x) = \int h(x, y) \, P(dy)$, und h_0 ist gleich $\mathbb{E}h(X_1, X_2) = \int \int h(x, y) \, P(dy) \, P(dx) = \int h_1(x) \, P(dx) = \mathbb{E}h_1(X_1)$. Definieren wir nun

$$h_2(x, y) := h(x, y) - h_1(x) - h_1(y) + h_0,$$

dann ist $h_2(x, y) = h_2(y, x)$, und

$$\int h_2(x, y) \, P(dy) = h_1(x) - h_1(x) - h_0 + h_0 = 0.$$

Insbesondere ist $\mathbb{E}h_2(X_1, X_2) = 0$. Allgemein gilt für beliebige Indizes i, j, k, l mit $i \ne j$, $k \ne l$ und messbare Funktionen $g : \mathbb{R} \times \mathbb{R} \to \mathbb{R}$ mit $\mathbb{E}\big(g(X_k, X_l)^2\big) < \infty$ die Gleichung

$$\mathbb{E}\big(h_2(X_i, X_j) g(X_k, X_l)\big) = 0 \quad \text{falls } \{i, j\} \ne \{k, l\}. \tag{4.7}$$

Denn im Falle von $\{i, j\} \cap \{k, l\} = \emptyset$ folgt aus der Unabhängigkeit von (X_i, X_j) und (X_k, X_l), dass $\mathbb{E}\big(h_2(X_i, X_j) g(X_k, X_l)\big) = \mathbb{E}h_2(X_i, X_j)\mathbb{E}g(X_k, X_l) = 0$. Anderenfalls sei ohne Einschränkung $k = i$ und $l \notin \{i, j\}$. Dann ist

$$
\begin{aligned}
\mathbb{E}\big(h_2(X_i, X_j) g(X_k, X_l)\big) &= \iiint h_2(x, y) g(x, z)\, P(dy)\, P(dx)\, P(dz) \\
&= \iint g(x, z)\Big(\int h_2(x, y)\, P(dy)\Big) P(dx)\, P(dz) \\
&= 0.
\end{aligned}
$$

Schreibt man also $h(x, y) = h_0 + (h_1(x) - h_0) + (h_1(y) - h_0) + h_2(x, y)$, dann ergibt sich die Darstellung

$$
\begin{aligned}
U &= \binom{n}{2}^{-1} \sum_{1 \le i < j \le n} \big(h_0 + (h_1(X_i) - h_0) + (h_1(X_j) - h_0) + h_2(X_i, X_j)\big) \\
&= h_0 + \frac{2}{n} \sum_{i=1}^{n} (h_1(X_i) - h_0) + R
\end{aligned}
$$

mit

$$
R := \binom{n}{2}^{-1} \sum_{1 \le i < j \le n} h_2(X_i, X_j).
$$

Nach (4.7) sind die Zufallsvariablen $h_2(X_i, X_j)$, $1 \le i < j \le n$, zentriert und unkorreliert, also ist

$$
\mathbb{E}(R^2) = \binom{n}{2}^{-2} \sum_{1 \le i < j \le n} \operatorname{Var}(h_2(X_i, X_j)) = \frac{2 \operatorname{Var}(h_2(X_1, X_2))}{n(n-1)}.
$$

Ferner folgt aus (4.7), dass

$$
\operatorname{Var}(h(X_1, X_2)) = 2 \operatorname{Var}(h_1(X)) + \operatorname{Var}(h_2(X_1, X_2)),
$$

also $\operatorname{Var}(h_2(X_1, X_2)) \le \operatorname{Var}(h(X_1, X_2))$. $\square$

Beweis von Satz 4.7 Wir nehmen ohne Einschränkung an, dass $\mu = 0$. Ansonsten ersetze man einfach X_i durch $X_i - \mu$. Zu zeigen ist also, dass für eine beliebige Zahl $r \in \mathbb{R}$ gilt:

$$
\mathbb{P}\big(\sqrt{n}(\widehat{\mu}_W - \mu) \le r\big) = \mathbb{P}\big(\widehat{\mu}_W \le x_n\big) \to \Phi\Big(\frac{r}{\sigma_W}\Big),
$$

wobei $x_n := r/\sqrt{n}$. Der Schätzer $\widehat{\mu}_W$ ist der Stichprobenmedian der $m_n = \binom{n}{2}$ Walsh-Mittelwerte $(X_i + X_j)/2$, $1 \le i < j \le n$. Ähnlich wie im Beweis von Satz 4.6 ergeben sich daraus die Ungleichungen

$$\mathbb{P}\left(\widehat{\mu}_W \le x_n\right) \begin{cases} \ge \mathbb{P}\left(\displaystyle\sum_{1 \le i < j \le n} h_n(X_i, X_j) \ge \lceil m_n/2 \rceil\right) \\ \le \mathbb{P}\left(\displaystyle\sum_{1 \le i \le j \le n} h_n(X_i, X_j) \ge \lfloor m_n/2 + 1 \rfloor\right) \end{cases}$$

mit

$$h_n(X_i, X_j) := 1_{[X_i + X_j \le 2x_n]}.$$

Bezeichnen wir mit k_n die Zahl $\lceil m_n/2 \rceil$ oder $\lfloor m_n/2 + 1 \rfloor$, dann genügt es zu zeigen, dass

$$\mathbb{P}\left(\sum_{1 \le i \le j \le n} h_n(X_i, X_j) \ge k_n\right) \to \Phi\left(\frac{r}{\sigma_W}\right).$$

Jetzt wenden wir Hoeffdings Lemma an. Mit

$$h_{n,1}(x) := \mathbb{E} h_n(x, X_2) = F_0(2x_n - x)$$

und $h_{n,0} := \mathbb{E} h_n(X_1, X_2) = \mathbb{E} h_{n,1}(X_1)$ folgt daraus, dass

$$\mathbb{P}\left(m_n^{-1} \sum_{1 \le i < j \le n} h_n(X_i, X_j) \ge k_n/m_n\right)$$

$$= \mathbb{P}\left(\frac{2}{n} \sum_{i=1}^{n}\bigl(h_{n,1}(X_i) - h_{n,0}\bigr) \ge 0{,}5 - h_{n,0} + R_n' + R_n''\right),$$

wobei $|R_n'| = |k_n/m_n - 0{,}5| \le m_n^{-1}$ und $\mathbb{E}|R_n''| = O(n^{-1})$.

Nun untersuchen wir die Zutaten $h_{n,0}$ und $h_{n,1}(\cdot)$ etwas genauer: Einerseits ergibt sich aus der Symmetrie von f_0, dass

$$h_{n,0} = \mathbb{E} F_0(2x_n - X_1) = \mathbb{E} F_0(2x_n + X_1) = \int_{-\infty}^{\infty} F_0(2x_n + y) f_0(y)\, dy.$$

Speziell für $r = 0$, also auch $x_n = 0$, ergibt sich der Wert

$$\mathbb{E} F_0(X_1) = \int_{-\infty}^{\infty} F_0(y) f_0(y)\, dy = \int_{0}^{1} u\, du = 0{,}5,$$

denn $F_0(X_1)$ ist uniform verteilt auf $[0,1]$. Aus dem Satz von der majorisierten Konvergenz folgt nun, dass

$$\sqrt{n}(h_{n,0} - 0.5) = \int_{-\infty}^{\infty} \sqrt{n}\big(F_0(2x_n + y) - F_0(y)\big) f_0(y)\,dy \to 2r \int_{-\infty}^{\infty} f_0(y)^2\,dy.$$

Denn $\sqrt{n}\big(F_0(2x_n + y) - F_0(y)\big) = 2r f_0(\zeta_n(y))$ für ein $\zeta_n(y)$ mit $|\zeta_n(y) - y| \le 2|x_n|$, und f_0 ist nach Voraussetzung beschränkt und stetig.

Andererseits ist $|h_{n,1} - h_{n,0}| \le 1$ und $\operatorname{Var}(h_{n,1}(X_1)) = \mathbb{E}\big(F_0(2x_n \pm X_1)^2\big) - h_{n,0}^2$ konvergiert gegen

$$\mathbb{E}\big(F_0(X_1)^2\big) - 1/4 = \int_0^1 u^2\,du - 1/4 = 1/12.$$

Daher ist $Z_n := \sqrt{12/n} \sum_{i=1}^n \big(h_{n,1}(X_i) - h_{n,0}\big)$ nach dem Zentralen Grenzwertsatz asymptotisch standardnormalverteilt. Dies alles impliziert, dass

$$\mathbb{P}\left(\sum_{1 \le i \le j \le n} h_n(X_i, X_j) \ge k_n \right) = \mathbb{P}\big(Z_n \ge \sqrt{3n}(0.5 - h_{n,0}) + \sqrt{3n}(R_n' + R_n'')\big)$$

$$= \mathbb{P}\left(Z_n \ge \frac{-r}{\sigma_W} + R_n'''\right)$$

mit einem zufälligen Restterm R_n''', sodass $\mathbb{E}|R_n'''| \to 0$. Für ein beliebiges festes $\varepsilon > 0$ gilt demnach:

$$\mathbb{P}\left(Z_n \ge \frac{-r}{\sigma_W} + R_n'''\right) \begin{cases} \le \mathbb{P}\left(Z_n > \dfrac{-r}{\sigma_W} - \varepsilon\right) + \mathbb{P}(|R_n'''| \ge \varepsilon) \to \Phi\left(\dfrac{r}{\sigma_W} + \varepsilon\right), \\[2ex] \ge \mathbb{P}\left(Z_n > \dfrac{-r}{\sigma_W} + \varepsilon\right) - \mathbb{P}(|R_n'''| \ge \varepsilon) \to \Phi\left(\dfrac{r}{\sigma_W} - \varepsilon\right). \end{cases}$$

Für $\varepsilon \downarrow 0$ ergibt sich dann die Behauptung. $\qquad\square$

Beweis von (4.6) Die Maximierung von σ_W^2/σ^2 ist gleichbedeutend mit der Minimierung von $12\sigma^2\big(\int_{-\infty}^{\infty} f_0(x)^2\,dx\big)^2$. Ersetzt man $f_0(x)$ durch $\tau^{-1} f_0(\tau^{-1}x)$ für ein $\tau > 0$, dann bleibt dieses Produkt unverändert. Wir können also einen beliebigen Wert für $\sigma^2 = \int_{-\infty}^{\infty} f_0(x)x^2\,dx$ fixieren und $\int_{-\infty}^{\infty} f_0(x)^2\,dx$ unter dieser Nebenbedingung minimieren. Hinzu kommen noch die Bedingungen, dass f_0 nichtnegativ, gerade, beschränkt und stetig sein soll mit $\int_{-\infty}^{\infty} f_0(x)\,dx = 1$.

Zu diesem Zweck verwenden wir Lagranges Methode: Wir bilden eine Linearkombination der drei Integrale, nämlich

$$\int_{-\infty}^{\infty} f(x)^2\,dx + a \int_{-\infty}^{\infty} f(x)x^2\,dx - b \int_{-\infty}^{\infty} f(x)\,dx = \int_{-\infty}^{\infty} \big(f(x)^2 - f(x)(b - ax^2)\big)\,dx$$

für Konstanten $a, b > 0$, und minimieren diesen Ausdruck unter *allen* messbaren Funktionen $f : \mathbb{R} \to [0, \infty)$. Elementare Rechnungen zeigen, dass

$$f(x)^2 - f(x)(b - ax^2) \geq -\max(b - ax^2, 0)^2/4$$

mit Gleichheit genau dann, wenn $f(x) = f_*(x) := \max(b - ax^2, 0)/2$. Speziell für $a = b = 1{,}5$ ergibt sich $f_*(x) = 0{,}75 \max(1 - x^2, 0)$, eine Wahrscheinlichkeitsdichte, welche außerdem beschränkt, stetig und gerade ist. Wir wissen also, dass

$$\int_{-\infty}^{\infty} f_0(x)^2 \, dx \geq \int_{-\infty}^{\infty} f_*(x)^2 \, dx$$

für jede Wahrscheinlichkeitsdichte f_0 mit der zusätzlichen Eigenschaft, dass das Integral $\int_{-\infty}^{\infty} f_0(x)x^2 \, dx$ gleich $\int_{-\infty}^{\infty} f_*(x)x^2 \, dx$ ist. Gleichheit gilt genau dann, wenn $f_0 = f_*$ fast überall.

Diese Überlegungen zeigen, dass σ_W^2/σ^2 maximal wird für $f_0 = f_*$, und elementare Rechnungen ergeben in diesem Fall den Zahlenwert $125/108$. $\qquad\square$

4.5 Übungsaufgaben

1. Zeigen Sie, dass

$$\mathbb{E}\Big(\sum_{i=1}^{n}(X_i - \overline{X})^2\Big) = (n-1)\sigma^2.$$

2. (Obere Schranken für die Varianz) Sei X eine Zufallsvariable mit Werten in einem gegebenen Intervall $[a, b] \subset \mathbb{R}$. Zeigen Sie, dass

$$\mathrm{Var}(X) \leq (\mathbb{E}(X) - a)(b - \mathbb{E}(X)) \leq (b - a)^2/4.$$

3. (Ungleichung für Student-Quantile) Wir betrachten stochastisch unabhängige Zufallsvariablen Z und Y, wobei Z standardnormalverteilt ist, und $Y > 0$ mit $\mathbb{E}(Y) = 1$.
   (a) Zeigen Sie, dass

   $$\mathbb{P}\big(Z/\sqrt{Y} > t\big) = \mathbb{E}\big(\Phi(-t\sqrt{Y})\big)$$

   für beliebige $t \in \mathbb{R}$. Verwenden Sie hierfür den Satz von Fubini (Abschn. A.4 im Anhang), oder betrachten Sie nur den Spezialfall, dass Y abzählbaren Wertebereich hat.
   (b) Angenommen, $\mathbb{P}(Y \neq 1) > 0$. Zeigen Sie, dass

   $$\mathbb{P}\big(Z/\sqrt{Y} > t\big) > \Phi(-t)$$

   für jedes $t > 0$. Untersuchen Sie hierfür die Funktion $[0, \infty) \ni y \mapsto \Phi(-t\sqrt{y})$, und verwenden Sie die Jensen'sche Ungleichung (Abschn. A.5 im Anhang).

(c) Zeigen Sie nun, dass

$$t_{k:\beta} > \Phi^{-1}(\beta)$$

für beliebige $k \in \mathbb{N}$ und $\beta \in (1/2, 1)$.

4. Berechnen Sie anhand der Daten in Aufgabe 8 ein approximatives 90 %-Konfidenzintervall für die mittlere Lebensdauer von Hauskatzen.

5. In unserem Beispiel zu verzerrten Stichproben betrachteten wir eine Population von Müttern mit dem Merkmal $Y = $ Anzahl Kinder und den relativen Anteilen $q_k = \mathbb{P}(Y = k)$ für $k = 1, 2, 3, \ldots$. Nun betrachten wir in der Population der entsprechenden Kinder das Merkmal

$$\tilde{X} := \text{Anzahl älterer Geschwister (mütterlicherseits)}$$

mit den relativen Häufigkeiten $\tilde{p}_j = \mathbb{P}(\tilde{X} = j)$ für $j = 0, 1, 2, \ldots$. Stellen Sie einen Zusammenhang zwischen den relativen Häufigkeiten $\tilde{p}_j$ und q_k her. Zeigen Sie ferner, dass $\nu = 1/\tilde{p}_0$. Bei einer Befragung von $n = 173$ Jugendlichen ergaben sich die folgenden absoluten Häufigkeiten $\tilde{H}_j = \#\{i : \tilde{X}_i = j\}$:

j	0	1	2	3	4	5	≥ 6
$\tilde{H}_j$	83	56	23	6	3	2	0

Berechnen Sie Schätzwerte für die q_k und für ν anhand dieser Daten. Berechnen Sie ferner ein 95 %-Vertrauensintervall für ν.

6. Beweisen Sie Formel (4.1).

7. (Normierung von Skalenparametern) Die diversen Skalenparameter $K = K(X_1, \ldots, X_n)$ kann man jeweils als Schätzwert für eine Kenngröße $K(P)$ interpretieren. Angenommen, die unbekannte Verteilung P ist gleich $\mathcal{N}(\mu, \sigma^2)$, also $F(r) = \Phi((r - \mu)/\sigma)$. Welche Kenngrößen von P werden durch (i) den Interquartilsabstand IQR, (ii) den Median der absoluten Abweichungen MAD bzw. (iii) Ginis Skalenparameter G geschätzt? Wie müsste man diese drei Skalenparameter jeweils modifizieren, damit sie die Standardabweichung σ „richtig" schätzen?

8. (Spannweite als Schätzer) Zeigen Sie, dass die Spannweite $X_{(n)} - X_{(1)}$ ein konsistenter Schätzer für die Spannweite

$$\text{Range}(P) := q_1(P) - q_0(P)$$

der Verteilung P ist. Dabei setzen wir $q_0(P) := \inf\{r \in \mathbb{R} : F(r) > 0\}$ und $q_1(P) := \sup\{r \in \mathbb{R} : F(r) < 1\}$. Genauer gesagt, sollten Sie zeigen, dass

$$\mathbb{P}\big([X_{(1)}, X_{(n)}] \subset [q_0(P), q_1(P)]\big) = 1 = \lim_{n \to \infty} \mathbb{P}\big([r_0, r_1] \subset [X_{(1)}, X_{(n)}]\big)$$

für beliebige feste Zahlen $q_0(P) < r_0 < r_1 < q_1(P)$.

9. (L-Statistiken) Eine Kenngröße der Form

$$L(X_1, \ldots, X_n) := \sum_{i=1}^{n} w_i X_{(i)}$$

mit festen Skalaren $w_1, w_2, \ldots, w_n \in \mathbb{R}$ heißt *L-Statistik*.

(a) Zeigen Sie, dass Stichprobenmittelwert, τ-getrimmter Mittelwert, Stichproben-γ-Quantil, Spannweite, Interquartilsabstand und Ginis Skalenparameter spezielle L-Statistiken sind.

(b) Unter welcher allgemeinen Bedingung an die w_i ist L ein Lageparameter bzw. Skalenparameter?

10. (L-Statistiken als Schätzer) Wir betrachten eine L-Statistik der Form

$$L = L(X_1, \ldots, X_n) := \frac{1}{n} \sum_{i=1}^{n} w\left(\frac{i - 0{,}5}{n}\right) X_{(i)}$$

mit einer gewissen Funktion $w : (0, 1) \to \mathbb{R}$. Welche Kenngröße $L(P)$ wird durch L geschätzt, wenn man voraussetzt, dass P durch eine Dichtefunktion f beschrieben wird?
Hinweis: $(i - 0{,}5)/n = \big(\widehat{F}(X_{(i)}) + \widehat{F}(X_{(i)}-)\big)/2$.

11. (Gammaverteilungen, I) Sei $Y \sim \mathrm{Gamma}(a, 1)$ mit $a > 0$. Zeigen Sie, dass $\mathbb{E}(Y^k) = \Gamma(a + k)/\Gamma(a)$ für beliebige $k > 0$. Nun sei $P = \mathrm{Gamma}(a, b)$ mit $a, b > 0$. Zeigen Sie, dass

$$\mu(P) = ab, \quad \sigma(P) = \sqrt{a}\, b$$

und

$$\mathrm{Schiefe}(P) = 2/\sqrt{a}.$$

12. (Momentenerzeugende Funktion und Formparameter) Sei X eine Zufallsvariable mit Verteilung P auf $\mathbb{R}$. Die momentenerzeugende Funktion von X bzw. von P ist definiert als die Funktion $\mathbb{R} \ni t \mapsto m_X(t) := \mathbb{E}\exp(tX) \in (0, \infty]$. Angenommen, für eine Zahl $t_0 > 0$ sind $m_X(t_0), m_X(-t_0) < \infty$.

(a) Zeigen Sie, dass die zuletzt genannte Voraussetzung äquivalent zur Ungleichung $\mathbb{E}\exp(t_0|X|) < \infty$ ist. Zeigen Sie nun, dass $m_X(t) < \infty$ für alle $t \in [-t_0, t_0]$, $\mathbb{E}(|X|^k) < \infty$ für alle $k \in \mathbb{N}$ und

$$\max_{t \in [-t_0, t_0]} \left| m_X(t) - \sum_{j=0}^{k} \mathbb{E}(X^j) t^j / j! \right| \to 0 \quad \text{für } k \to \infty.$$

Insbesondere ist m_X im Intervall $[-t_0, t_0]$ beliebig oft differenzierbar, und die k-te Ableitung $m_X^{(k)}$ erfüllt die Gleichung

$$\mathbb{E}(X^k) = m_X^{(k)}(0).$$

Daher rührt der Name „momentenerzeugende Funktion".

(b) Zeigen Sie, dass

$$\log m_X(t) = \mu(P)t + \sigma(P)^2 t^2/2 + O(t^3) \quad \text{für } t \to 0.$$

(c) Zeigen Sie, dass für die standardisierte Zufallsvariable $Z := (X - \mu(P))/\sigma(P)$ gilt:

$$\log m_Z(t) = t^2/2 + \mathrm{Schiefe}(P)t^3/6 + \mathrm{Kurtose}(P)t^4/24 + O(t^5) \quad \text{für } t \to 0.$$

Hinweis zu Teil (b) und (c): Verwenden Sie die Taylor-Entwicklung $\log(1 + z) = z - z^2/2 + O(z^3) = z - z^2/2 + z^3/3 - z^4/4 + O(z^5)$ für $z \to 0$. Wenden Sie diese auf $z = m_X(t) - 1$ bzw. $z = m_Z(t) - 1$ an.

13. (Momente der Standardnormalverteilung) Zeigen Sie, dass

$$\mathbb{E}\exp(tZ) = \exp(t^2/2)$$

für eine standardnormalverteilte Zufallsvariable Z und $t \in \mathbb{R}$. Bestimmen Sie nun mithilfe von Aufgabe 12 die Momente $\mathbb{E}(Z^k)$, $k \in \mathbb{N}$.

14. (Gammaverteilungen, II) Sei X eine Zufallsvariable mit Verteilung $P = \mathrm{Gamma}(a, b)$, $a, b > 0$. Leiten Sie ihre momentenerzeugende Funktion (Aufgabe 12) her:

$$m_X(t) = \begin{cases} (1 - bt)^{-a}, & \text{falls } t < 1/b, \\ \infty & \text{sonst.} \end{cases}$$

Zeigen Sie, dass für $Z := (X - \mu(P))/\sigma(P)$ gilt:

$$m_Z(t) = \sum_{k=2}^{\infty} a^{1-k/2} t^k / k.$$

Leiten Sie hieraus Schiefe und Kurtose von P ab.

15. (Robustheit des Medians) Stellen Sie sich einen Datensatz mit $n = 11$ Werten $X_1, X_2, \ldots, X_n$ vor. Wie groß bzw. wie klein kann $\widehat{q}_{0.5}$ werden, wenn Sie einen der Originalwerte durch eine beliebige andere Zahl ersetzen? (Formulieren Sie Ihr Ergebnis mithilfe der Ordnungsstatistiken $X_{(i)}$.) Verallgemeinern Sie dieses Ergebnis auf beliebigen Stichprobenumfang n und eine beliebige Zahl k von Beobachtungen, die abgeändert werden dürfen.

16. (Robustheit von Quantilen) Verfeinern Sie die Überlegungen im Beweis von Lemma 4.2 wie folgt: Bestimmen Sie für $k \in \{1, 2, \ldots, n\}$ eine möglichst große Zahl $l = l(k, n) \in \{0, 1, \ldots, n\}$ und eine möglichst kleine Zahl $m = m(k, n) \in \{1, \ldots, n, n + 1\}$, sodass garantiert

$$\widehat{q}_\gamma(Y_1, Y_2, \ldots, Y_n) \in [X_{(l)}, X_{(m)}],$$

falls $\#\{i : Y_i \neq X_i\} \le k$.

17. Zeigen Sie, dass der Median der absoluten Abweichungen Bruchpunkt $1/2$ hat.

18. (Vorzeichentests und Hoeffdings Ungleichung) Sei $\boldsymbol{b} \in \mathbb{R}^n$ ein fester Einheitsvektor, und sei $\boldsymbol{\xi}$ uniform verteilt auf $\{-1, 1\}^n$. Nun untersuchen wir die Zufallsvariable $T := \sum_{i=1}^n \xi_i b_i$.

   (a) Begründen Sie, dass $\mathbb{E}h(T) = 0$ für jede ungerade Funktion $h : \mathbb{R} \to \mathbb{R}$. Insbesondere ist $\mathbb{E}(T^k) = 0$ für $k = 1, 3, 5, \ldots$.
   Zeigen Sie, dass $\mathbb{E}(T^2) = 1$ und $\mathbb{E}(T^4) = 3 + \sum_{i=1}^n b_i^4 \le 3 + \|\boldsymbol{b}\|_\infty^2$, wobei $\|\boldsymbol{b}\|_\infty := \max_{i=1,\ldots,n} |b_i|$.

   (b) Zeigen Sie, dass für beliebige $s \in \mathbb{R}$ gilt:

$$\log \mathbb{E}\exp(sT) = \sum_{i=1}^n \log\cosh(sb_i) \begin{cases} \le s^2/2, \\ \ge (1 - \tanh(s\|\boldsymbol{b}\|_\infty)^2)s^2/2. \end{cases} \tag{4.8}$$

   Zeigen Sie nun, dass für beliebige $c \ge 0$ und $s \ge 0$ gilt:

$$\mathbb{P}(T \ge c) \le \mathbb{E}\exp(sT - sc) \le \exp(s^2/2 - sc).$$

   Leiten Sie hieraus ab, dass

$$\mathbb{P}(T \ge c) \le \exp(-c^2/2) \quad \text{und} \quad \mathbb{P}(T \le -c) \le \exp(-c^2/2).$$

   Hinweis zu (4.8): $h(x) := \log\cosh(x)$ erfüllt die Gleichungen $h(0) = h'(0) = 0$ und $h''(x) = 1 - \tanh(x)^2$.

Tab. 4.6 Mordraten in 30 US-amerikanischen Städten

1960	1970	1960	1970	1960	1970
10,1	20,4	10,6	22,1	8,2	10,2
4,9	9,8	11,5	13,7	17,3	24,7
12,4	15,4	11,1	12,7	8,6	13,3
10,0	18,4	4,4	3,9	13,0	14,0
9,3	11,1	11,7	16,9	9,1	16,2
7,9	8,2	4,5	12,6	8,1	17,8
17,7	13,1	11,0	15,6	10,8	14,7
12,5	12,6	8,9	7,9	4,4	11,2
6,4	14,9	3,8	10,5	14,2	15,3
6,6	11,4	6,2	5,5	3,3	6,6

19. Seien $r_1, r_2, \ldots, r_n$ die Ränge von reellen Zahlen $x_1, x_2, \ldots, x_n$. Gemäß Aufgabe 5 in Abschn. 3.5 ist $\sum_{i=1}^{n} r_i = n(n+1)/2$ und $\sum_{i=1}^{n} r_i^2 \le n(n+1)(2n+1)/6$ mit Gleichheit, falls die Zahlen $x_1, x_2, \ldots, x_n$ paarweise verschieden sind.

Leiten Sie hieraus und aus Aufgabe 18 ab, dass für Wilcoxons Signed-Rank-Test gilt:

$$\pi_z(X) \le 2 \exp\left(-\frac{3\,T(X)^2}{N(N+1)(2N+1)}\right).$$

20. Für eine zufällige Stichprobe von $n = 30$ Städten in den südlichen Vereinigten Staaten wurden jeweils die Mordraten der Jahre 1960 und 1970 ermittelt (Anzahl Morde pro 100.000 Einwohner); siehe Tab. 4.6. Mit welchem Test könnte man gegebenenfalls nachweisen, dass sich die Mordraten dieser beiden Jahre systematisch unterscheiden? Wenden Sie eines dieser Verfahren auf die konkreten Daten an mit $\alpha = 0{,}01$. Wenn Sie die Aufgabe ohne Statistiksoftware lösen möchten, können Sie vermutlich Tab. 3.2 gebrauchen.

21. Tabelle 4.7 enthält die Bestzeiten (in Sekunden) von zehn Sprintern aus Großbritannien über 200 m (X_i) bzw. 100 m (Y_i) für das Jahr 1988. Es handelt sich um alle Sprinter, die 1988 die 200 m in weniger als 21,20 Sekunden liefen und außerdem eine Bestzeit über 100 m angaben. Wir vermuten a priori, dass Sprinter über 200 m eine höhere Durchschnittsgeschwindigkeit haben als über 100 m, da Start und Beschleunigungsphase einen kleineren Einfluss haben. Mit

Tab. 4.7 Bestzeiten von Sprintern

Athlet	Bestz. 200 m	Bestz. 100 m
L. Christie	20,09	9,97
J. Regis	20,32	10,31
M. Rosswess	20,51	10,40
A. Carrott	20,76	10,56
T. Bennett	20,90	10,92
A. Mafe	20,94	10,64
D. Reid	21,00	10,54
P. Snoddy	21,14	10,85
L. Stapleton	21,17	10,71
C. Jackson	21,19	10,56

welchen bisher behandelten Methoden kann man diese Arbeitshypothese eventuell bestätigen? Wenden Sie diese Methoden auf die konkreten Daten an mit $\alpha = 0{,}05$.

22. Betrachten Sie noch einmal die Daten aus Aufgabe 20. Sei P die Verteilung des Merkmals „Mordrate 1960 minus Mordrate 1970" für alle Städte in den südlichen Vereinigten Staaten (wie auch immer diese Grundgesamtheit genau definiert wird).

   (a) Berechnen Sie ein 95 %-Vertrauensintervall für den Median μ von P mithilfe der Methode aus Abschn. 3.3.

   (b) Berechnen Sie nun ein 95 %-Vertrauensintervall für den Median μ von P unter der idealisierten Annahme, dass P stetig und um μ symmetrisch ist. Berücksichtigen Sie dabei, dass die Daten in Tab. 4.6 auf eine Nachkommastelle gerundet sind.

23. Bestimmen Sie den Bruchpunkt des Hodges-Lehmann-Schätzers.

24. Als weitere Kenngröße neben $\widehat{\mu}_W$ schlagen Bickel und Lehmann [3] den Skalenparameter

$$\widehat{\sigma}_W := \mathrm{Median}\big(|X_i - X_j| : 1 \le i < j \le n\big)$$

vor. Schreiben Sie ein Programm zur Berechnung beider Größen $\widehat{\mu}_W$ und $\widehat{\sigma}_W$. Wie müsste der Faktor $c > 0$ gewählt werden, damit $c\widehat{\sigma}_W$ die Standardabweichung σ im Falle von $P = \mathcal{N}(\mu, \sigma^2)$ richtig schätzt?

25. (Gleichmäßige Konvergenz) Sei $(f_n)_n$ eine Folge monoton wachsender Funktionen $f_n : \mathbb{R} \to [0, 1]$, die punktweise gegen eine monoton wachsende Funktion $f : \mathbb{R} \to [0, 1]$ konvergiert. Ferner sei f stetig, und $\lim_{x \to -\infty} f(x) = 0$, $\lim_{x \to \infty} f(x) = 1$. Zeigen Sie, dass dann sogar

$$\lim_{n \to \infty} \sup_{x \in \mathbb{R}} |f_n(x) - f(x)| = 0.$$

26. (Konvergenz in Verteilung) Seien $Y_1, Y_2, Y_3, \ldots$ reellwertige Zufallsvariablen, und Q sei ein Wahrscheinlichkeitsmaß auf $\mathbb{R}$ mit stetiger Verteilungsfunktion G.

   (a) Zeigen Sie, dass die folgenden Aussagen äquivalent sind:

      (a.1) Für beliebige $r \in \mathbb{R}$ ist

$$\lim_{n \to \infty} \mathbb{P}(Y_n \le r) = G(r).$$

      (a.2) Für beliebige $r \in \mathbb{R}$ ist

$$\lim_{n \to \infty} \mathbb{P}(Y_n < r) = G(r).$$

      (a.3)

$$\lim_{n \to \infty} \sup_{\text{Intervalle } B \subset \mathbb{R}} \big|\mathbb{P}(Y_n \in B) - Q(B)\big| = 0.$$

   (b) Zusätzlich zu $Y_1, Y_2, Y_3, \ldots$ seien $A_1, A_2, A_3, \ldots$ und $S_1, S_2, S_3, \ldots$ weitere Zufallsvariablen, sodass $A_n \to_p 0$ und $S_n \to_p 1$. Das heißt, für beliebige $\delta > 0$ sei

$$\lim_{n \to \infty} \mathbb{P}(|A_n| \le \delta) = 0 = \lim_{n \to \infty} \mathbb{P}(|S_n - 1| \ge \delta).$$

Zeigen Sie, dass die Aussagen (a.1–3) gültig bleiben, wenn man Y_n durch $\tilde{Y}_n := A_n + S_n Y_n$ ersetzt.

27. (Vergleich dreier Schätzer) Angenommen, wir ersetzen jede Zufallsvariable X_i durch τX_i mit einer festen Konstante $\tau > 0$. Welche Auswirkung hat dies auf μ und f_0? Zeigen Sie, dass sich die asymptotischen Varianzen σ^2, $\sigma_{0,5}^2$ und σ_W^2 jeweils um den Faktor τ^2 ändern.

28. Berechnen Sie die drei Varianzen σ^2, $\sigma_{0,5}^2$ und σ_W^2 für die Dichtefunktion f_0 der
    (a) Standardnormalverteilung, $f_0(x) = \exp(-x^2/2)/\sqrt{2\pi}$,
    (b) Laplace-Verteilung, $f_0(x) = \exp(-|x|)/2$,
    (c) logistischen Verteilung, $f_0(x) = e^x/(e^x + 1)^2$,
    (d) Epanechnikov-Verteilung, $f_0(x) = 0{,}75\max(1 - x^2, 0)$.
    Hinweis zu (c): Für eine Zufallsvariable X mit logistischer Verteilung ist die momentenerzeugende Funktion gegeben durch $\mathbb{E}(e^{tX}) = \pi t/\sin(\pi t)$ für $|t| < 1$. (Dies kann man mit dem Residuensatz aus der Funktionentheorie nachweisen.) Verwenden Sie nun Aufgabe 12(a).

29. (Andere Darstellungen von Varianzen) Zur Illustration von Hoeffdings Lemma 4.8 betrachten wir die Varianz $\sigma^2 = \sigma^2(P)$ und die Stichprobenvarianz S^2. Zeigen Sie, dass

$$\sigma^2(P) = \mathbb{E}\left(\frac{(X_1 - X_2)^2}{2}\right) \quad \text{und} \quad S^2 = \binom{n}{2}^{-1} \sum_{1 \le i < j \le n} \frac{(X_i - X_j)^2}{2}.$$

Zeigen Sie ferner, dass

$$S^2 = \frac{1}{n}\sum_{i=1}^{n}(X_i - \mu)^2 + R,$$

wobei $\mathbb{E}(R^2) \le \big(\mathbb{E}((X_1 - \mu)^4) + \sigma^4\big)/(n(n-1))$.

Numerische Merkmale: Dichteschätzung und Modelldiagnostik

5

In Kap. 4 betrachteten wir diverse reelle Kenngrößen der Verteilung P. Nun beschäftigen wir uns wieder mit der Visualisierung von $\widehat{P}$ bzw. der Schätzung der gesamten Verteilung P, diesmal unter der weitergehenden Annahme, dass P durch eine Dichtefunktion f beschrieben wird. Außerdem werden Methoden beschrieben, mit denen man graphisch oder formal prüfen kann, ob ein bestimmtes Modell für P plausibel ist.

5.1 Histogramme und Dichteschätzung

Die Verteilung eines numerischen Merkmals wird häufig mittels *Histogrammen* grafisch dargestellt. Im Nachfolgenden werden wir diese Methode erklären, ihre Vor- und Nachteile diskutieren und sie schließlich als Schätzer einer zugrundeliegenden Dichtefunktion interpretieren. Danach werden wir alternativ die Dichteschätzung mittels Kernen beschreiben und analysieren.

Histogramme

Aus dem Graphen der empirischen Verteilungsfunktion F kann man im Prinzip alle Ordnungsstatistiken $X_{(i)}$ rekonstruieren. Man verliert also bis auf die Reihenfolge der Beobachtungen keinerlei Information. Dies ist ein Vorteil gegenüber den viel populäreren Histogrammen. Letztere sind eng verwandt mit den Balkendiagrammen für kategorielle Variablen und wurden von K. Pearson Ende des 19. Jahrhunderts eingeführt.

Man wählt paarweise disjunkte, beschränkte und nichtentartete Intervalle $B_1, \ldots, B_K$, die alle Stichprobenwerte X_i überdecken; beispielsweise nehme man

$$(a_0, a_1], \ (a_1, a_2], \ (a_2, a_3], \ \ldots, (a_{K-1}, a_K]$$

mit $a_0 < a_1 < a_2 < \cdots < a_K$ und $X_{(1)}, X_{(n)} \in (a_0, a_K]$. Dann berechnet man für $k = 1, 2, \ldots, K$ die absoluten Häufigkeiten $H(B_k) := \#\{i : X_i \in B_k\}$ bzw. die relativen Häufigkeiten $\widehat{P}_n(B_k) = H(B_k)/n$.

© Springer Basel 2016
L. Dümbgen, *Einführung in die Statistik*, Mathematik Kompakt,
DOI 10.1007/978-3-0348-0004-4_5

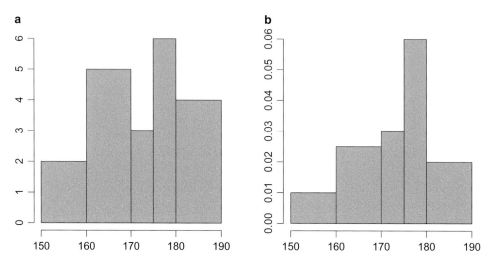

Abb. 5.1 Histogramm mit Konvention 1 (**a**) bzw. 2 (**b**)

Nun zeichnet man für jedes Intervall B_k ein Rechteck mit horizontaler Grundseite B_k, das vertikal von null bis zu einer bestimmten Höhe reicht. Für diese Höhe gibt es zwei verschiedene Konventionen:

   Konvention 1: Die Höhe ist gleich $H(B_k)$.
   Konvention 2: Die Höhe ist gleich $\widehat{P}_n(B_k)/\lambda(B_k)$.
   Dabei bezeichnet $\lambda(B_k)$ die Länge des Intervalls B_k. Bei Konvention 2 ist die *Fläche* des k-ten Rechtecks identisch mit dem relativen Anteil $\widehat{P}_n(B_k)$.

Sind alle Intervalle B_k gleich groß, dann liefern beide Konventionen das gleiche Bild bis auf einen Skalenfaktor in vertikaler Richtung. Ansonsten sollte man aber unbedingt Konvention 2 verwenden. Einerseits vermeidet man dadurch Verzerrungen durch unterschiedlich lange Intervalle, da beim Betrachten vor allem die Flächen der Rechtecke wahrgenommen werden. Außerdem kann man mit Konvention 2 die Histogramme unterschiedlicher (Teil-) Stichproben gut vergleichen, selbst wenn unterschiedliche Intervalleinteilungen oder unterschiedliche Stichprobenumfänge vorliegen.

Beispiel
Angenommen, die Stichprobe enthält $n = 20$ X-Werte, die in einem der folgenden fünf Intervalle liegen: $(150, 160]$, $(160, 170]$, $(170, 175]$, $(175, 180]$, $(180, 190]$. Die entsprechenden Häufigkeiten seien 2, 5, 3, 6 und 4. Abbildung 5.1 zeigt die resultierenden Histogramme mit beiden Konventionen.

Histogramme liefern einen Eindruck, in welchem Bereich wie viele Werte liegen. Allerdings hängt das Bild sehr stark von der Auswahl der Intervalle B_k ab. Selbst wenn man sich auf Intervalle mit einer festen Länge festlegt, können bei Variation des Randpunktes sehr unterschiedliche Bilder entstehen. Ein weiteres Problem ist die Zuordnung der Randpunkte: Einem Histogramm sieht man nicht an, ob der Randpunkt zweier benachbarter Intervalle zum linken oder rechten Intervall gezählt wurde.

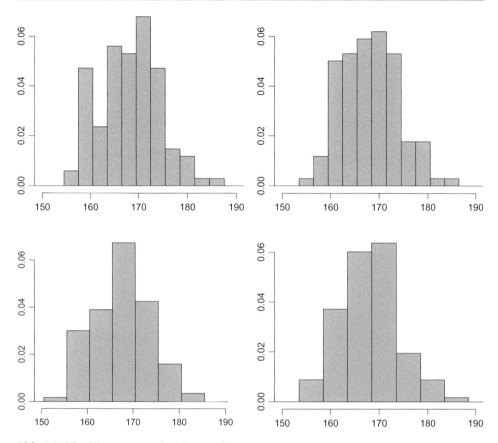

Abb. 5.2 Vier Histogramme eines Datenvektors

Beispiel

Für die Daten in Beispiel 1.8 zeigt Abb. 5.2 vier Histogramme der $n = 113$ Körpergrößen (in cm) der Studentinnen. In der oberen Zeile wurden Intervalle der Länge 3 verwendet, in der unteren Intervalle der Länge 4.

Dichtefunktionen

Von nun an machen wir die zusätzliche Modellannahme, dass die Verteilung P durch eine unbekannte *Dichtefunktion* f beschrieben wird. Wir gehen also davon aus, dass $f : \mathbb{R} \to [0, \infty)$ eine integrierbare Funktion mit $\int_{-\infty}^{\infty} f(x)\, dx = 1$ ist, und für beliebige Intervalle $B \subset \mathbb{R}$ ist

$$P(B) = \int_B f(x)\, dx = \int_{\inf(B)}^{\sup(B)} f(x)\, dx.$$

Gleichbedeutend damit ist die Aussage, dass

$$F(r) = \int_{-\infty}^{r} f(x)\,dx$$

für beliebige $r \in \mathbb{R}$.

Verteilungen mit Dichtefunktion sind idealisierte Modelle für reale Verteilungen. Für eine Verteilung P mit Dichtefunktion f ist

$$P(\{x\}) = 0 \quad \text{für beliebige } x \in \mathbb{R}.$$

Für jede Stetigkeitsstelle x von f und nichtentartete Intervalle $B \subset \mathbb{R}$ gilt:

$$\frac{P(B)}{\lambda(B)} \to f(x) \quad \text{falls } \inf(B), \sup(B) \to x,$$

und

$$f(x) = F'(x).$$

Ein naheliegender Schätzer für $f(x)$ ist daher

$$\hat{f}(x) := \frac{\widehat{P}_n(B_n(x))}{\lambda(B_n(x))}$$

mit einem gewissen Intervall $B_n(x)$, welches x enthält.

Wie wir bald sehen werden, ist die Schätzung der Dichtefunktion f wesentlich schwieriger als die Schätzung der Verteilungsfunktion F. Die Qualität eines beliebigen Dichteschätzers $\hat{f} = \hat{f}(\cdot\,|\,\text{Daten})$ an der Stelle x quantifizieren wir durch die Wurzel aus dem mittleren quadratischen Fehler,

$$\mathrm{RMSE}(x) := \sqrt{\mathbb{E}\big((\hat{f}(x) - f(x))^2\big)};$$

siehe auch Kap. 1. Diese Größe zerlegen wir wie üblich in Bias und Standardabweichung:

$$\mathrm{RMSE}(x) = \sqrt{\mathrm{Bias}(x)^2 + \mathrm{SD}(x)^2}$$

mit

$$\mathrm{Bias}(x) := \mathbb{E}\big(\hat{f}(x)\big) - f(x) \quad (\text{Bias/Verzerrung von } \hat{f}(x)),$$

$$\mathrm{SD}(x) := \sqrt{\mathrm{Var}\big(\hat{f}(x)\big)} \qquad (\text{Standardabweichung von } \hat{f}(x)).$$

Die empirische Verteilung $\widehat{P}$ ist ein unverzerrter Schätzer von P in dem Sinne, dass stets $\mathbb{E}(\widehat{P}(B)) = P(B)$. Für die Dichtefunktion f gibt es hingegen keinen unverzerrten Schätzer, sondern man muss versuchen, die beiden Fehlerquellen Bias^2 und SD^2 zu balancieren. Tendenziell verursacht eine Verringerung des Bias eine Zunahme der Standardabweichung und umgekehrt.

Histogramme als Dichteschätzer

Man kann Histogramme, die mit Konvention 2 erzeugt wurden, als Schätzer für die Dichtefunktion f deuten. Genauer gesagt, entspricht das mit Intervallen $B_1, B_2, \ldots, B_K$ erzeugte Histogramm der Funktion $\hat{f}$ mit

$$\hat{f}(x) = \frac{\widehat{P}(B_k)}{\lambda(B_k)} \quad \text{für } x \in B_k, 1 \leq k \leq K$$

und $\hat{f}(x) = 0$ für $x \notin \bigcup_{k=1}^{K} B_k$.

Im Spezialfall, dass $B_k = (a_{k-1}, a_k]$ mit reellen Zahlen $a_0 < a_1 < \cdots < a_K$, kann man auch schreiben:

$$\hat{f}(x) = \frac{\widehat{F}(a_k) - \widehat{F}(a_{k-1})}{a_k - a_{k-1}} \quad \text{für } x \in (a_{k-1}, a_k].$$

Man approximiert also die (nicht differenzierbare) empirische Verteilungsfunktion $\widehat{F}$ durch eine stetige, stückweise lineare Funktion, und deren linksseitige Ableitung ist dann die Histogrammfunktion $\hat{f}$.

Beispiel

In Abb. 5.2 sahen wir bereits vier verschiedene Histogramme von $n = 113$ Beobachtungen (Körpergrößen in cm). In Abb. 5.3 sieht man die zugrundeliegende empirische Verteilungsfunktion und die den Histogrammen entsprechenden vier verschiedenen Approximationen durch eine stetige und stückweise lineare Funktion.

Von nun an beschränken wir uns der Einfachheit halber auf Histogramme mit Intervallen einheitlicher Länge $h > 0$. Für einen festen Offset $a \in \mathbb{R}$ und eine Intervalllänge $h > 0$ betrachten wir die Intervalle

$$B_{a,h,z} := (a + zh, a + zh + h] \quad (z \in \mathbb{Z})$$

und definieren

$$\hat{f}(x) = \hat{f}_{a,h}(x) := \frac{\widehat{P}(B_{a,h,z})}{h} \quad \text{für } x \in B_{a,h,z}, z \in \mathbb{Z}.$$

Tendenziell ist Bias$(x)^2$ umso kleiner und SD$(x)^2$ umso größer, je kleiner die Bandweite h ist. Der folgende Satz beinhaltet explizite Ungleichungen und Näherungen für die Funktionen Bias(x), SD(x) und RMSE(x) unter gewissen Regularitätsannahmen an f.

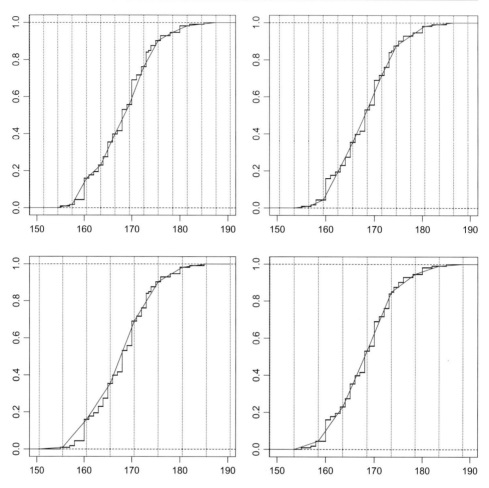

Abb. 5.3 Empirische Verteilungsfunktion mit vier Approximationen

---

Satz 5.1 (Präzision der Histogrammschätzer) *Sei* $\hat{f}$ *die Histogrammdichtefunktion* $\hat{f}_{a,h}$*. Angenommen,* f *ist differenzierbar mit* $f \leq M_0$ *und* $|f'| \leq M_1$*. Dann ist*

$$\mathrm{Bias}(x) = \left(f'(x)S\left(\frac{x-a}{h}\right) + r_1(x,a,h) \right)h,$$

$$|\mathrm{Bias}(x)| \leq \frac{M_1 h}{2},$$

$$\mathrm{SD}(x)^2 = \frac{f(x) + r_2(x,a,h)}{nh} \leq \frac{M_0}{nh},$$

wobei $r_1(x,a,h), r_2(x,a,h) \to 0$ *für* $h \downarrow 0$*, gleichmäßig in* $a \in \mathbb{R}$*, und*

$$S(y) := \lceil y \rceil - y - 0{,}5.$$

Im Falle von $h = Cn^{-1/3}$ für eine Konstante $C > 0$ ist insbesondere

$$\mathrm{RMSE}(x) \le \tilde{C}n^{-1/3}$$

mit $\tilde{C} := \sqrt{M_1^2 C^2/4 + M_0/C}$.

Für den Schätzfehler $\hat{f}(x) - f(x)$ ergibt sich also bei geeigneter Intervalllänge h die Größenordnung $O_p(n^{-1/3})$, und unter den genannten Bedingungen kann man tatsächlich nicht mehr erwarten. Grob gesagt, bedeutet dies, dass man den Stichprobenumfang n verachtfachen muss, um den Schätzfehler zu halbieren. Für eine Verringerung des Fehlers um den Faktor 10 benötigt man gar $1000\,n$ anstelle von n Beobachtungen.

Die „Sägezahnfunktion" S in Satz 5.1 ist periodisch. Und zwar ist $S(z + u) = 0{,}5 - u$ für beliebige $z \in \mathbb{Z}$ und $u \in (0, 1]$.

Die Abb. 5.4 und 5.5 illustrieren die vorangehenden Überlegungen. Dabei betrachten wir jeweils zwei simulierte Datensätze mit $n = 100$ Beobachtungen. Jede Abbildung zeigt auf der linken Seite für Offset $a = 0$ und eine bestimmte Intervalllänge $h > 0$ die entsprechenden Histogramme der beiden Stichproben. Die Stichproben selbst werden auch durch Linienplots an den unteren Rändern angedeutet. Die zugrundeliegende Dichtefunktion f wird durch eine gestrichelte Linie dargestellt. Auf der rechten Seite sieht man oben den entsprechenden Erwartungswert, $x \mapsto \mathbb{E}(\hat{f}(x))$. Rechts unten werden $x \mapsto \mathrm{SD}(x)$ (dunklere Teilfläche, Treppenfunktion) sowie $x \mapsto \mathrm{RMSE}(x)$ (Gesamtfläche) dargestellt.

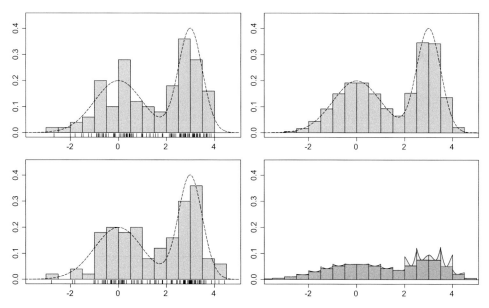

Abb. 5.4 Zwei Histogramme $\hat{f}$ sowie $\mathbb{E}(\hat{f})$, SD und RMSE für $h = 0{,}5$

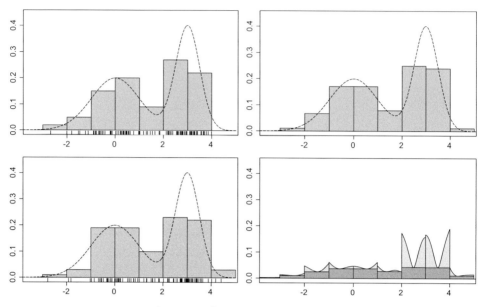

Abb. 5.5 Zwei Histogramme $\hat{f}$ sowie $\mathbb{E}(\hat{f})$, SD und RMSE für $h = 1{,}0$

Man sieht deutlich, dass der Fehler $\text{RMSE}(x)$ für große Intervalllängen h in erster Linie durch den systematischen Fehler $\text{Bias}(x)$ verursacht wird. Hingegen kommt er bei kleinen Werten von h vor allem durch die Standardabweichung $\text{SD}(x)$ zustande.

Beweis von Satz 5.1 Sei $x \in B_{a,h,z}$ für ein $z \in \mathbb{Z}$. Dann ist $\hat{f}(x) = \widehat{P}(B_{a,h,z})/h$, und

$$\text{Bias}(x) = \frac{P(B_{a,h,z})}{h} - f(x) = \frac{1}{h} \int\limits_{a+hz}^{a+hz+h} (f(y) - f(x))\, dy.$$

Nun schreiben wir $x = a + hz + hu$ und $y = a + hz + hv$ für gewisse $u, v \in (0, 1]$. Dann ist $y = x + h(v - u)$, und es ergibt sich die Darstellung

$$\text{Bias}(x) = \int\limits_{0}^{1} \big(f(x + h(v - u)) - f(x)\big)\, dv.$$

Nach dem Mittelwertsatz der Differenzialrechnung und der Definition von $f'(x)$ ist

$$|f(x + t) - f(x)| \le M_1|t| \quad \text{und} \quad f(x + t) - f(x) = \big(f'(x) + \rho(x, t)\big)\, t$$

für beliebige $t \in \mathbb{R}$, wobei $\lim_{t \to 0} \rho(x, t) = 0$. Folglich ist

$$|\text{Bias}(x)| \le \int\limits_{0}^{1} M_1 h |v - u|\, dv \le M_1 h/2.$$

Andererseits ist

$$\text{Bias}(x) = \int_0^1 \big(f'(x) + \rho(x, h(v-u))\big)(v-u)\, dvh$$

$$= \big(f'(x)(0{,}5 - u) + r_1(x,a,h)\big)h$$

$$= \Big(f'(x)S\Big(\frac{x-a}{h}\Big) + r_1(x,a,h)\Big)h,$$

wobei

$$|r_1(x,a,h)| \le \int_0^1 \big|\rho(x,h(v-u))\big|\,|v-u|\, dv \le \sup_{t\in[-h,h]} |\rho(x,t)|/2.$$

Was die Standardabweichung SD(x) anbelangt, so folgt aus der Tatsache, dass $n\widehat{P}(B_{a,h,z})$ nach Bin$(n, P(B_{a,h,z}))$ verteilt ist, dass

$$\text{SD}(x)^2 = \frac{\text{Var}(\widehat{P}(B_{a,h,z}))}{h^2} = \frac{P(B_{a,h,z})(1 - P(B_{a,h,z}))}{nh^2}$$

$$= \frac{\mathbb{E}\big(\hat{f}(x)\big)\big(1 - h\mathbb{E}\big(\hat{f}(x)\big)\big)}{nh}.$$

Einerseits ist $\mathbb{E}\big(\hat{f}(x)\big) = h^{-1}\int_{a+hz}^{a+hz+h} f(y)\, dy \le M_0$, also

$$\text{SD}(x)^2 \le \frac{\mathbb{E}\big(\hat{f}(x)\big)}{nh} \le \frac{M_0}{nh}.$$

Andererseits ist

$$\mathbb{E}\big(\hat{f}(x)\big)\big(1 - h\mathbb{E}\big(\hat{f}(x)\big)\big) = f(x) + r_2(x,a,h)$$

mit $|r_2(x,a,h)| \le |\text{Bias}(x)| + \mathbb{E}\big(\hat{f}(x)\big)^2 h \le (M_1/2 + M_0^2)h$.

Die Ungleichung für RMSE(x) im Falle von $h = Cn^{-1/3}$ ergibt sich einfach durch Einsetzen der oberen Schranken für Bias$(x)^2$ und SD$(x)^2$. $\qquad\square$

Kerndichteschätzer

Ausgehend von Histogrammen leiten wir nun eine andere Klasse von Dichteschätzern her.

Überlegung 1 Satz 5.1 beinhaltet, dass die Funktion $x \mapsto \text{RMSE}(x)$ im Falle des Histogrammschätzers $\hat{f} = \hat{f}_{a,h}$ an den *Rändern* der Intervalle $B_{a,h,z}$ besonders große Werte annimmt und ungefähr in deren Mitte ein lokales Minimum hat. Dies liegt am sägezahnartigen Verlauf des Bias. Möchte man also an einer bestimmten Stelle x den Wert $f(x)$

mithilfe eines Histogramms schätzen, so sollte man dafür sorgen, dass x der *Mittelpunkt* eines entsprechenden Intervalls ist. Diese Überlegung führt zu dem Schätzer

$$\hat{f}_h(x) := \hat{f}_{x-h/2,h}(x) = \frac{\widehat{F}(x+h/2) - \widehat{F}(x-h/2)}{h}.$$

Dieser lässt sich auch wie folgt schreiben:

$$\hat{f}_h(x) = \frac{1}{n}\sum_{i=1}^{n}\frac{1}{h}\,1_{[x-h/2<X_i\le x+h/2]} = \frac{1}{n}\sum_{i=1}^{n}\frac{1}{h}\,R\Big(\frac{x-X_i}{h}\Big)$$

mit

$$R(y) := 1_{[-0,5\le y<0,5]}.$$

Überlegung 2 Bei der Verwendung von Histogrammfunktionen $\hat{f}_{a,h}$ stellt sich das Problem, geeignete Parameter $a \in \mathbb{R}$ und $h > 0$ zu wählen. Wie sollte man bei fester Bandweite h den Offsetparameter a wählen? In der Tat können unterschiedliche Werte von a zu sehr unterschiedlichen Histogrammfunktionen führen; siehe Abb. 5.2. Ein naheliegender Vorschlag ist, über alle möglichen Werte von a zu mitteln. Also betrachten wir

$$\hat{f}_h(x) := \frac{1}{h}\int_b^{b+h}\hat{f}_{a,h}(x)\,da \tag{5.1}$$

für eine beliebige reelle Zahl b. Wegen $\hat{f}_{a\pm h,h} = \hat{f}_{a,h}$ hat die Wahl von b keinen Einfluss auf diese Definition. Nun gibt es aber eine einfachere Darstellung (Aufgabe 2), nämlich

$$\hat{f}_h(x) = \frac{1}{n}\sum_{i=1}^{n}\frac{1}{h}\Delta\Big(\frac{x-X_i}{h}\Big) \tag{5.2}$$

mit

$$\Delta(y) := \max\big(1 - |y|, 0\big).$$

Beide Überlegungen liefern einen Kerndichteschätzer im Sinne der folgenden Definition.

Definition (Kerndichteschätzer)

Sei $K : \mathbb{R} \to \mathbb{R}$ eine integrierbare Funktion mit $\int_{-\infty}^{\infty} K(y)\,dy = 1$. Der *Kerndichteschätzer (kernel density estimator)* mit Kernfunktion K und Bandweite $h > 0$ ist definiert als die datenabhängige Funktion $\hat{f}_h$ mit

$$\hat{f}_h(x) = \hat{f}_h(x, \text{Daten}) := \frac{1}{n}\sum_{i=1}^{n} K_h(x - X_i).$$

Dabei ist K_h eine reskalierte Version der Kernfunktion K, nämlich

$$K_h(y) := \frac{1}{h} K\left(\frac{y}{h}\right).$$

Unter der genannten Bedingung an K ist $\int_{-\infty}^{\infty} K_h(x)\,dx = \int_{-\infty}^{\infty} \hat{f}_h(x)\,dx = 1$ für beliebige Bandweiten $h > 0$. Im Falle einer stetigen Kernfunktion K ist auch $\hat{f}_h$ eine stetige Funktion. Im Falle von $K \geq 0$ ist auch $\hat{f}_h \geq 0$, sodass es sich um eine Wahrscheinlichkeitsdichte handelt. Im Moment erscheint es vielleicht abwegig, Kernfunktionen K mit negativen Werten zu betrachten, doch dies kann durchaus sinnvoll sein, wie wir später noch sehen werden.

Beispiele
Überlegung 1 lieferte den Rechteckskern R mit

$$R(y) := 1_{[-0,5 \leq y < 0,5]}.$$

Überlegung 2 ergab den Dreieckskern Δ mit

$$\Delta(y) := \max(1 - |y|, 0).$$

Weitere Beispiele sind der Gauß-Kern $\phi = \Phi'$, also

$$\phi(y) = (2\pi)^{-1/2} \exp(-y^2/2),$$

und der Epanechnikov-Kern K_0 mit

$$K_0(y) := 0,75 \cdot \max(1 - y^2, 0).$$

Zusammenhang zwischen $\widehat{P}$ und $\hat{f}_h$ Die empirische Verteilung $\widehat{P}$ ist das arithmetische Mittel der n Wahrscheinlichkeitsverteilungen $\delta_{X_1}, \delta_{X_2}, \ldots, \delta_{X_n}$, wobei $\delta_{X_i}(B) := 1_{[X_i \in B]}$. Für die Berechnung von $\hat{f}_h$ mit nichtnegativem Kern K wird nun jede Punktmasse δ_{X_i} durch das Wahrscheinlichkeitsmaß mit Dichtefunktion $K_h(\cdot - X_i)$ ersetzt. Abbildung 5.6 zeigt den Kernschätzer $\hat{f}_h$, der sich aus $n = 8$ Beobachtungen ergibt, wobei $h = 0,6$ und $K = \phi$. Gezeigt werden die Funktionen $n^{-1}K_h(\cdot - X_i)$ sowie deren Summe $\hat{f}_h$.

Physikalische Interpretation Die Kernschätzer $\hat{f}_h$ mit dem Gauß-Kern ϕ haben auch eine physikalische Interpretation, basierend auf der Wärmeleitungsgleichung: Man stelle sich die reelle Achse als eine unendlich lange und dünne Stange aus wärmeleitfähigem Material vor. Zum Zeitpunkt null wird jeder Punkt[1] X_i auf eine bestimmte Temperatur aufgeheizt, während die Umgebung eine konstante niedrigere Temperatur hat. Nun überlässt man das System sich selbst. Misst man Temperatur und Zeit in geeigneten Einheiten, dann ist $\hat{f}_h(x)$ die Differenz zwischen der aktuellen und der Anfangstemperatur zum Zeitpunkt $h^2 > 0$ an der Stelle $x \notin \{X_1, X_2, \ldots, X_n\}$. Dahinter steckt die Tatsache, dass $\hat{f}_{\sqrt{t}}(x)$ als Funktion von $(t, x) \in (0, \infty) \times \mathbb{R}$ eine Lösung der Wärmeleitungsgleichung ist.

---

[1] eine infinitesimale Umgebung hiervon

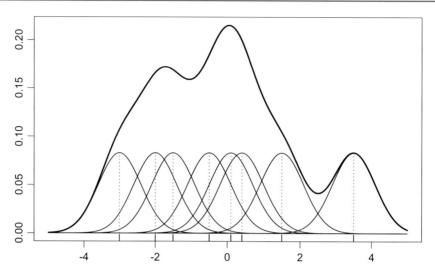

Abb. 5.6 Von $\widehat{P}$ zu $\hat{f}$

Wie schon im Falle der Histogrammschätzer ist auch bei Kerndichteschätzern tendenziell Bias$(x)^2$ umso kleiner und SD$(x)^2$ umso größer, je kleiner die Bandweite h ist. Unter geeigneten Regularitätsannahmen an f und K kann man auch hier Ungleichungen und Approximationen für Bias und Standardabweichung des Kernschätzers $\hat{f}_h$ angeben.

Satz 5.2 (Präzision der Kernschätzer) *Sei $\hat{f}$ der Kerndichteschätzer $\hat{f}_h$ mit Kernfunktion $K \geq 0$ und Bandweite $h > 0$. Angenommen, f ist zweimal differenzierbar mit $f \leq M_0$ und $|f''| \leq M_2$. Ferner sei $\int_{-\infty}^{\infty} yK(y)\,dy = 0$, und sowohl $C_B := 2^{-1} \int_{-\infty}^{\infty} y^2 K(y)\,dy$ als auch $C_{SD} := \int_{-\infty}^{\infty} K(y)^2\,dy$ seien endlich. Dann ist*

$$\mathrm{Bias}(x) = \big(C_B f''(x) + r_1(x,h)\big)\,h^2,$$

$$|\mathrm{Bias}(x)| \leq C_B M_2\, h^2,$$

$$\mathrm{SD}(x)^2 = \frac{C_{SD} f(x) + r_2(x,h)}{nh} \leq \frac{C_{SD} M_0}{nh},$$

wobei $\lim_{h \downarrow 0} r_j(x,h) = 0$ für $j = 1, 2$.
Im Falle von $h = C n^{-1/5}$ für eine Konstante $C > 0$ ist insbesondere

$$\mathrm{RMSE}(x) \leq \tilde{C} n^{-2/5}$$

mit $\tilde{C} := \sqrt{C_B^2 M_2^2 C^4 + C_{SD} M_0 / C}$.

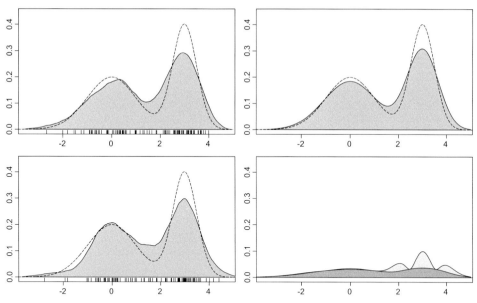

Abb. 5.7 Zwei Kernschätzer $\hat{f}$ sowie $\mathbb{E}(\hat{f})$, SD und RMSE für $h = 1{,}0$

Wir erhalten also im Falle einer hinreichend glatten Dichtefunktion f einen Schätzer mit $\mathrm{RMSE}(x) = O(n^{-2/5})$, was deutlich besser ist als die Rate $O(n^{-1/3})$ für Histogrammschätzer. Die zuvor erwähnten vier Beispiele für die Kernfunktion K erfüllen die Voraussetzungen von Satz 5.2.

Zur Illustration der vorangehenden Überlegungen und zum Vergleich mit den Histogrammschätzern betrachten wir die gleichen simulierten Datensätze wie in den Abb. 5.4 und 5.5. Die Abb. 5.7 und 5.8 zeigen jeweils für eine bestimmte Bandweite $h > 0$ folgende Funktionen: Auf der linken Seite sieht man die Kernschätzer für beide Stichproben mit Dreieckskern Δ. Auf der rechten Seite sieht man oben den entsprechenden Erwartungswert, $x \mapsto \mathbb{E}(\hat{f}(x))$. Rechts unten werden $x \mapsto \mathrm{SD}(x)$ (dunklere Teilfläche) sowie $x \mapsto \mathrm{RMSE}(x)$ (Gesamtfläche) gezeichnet.

Auch hier zeigt sich, dass der Fehler $\mathrm{RMSE}(x)$ mit wachsender Bandweite h mehr und mehr durch den systematischen Fehler $\mathrm{Bias}(x)$ verursacht wird. Bei kleinen Werten von h kommt er vor allem durch die Standardabweichung $\mathrm{SD}(x)$ zustande. Interessant ist auch der Vergleich der Abb. 5.5 und 5.7, denn man erkennt die Verbesserung des Histogrammschätzers, die durch Mittelung über alle Offsets a erzielt wird (siehe Überlegung 2). Bei Bandbreite $h = 2$ (Abb. 5.8) ist der systematische Fehler recht groß. Dennoch werden noch die beiden lokalen Maxima der zugrundeliegenden Dichte recht häufig erkannt, was bei den entsprechenden Histogrammschätzern nicht mehr der Fall wäre.

Beweis von Satz 5.2 Da $X_1, X_2, \ldots, X_n$ unabhängig und identisch verteilt sind, trifft dies für festes x auch auf die Zufallsvariablen $K_h(x - X_i)$ zu. Für den arithmetischen Mittel-

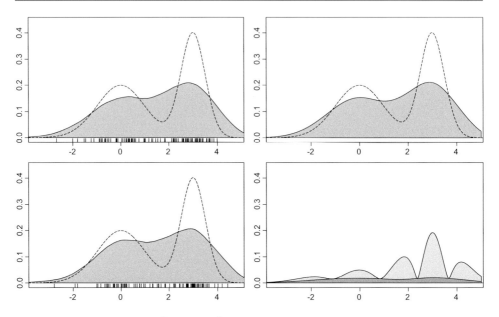

Abb. 5.8 Zwei Kernschätzer $\hat{f}$ sowie $\mathbb{E}(\hat{f})$, SD und RMSE für $h = 2{,}0$

wert $\hat{f}_h(x) = n^{-1} \sum_{i=1}^{n} K_h(x - X_i)$ ist also

$$\mathbb{E}\big(\hat{f}_h(x)\big) = \mathbb{E}(K_h(x - X_1)),$$

$$\mathrm{Var}\big(\hat{f}_h(x)\big) = \frac{1}{n}\, \mathrm{Var}\big(K_h(x - X_1)\big)$$

$$= \frac{1}{n}\Big(\mathbb{E}(K_h(x - X_1)^2) - \mathbb{E}\big(\hat{f}_h(x)\big)^2\Big).$$

Ferner ist

$$\mathbb{E}\big(K_h(x - X_1)^j\big) = \int\limits_{-\infty}^{\infty} \frac{1}{h^j} K\Big(\frac{x - z}{h}\Big)^j f(z)\, dz$$

$$= h^{1-j} \int\limits_{-\infty}^{\infty} K(y)^j f(x - hy)\, dy$$

für $j \in \mathbb{N}$. Dabei verwendeten wir die Transformation $y = (x - z)/h$, also $z = x - hy$ und $dz = -h\, dy$.

Für den Bias von $\hat{f} = \hat{f}_h$ ergibt sich hieraus die Formel

$$\mathrm{Bias}(x) = \int\limits_{-\infty}^{\infty} K(y)\big(f(x - hy) - f(x)\big)\, dy.$$

Nach den Taylor'schen Formeln ist

$$f(x+t) - f(x) = f'(x)t + 2^{-1} f''(\xi(x,t)) t^2$$

mit einer geeigneten Zwischenstelle $\xi(x,t)$ im Intervall $[x \pm |t|]$, und $f''(\xi(x,t)) \to f''(x)$ für $t \to 0$. (Dies trifft auch zu, wenn f'' nicht stetig ist.) Folglich ist

$$\mathrm{Bias}(x) = -f'(x)h \int\limits_{-\infty}^{\infty} yK(y)\,dy + \frac{h^2}{2} \int\limits_{-\infty}^{\infty} y^2 K(y) f''(\xi(x,-hy))\,dy$$

$$= \frac{h^2}{2} \int\limits_{-\infty}^{\infty} y^2 K(y) f''(\xi(x,-hy))\,dy$$

aufgrund der Voraussetzung, dass $\int_{\infty}^{\infty} yK(y)\,dy = 0$. Insbesondere folgt aus $|f''| \le M_2$, dass $|\mathrm{Bias}(x)| \le C_{\mathrm{B}} M_2 h^2$, und nach dem Satz von der majorisierten Konvergenz konvergiert $r_1(x,h) := h^{-2} \mathrm{Bias}(x) - C_{\mathrm{B}} f''(x)$ gegen null für $h \to 0$.

Für die Standardabweichung $\mathrm{SD}(x)$ erhalten wir die Darstellung

$$\mathrm{SD}(x)^2 = \frac{1}{nh} \left(\int\limits_{-\infty}^{\infty} K(y)^2 f(x-hy)\,dy - h\mathbb{E}\big(\hat{f}_h(x)\big)^2 \right).$$

Offensichtlich ist die rechte Seite dieser Gleichung nicht größer als

$$\frac{1}{nh} \int\limits_{-\infty}^{\infty} K(y)^2 f(x-hy)\,dy \le \frac{C_{\mathrm{SD}} M_0}{nh}.$$

Andererseits ist $0 \le \mathbb{E}\big(\hat{f}_h(x)\big) \le M_0$, und aus dem Satz von der majorisierten Konvergenz folgt, dass

$$\lim_{h\downarrow 0} \int\limits_{-\infty}^{\infty} K(y)^2 f(x-hy)\,dy = C_{\mathrm{SD}} f(x).$$

Daher konvergiert $r_2(x,h) := nh\,\mathrm{SD}(x)^2 - C_{\mathrm{SD}} f(x)$ gegen null für $h \to 0$. $\qquad\square$

Wahl der Bandweite h Ein Haken an all den vorangegangenen Resultaten ist, dass man in konkreten Anwendungen bei festem n nicht genau weiß, wie man die Bandweite h wählen sollte. Betrachtet man die Kerndichteschätzer primär als Werkzeug zur Visualisierung der empirischen Verteilung der Daten, dann bietet es sich an, verschiedene Bandweiten einzusetzen, um sich ein Bild von den Daten zu machen.

Es gibt eine Vielzahl von Vorschlägen für eine datenabhängige Wahl von $h = h(\mathrm{Daten}) > 0$. Des Weiteren kann man h sogar ortsabhängig wählen, also $\hat{f}(x) = \hat{f}_{h(x,\mathrm{Daten})}(x, \mathrm{Daten})$ berechnen. Nachfolgend beschreiben wir exemplarisch drei Vorschläge für die Wahl einer (globalen) Bandweite.

Normalverteilungen als Goldstandard Unter der impliziten Annahme, dass P einer Normalverteilung ähnelt, wählen wir

$$h = \frac{\mathrm{IQR}(\mathrm{Daten})}{\Phi^{-1}(3/4) - \Phi^{-1}(1/4)} h(n).$$

Dabei wird $h(n) > 0$ so gewählt, dass der Kerndichteschätzer $\hat{f}_{h(n)}$ im Falle einer Standardnormalverteilung P möglichst gut ist. Dabei kann man „möglichst gut" zum Beispiel so interpretieren, dass $\sup_x \mathrm{RMSE}(x)$ minimal sein soll. Im Hinblick auf Satz 5.2 könnte man auch $h(n) = C n^{-1/5}$ wählen, wobei $C > 0$ so gewählt wird, dass

$$\sup_{x \in \mathbb{R}} \left(C_{\mathrm{B}}^2 \phi''(x)^2 C^4 + C_{\mathrm{SD}} \phi(x) C^{-1} \right)$$

möglichst klein wird. Letzteres Supremum ist eine Approximation an die Größe $n^{4/5} \sup_{x \in \mathbb{R}} \mathrm{RMSE}(x)^2$ im Falle von $f = \phi$.

Kolmogorov-Smirnov-Kriterium Neben der wahren Verteilungsfunktion F und der empirischen Verteilungsfunktion $\widehat{F}$ betrachten wir die Verteilungsfunktion $\widehat{F}_h$ des Kerndichteschätzers $\hat{f}_h$, also

$$\widehat{F}_h(r) := \int_{-\infty}^{r} \hat{f}_h(x) \, dx.$$

Da $\mathbb{E}\|\widehat{F} - F\|_\infty = O(n^{-1/2})$, wählen wir für eine Konstante $c > 0$ (z.B. $c = 0{,}25$) die Bandweite $h = h(\mathrm{Daten})$ möglichst groß, sodass noch

$$\|\widehat{F} - \widehat{F}_h\|_\infty \le \frac{c}{\sqrt{n}}.$$

Schwache Glättung von $\widehat{F}$ Wenn es vor allem darum geht, die empirische Verteilung $\widehat{P}$ der Daten zu visualisieren, also einen Eindruck zu bekommen, in welchen Bereichen relativ viele bzw. wenige Datenpunkte liegen, kann man auch mit ziemlich kleinen Bandweiten h arbeiten. Angenommen, wir arbeiten mit dem Gauß-Kern, $K = \phi$. Wenn wir die Daten als fest betrachten, ist $\hat{f}_h$ die Dichtefunktion von $\widehat{X} + hZ$ mit stochastisch unabhängigen Zufallsvariablen $\widehat{X} \sim \widehat{P}$ und $Z \sim \mathcal{N}(0, 1)$. Insbesondere ist $\mathbb{E}(\widehat{X} + hZ) = \overline{X}$ und

$$\mathrm{Var}(\widehat{X} + hZ) = \sigma(\widehat{P})^2 + h^2 = (1 - n^{-1})S^2 + h^2.$$

Wenn wir also $h = n^{-1/2}S$ wählen, ergibt sich eine Verteilung mit Mittelwert $\overline{X}$ und Varianz S^2. Die resultierenden Dichteschätzer tendieren zu recht vielen lokalen Minimal- und Maximalstellen. Dennoch erhält man einen guten visuellen Eindruck von der empirischen Verteilung der Daten.

Optimale (nichtnegative) Kerne Betrachtet man Satz 5.2, so wird deutlich, dass man eigentlich versuchen sollte, sowohl $\int_{-\infty}^{\infty} K(y)^2 \, dy$ (wegen der Varianz) als auch $\int_{-\infty}^{\infty} y^2 K(y) \, dy$ (wegen des Bias) zu minimieren. Würde man $K(y)$ durch $K_{\text{neu}}(y) = \tau^{-1} K(\tau^{-1} y)$ für ein $\tau > 0$ ersetzen, ergäben sich die Kenngrößen

$$\int_{-\infty}^{\infty} K_{\text{neu}}(y) y^2 \, dy = \tau^2 \int_{-\infty}^{\infty} K(y) y^2 \, dy,$$

$$\int_{-\infty}^{\infty} K_{\text{neu}}(y)^2 \, dy = \tau^{-1} \int_{-\infty}^{\infty} K(y)^2 \, dy,$$

und $\hat{f}_h$ mit Kern K_{neu} wäre gleich $\hat{f}_{\tau h}$ mit dem alten Kern K. Insofern kann man beispielsweise für $\int_{-\infty}^{\infty} K(y) y^2 \, dy$ einen beliebigen Wert vorschreiben und unter dieser zusätzlichen Nebenbedingung $\int_{-\infty}^{\infty} K(y)^2 \, dy$ minimieren. Dieses Problem tauchte bereits im Beweis von (4.6) auf, und dort zeigte sich, dass der Epanechnikov-Kern K_0 bzw. jede reskalierte Version hiervon optimal ist.

Kerne höherer Ordnung Lässt man Kernfunktionen K mit negativen Werten zu, so kann man die vorangehenden theoretischen Resultate noch weiter verfeinern:

Satz 5.3 *Sei $\hat{f}$ der Kerndichteschätzer $\hat{f}_h$ mit Bandweite $h > 0$ und Kernfunktion K. Für eine gerade Zahl $J \geq 2$ sei die Dichtefunktion f J-mal differenzierbar mit $f \leq M_0$ und $|f^{(J)}| \leq M_J$. Ferner sei*

$$\int_{-\infty}^{\infty} y^j K(y) \, dy = 0 \quad \text{für } j = 1, \ldots, J - 1,$$

und sowohl $\bar{C}_B := (J!)^{-1} \int_{-\infty}^{\infty} y^J |K(y)| \, dy$ als auch $C_{\text{SD}} := \int_{-\infty}^{\infty} K(y)^2 \, dy$ seien endlich. Mit $C_B := (J!)^{-1} \int_{-\infty}^{\infty} y^J K(y) \, dy$ ist dann

$$\text{Bias}(x) = \left(C_B f^{(J)}(x) + r_1(x, h) \right) h^J,$$

$$|\text{Bias}(x)| \leq \bar{C}_B M_J h^J,$$

$$\text{SD}(x)^2 = \frac{C_{\text{SD}} f(x) + r_2(x, h)}{nh} \leq \frac{C_{\text{SD}} M_0}{nh},$$

wobei $\lim_{h \downarrow 0} r_j(x, h) = 0$ für $j = 1, 2$.

Im Falle von $h = C n^{-1/(2J+1)}$ für eine Konstante $C > 0$ ist insbesondere

$$\text{RMSE}(x) \leq \tilde{C} n^{-J/(2J+1)}$$

mit $\tilde{C} := \sqrt{\bar{C}_B^2 M_J^2 C^{2J} + C_{\text{SD}} M_0 / C}$.

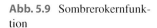

Abb. 5.9 Sombrerokernfunktion

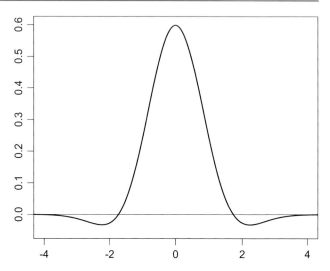

Der Beweis dieses Satzes verläuft analog zum Beweis von Satz 5.2. Diesmal nutzt man aus, dass nach den Taylor'schen Formeln

$$f(x + t) - f(x) = \sum_{j=1}^{J-1} \frac{f^{(j)}(x)}{j!}\, t^j + \frac{f^{(J)}(\xi(x,t))}{J!}\, t^J$$

für eine geeignete Zwischenstelle $\xi(x,t)$ im Intervall $[x \pm |t|]$, wobei $f^{(J)}(\xi(x,t)) \to f^{(J)}(x)$ für $t \to 0$. Insbesondere ist jetzt

$$\text{Bias}(x) = \frac{h^J}{J!} \int_{-\infty}^{\infty} y^J K(y) f^{(J)}(\xi(x, -hy))\, dy.$$

Eine Kernfunktion K mit der Eigenschaft, dass $\int_{-\infty}^{\infty} y^j K(y)\, dy = 0$ für $1 \leq j < J$, nennt man auch einen *Kern der Ordnung J*. Satz 5.2 bezieht sich demnach auf einen Kern zweiter Ordnung. Ein Beispiel für eine Kernfunktion vierter Ordnung ist die „Sombrerofunktion" K_* mit

$$K_*(y) := \frac{3 - y^2}{2}\, \phi(y). \tag{5.3}$$

Abbildung 5.9 zeigt ihren Graphen.

Berechnung/Darstellung von Kernschätzern Die explizite Berechnung von $\hat{f}_h$ an einer einzelnen Stelle x ist recht einfach. Schwieriger wird es, wenn man die ganze Funktion $\hat{f}_h$ berechnen bzw. grafisch darstellen möchte. Hierfür gibt es je nach Kernfunktion K unterschiedliche Optionen.

Im Falle des Gauß-Kerns $K = \phi$ oder der Sombrerofunktion K_* in (5.3) ist $\hat{f}_h$ eine glatte Funktion. Man kann nun $\hat{f}_h$ an einigen Stützstellen ausrechnen und interpolieren.

Nun beschreiben wir eine spezielle Methode, um $\hat{f}_h$ im Falle des Dreieckskerns Δ zu berechnen und darzustellen. Jeder Summand $\Delta((x - X_i)/h)/(nh)$ von $\hat{f}_h(x)$ ist eine stetige und stückweise lineare Funktion von x mit Steigungsänderung an den drei Stellen $X_i - h, X_i, X_i + h$. Also ist $\hat{f}_h$ eine stetige und stückweise lineare Funktion mit möglichen Steigungsänderungen in

$$\{X_i - h, X_i, X_i + h : 1 \leq i \leq n\}.$$

Bezeichnen wir mit $y_1 < y_2 < \ldots < y_m$ die $m \leq 3n$ verschiedenen Elemente letzterer Menge, dann ist $\hat{f}_h = 0$ auf $(-\infty, y_1] \cup [y_m, \infty)$, und es genügt, $\hat{f}_h(y_j)$ für $1 < j < m$ zu berechnen. Andere Werte erhält man durch lineare Interpolation.

Für die Berechnung von $(\hat{f}_h(y_j))_{j=1}^m$ betrachten wir nun die linksseitige Ableitung $\hat{f}_h'(y-)$ von $\hat{f}_h$ an einer Stelle y. Und zwar ist $\hat{f}_h(y_1) = 0$ und

$$\hat{f}_h(y_j) = \hat{f}_h(y_{j-1}) + (y_j - y_{j-1})\hat{f}_h'(y_j-) \quad \text{für } j = 2, 3, \ldots, m.$$

Bei gegebenem $\left(\hat{f}_h'(y_j-)\right)_{j=2}^m$ lässt sich $(\hat{f}_h(y_j))_{j=1}^m$ also in $O(n)$ Schritten berechnen. Eine konkrete Formel für die Ableitung $\hat{f}_h'(y-)$ ist

$$\hat{f}_h'(y-) = \frac{1}{nh} \sum_{i=1}^n \lim_{x \uparrow y} \frac{\Delta((y - X_i)/h) - \Delta((x - X_i)/h)}{y - x}$$

$$= \frac{1}{nh^2} \sum_{i=1}^n \left(1_{[X_i - h < y \leq X_i]} - 1_{[X_i < y \leq X_i + h]}\right)$$

$$= \frac{1}{nh^2} \sum_{i=1}^n \left(1_{[X_i - h < y]} - 2 \cdot 1_{[X_i < y]} + 1_{[X_i + h < y]}\right)$$

$$= \frac{1}{nh^2} D(y)$$

mit

$$D(y) := \#\{i : X_{(i)} - h < y\} - 2\#\{i : X_{(i)} < y\} + \#\{i : X_{(i)} + h < y\}.$$

Die Vektoren $\tilde{X} := (X_{(i)})_{i=1}^{n+1}$ der Ordnungsstatistiken und $y := (y_j)_{j=2}^m$ kann man in $O(n \log n)$ Schritten anlegen. Ausgehend hiervon kann man $D := (D(y_j))_{j=2}^m$ in $O(n)$ Schritten berechnen. Denn mit $X_{(0)} := -\infty$ und $X_{(n+1)} := \infty$ ist

$$D(y_j) = l_{j,1} - 2l_{j,2} + l_{j,3}$$

Tab. 5.1 Ableitung des Kerndichteschätzers mit Dreieckskern

```
Algorithmus  D ← AbleitungKDS(X̃, y)
l₁ ← 0
for j ← 2 to m do
   while X₍ₗ₁₊₁₎ + h < yⱼ do
      l₁ ← l₁ + 1
   end
   l₂ ← l₁
   while X₍ₗ₂₊₁₎ < yⱼ do
      l₂ ← l₂ + 1
   end
   l₃ ← l₂
   while X₍ₗ₃₊₁₎ − h < yⱼ do
      l₃ ← l₃ + 1
   end
   D(yⱼ) ← l₁ + l₃ − 2l₂
end
```

mit

$$l_{j,1} := \max\{i \in \{0, 1, \ldots, n+1\} : X_{(i)} + h < y_j\},$$
$$l_{j,2} := \max\{i \in \{0, 1, \ldots, n+1\} : X_{(i)} < y_j\},$$
$$l_{j,3} := \max\{i \in \{0, 1, \ldots, n+1\} : X_{(i)} - h < y_j\}.$$

Tabelle 5.1 enthält den entsprechenden Pseudocode.

▶ **Bemerkung** Kernschätzer für Dichtefunktionen wurden von Murray Rosenblatt [24] und Emanuel Parzen [20] eingeführt und in zahlreichen Arbeiten weiterentwickelt. Die Optimalität des Epanechnikov-Kerns wurde von V.A. Epanechnikov [7] nachgewiesen. Das Problem der Bandweitenwahl beschäftigte und beschäftigt immer noch zahlreiche Autoren; siehe den Übersichtsartikel von M. Chris Jones, J. Steven Marron und Simon J. Sheather [14]. Die Monografie von Bernard W. Silverman [27] behandelt verschiedene Verfahren der Dichteschätzung.

5.2   Verteilungsannahmen und deren grafische Überprüfung

In manchen Anwendungen ist es wichtig zu wissen, inwiefern P zu einer gegebenen Familie $(P_\theta)_{\theta \in \Theta}$ von Verteilungen gehört. Zum Beispiel ist man oft daran interessiert, ob P eine Normalverteilung ist, das heißt, $P = P_\theta$ mit $\theta = (\mu, \sigma) \in \Theta = \mathbb{R} \times (0, \infty)$ und $P_\theta = \mathcal{N}(\mu, \sigma^2)$. Um dies zu überprüfen, könnte man beispielsweise Histogramme oder Kerndichteschätzer der Daten erzeugen und beurteilen, ob sie symmetrischen Glockenkurven ähneln. Diese Methode ist allerdings sehr ungenau; insbesondere lassen sich die Randbereiche der Verteilung so nur schwer beurteilen.

Gleich zu Beginn eine schlechte Nachricht: Es gibt keine Möglichkeit zu *beweisen*, dass ein bestimmtes Modell $(P_\theta)_{\theta \in \Theta}$ adäquat ist. Dennoch gibt es Möglichkeiten, die Plausibilität eines Modells grafisch zu überprüfen. Mitunter kann man mit statistischen Tests nachweisen, dass ein gegebenes Modell *nicht* adäquat ist.

Im Folgenden gehen wir davon aus, dass die Verteilungen P_θ durch stetige Verteilungsfunktionen F_θ beschrieben werden. Wir beschreiben nun zwei grafische Methoden und einen formalen Test für die Plausibilität eines Modells $(P_\theta)_{\theta \in \Theta}$.

Zur Vorbereitung stellen wir einige Überlegungen zu Ordnungsstatistiken an. Gemäß Lemma 3.4 ist $(X_i)_{i=1}^n$ genauso verteilt wie $(F^{-1}(U_i))_{i=1}^n$, wobei $U_1, U_2, \ldots, U_n$ stochastisch unabhängig und auf $(0, 1)$ uniform verteilt sind. Für die Ordnungsstatistiken $X_{(k)}$ der X_i bzw. $U_{(k)}$ der U_i gilt also:

$$(X_{(k)})_{k=1}^n \text{ist verteilt wie} (F^{-1}(U_{(k)}))_{k=1}^n.$$

Ist F stetig, dann ist $F(F^{-1}(u)) = u$ für alle $u \in (0, 1)$, und

$$(F(X_{(k)}))_{k=1}^n \text{ist verteilt wie} (U_{(k)})_{k=1}^n.$$

In Aufgabe 4 wird gezeigt, dass

$$\mathbb{E}(U_{(k)}) = u_k := \frac{k}{n+1} \qquad \text{und} \tag{5.4}$$

$$\mathrm{Var}(U_{(k)}) = \frac{u_k(1 - u_k)}{n+2} \leq \frac{1}{4(n+2)}. \tag{5.5}$$

P-P-Plots Unter der Annahme, dass $P = P_\theta$ für einen unbekannten Parameter $\theta \in \Theta$, sei $\hat{\theta} = \hat{\theta}(\text{Daten})$ ein Schätzer für diesen. In Anbetracht von (5.4) und (5.5) rechnen wir damit, dass $F_{\hat{\theta}}(X_{(k)}) \approx u_k = k/(n+1)$. Daher betrachten wir ein Streudiagramm der Punkte $(u_k, F_{\hat{\theta}}(X_{(k)}))$, $1 \leq k \leq n$, einen sogenannten P-P-Plot; dabei steht „P" für *probability*. Wenn tatsächlich $P_{\hat{\theta}}$ eine gute Approximation an P ist, sollten diese n Punkte nahe an der 1. Winkelhalbierenden liegen.

Q-Q-Plots, Version 1 In Anbetracht von (5.4) und (5.5) sollte $X_{(k)}$ in etwa gleich $F_{\hat{\theta}}^{-1}(u_k)$ sein. Daher betrachten wir ein Streudiagramm der Punkte $(F_{\hat{\theta}}^{-1}(u_k), X_{(k)})$, $1 \leq k \leq n$, einen sogenannten Q-Q-Plot. (Dabei steht „Q" für *quantile*). Auch hier sollten diese n Punkte nahe an der 1. Winkelhalbierenden liegen.

Q-Q-Plots, Version 2 Wir betrachten speziell eine *Lage- und Skalenfamilie*. Das heißt, $\Theta = \mathbb{R} \times (0, \infty)$, und für $\theta = (\mu, \sigma)$ sei $F_\theta(r) = F_0((r - \mu)/\sigma)$ für eine gegebene stetige Verteilungsfunktion F_0. Dann ist $F_\theta^{-1}(v) = \mu + \sigma F_0^{-1}(v)$, und $(X_{(k)})_{k=1}^n$ ist verteilt wie $(\mu + \sigma F_0^{-1}(U_{(k)}))_{k=1}^n$. Daher betrachten wir ein Streudiagramm der Punkte

$$(F_0^{-1}(u_k), X_{(k)}) \qquad \text{(Version 2a)}$$

bzw.

$$\left(F_0^{-1}(u_k), \frac{X_{(k)} - \widehat{\mu}}{\widehat{\sigma}}\right) \qquad \text{(Version 2b)},$$

$1 \leq k \leq n$. Unter der Annahme, dass $P = P_{\mu,\sigma}$, sollten diese n Punkte in etwa auf der Geraden $\{(x, \mu + \sigma x) : x \in \mathbb{R}\}$ (Version 2a) bzw. auf der 1. Winkelhalbierenden (Version 2b) liegen.

Im Falle von $P_{\mu,\sigma} = \mathcal{N}(\mu, \sigma^2)$ wären $\widehat{\mu} = \overline{X}$ und $\widehat{\sigma} = S$ naheliegende Schätzer für die Parameter μ und σ. Denkbar wären auch robuste Schätzer, zum Beispiel $\widehat{\mu} = $ Median$(X_1, \ldots, X_n)$ und $\widehat{\sigma} := \text{MAD}(X_1, \ldots, X_n)/\Phi^{-1}(0{,}75)$.

Informeller Test Die Forderung, dass die Punkte des P-P-Plots oder des Q-Q-Plots (Version 1 oder 2b) „nahe an der 1. Winkelhalbierenden" liegen sollen, ist natürlich sehr vage. Um ein Gefühl für typische Abweichungen zu bekommen, kann man Datenvektoren $(\tilde{X}_i)_{i=1}^n$ mit unabhängigen, nach F_0 verteilten Komponenten simulieren und deren P-P- bzw. Q-Q-Plots mit dem entsprechenden Plot der Originaldaten vergleichen. Wenn der Plot der Originaldaten deutlich heraussticht, spricht dies gegen das Modell $(P_\theta)_{\theta \in \Theta}$.

Formale Tests Statistische Tests der Nullhypothese, dass P zu einer gegebenen Lage- und Skalenfamilie gehört, sind leicht durchführbar. Sei nämlich $T = T(X_1, X_2, \ldots, X_n)$ eine Teststatistik, welche gleichzeitig ein Formparameter ist, also $T(a + bX_1, a + bX_2, \ldots, a + bX_n) = T(X_1, X_2, \ldots, X_n)$ für beliebige $a \in \mathbb{R}$ und $b > 0$. Diese Forderung ist plausibel, da wir primär an der Form der Verteilung und nicht an dem speziellen Parameter (μ, σ) interessiert sind. Außerdem hängt dann die Verteilung von T unter der Nullhypothese nicht von (μ, σ) ab. Mit der Verteilungsfunktion

$$G_0(r) := \mathbb{P}\big(T(\tilde{X}_1, \tilde{X}_2, \ldots, \tilde{X}_n) \leq r\big)$$

für stochastisch unabhängige, nach F_0 verteilte Zufallsvariablen $\tilde{X}_1, \tilde{X}_2, \ldots, \tilde{X}_n$ ist $1 - G_0(T-)$ ein P-Wert der Nullhypothese, dass $F = F_0((\cdot - \mu)/\sigma)$ für gewisse Parameter $\mu \in \mathbb{R}$ und $\sigma > 0$. Offensichtlich kann man auch Monte-Carlo-Versionen dieses Tests einsetzen.

Was die Teststatistik T anbelangt, so bieten sich im Hinblick auf P-P-Plots bzw. Q-Q-Plots zum Beispiel folgende Teststatistiken an:

$$T_1 := \max_{k=1,2,\ldots,n} \left| F_0\left(\frac{X_{(k)} - \widehat{\mu}}{\widehat{\sigma}}\right) - u_k \right|,$$

$$T_2 := \frac{1}{n} \sum_{k=1}^n \left| \frac{X_{(k)} - \widehat{\mu}}{\widehat{\sigma}} - F_0^{-1}(u_k) \right|.$$

Der Fantasie sind hier keine Grenzen gesetzt. Wichtig ist nur, dass $\widehat{\mu}(\cdot)$ ein Lage- und $\widehat{\sigma}(\cdot)$ ein Skalenparameter ist. Dann sind nämlich beliebige Funktionen von $\big((X_k - \widehat{\mu})/\widehat{\sigma}\big)_{k=1}^n$ automatisch Formparameter.

Beispiel 5.4 (Log-Returns)
Sei K_i der Wert einer Aktie oder eines Aktienindex am Ende des i-ten Börsentages. Ein einfaches Modell der Finanzmathematik unterstellt, dass die *Log-Returns* $X_i := \log_{10}(K_{i+1}/K_i)$ stochastisch unabhängige, und nach $\mathcal{N}(\mu, \sigma^2)$ verteilte Zufallsvariablen sind, wobei $\mu \in \mathbb{R}$ und $\sigma > 0$ unbekannte Parameter sind. Insbesondere wird dieses Modell bei der Bewertung von Optionen nach der Black-Scholes-Formel verwendet.

Abbildung 5.10 zeigt links den logarithmierten Wert $\log_{10}(K_i)$ eines deutschen Aktienindex an allen 3246 Börsentagen der Jahre 1981–1993, und rechts sieht man die entsprechenden $n = 3245$ Log-Returns X_i.

Abbildung 5.11 zeigt für das hier unterstellte Modell links den P-P-Plot, basierend auf Stichprobenmedian $\widehat{\mu} = 2{,}785 \cdot 10^{-4}$ und $\widehat{\sigma} = \text{MAD}/\Phi^{-1}(0{,}75) = 3{,}272 \cdot 10^{-3}$. Auf der rechten Seite sieht man den entsprechenden Q-Q-Plot (Version 2b). Während der P-P-Plot auf den ersten Blick recht gut aussieht, zeigt der Q-Q-Plot deutliche Abweichungen von der 1. Winkelhalbierenden. Vergleiche mit simulierten Datenvektoren (die hier nicht gezeigt werden) machen deutlich, dass diese Abwei-

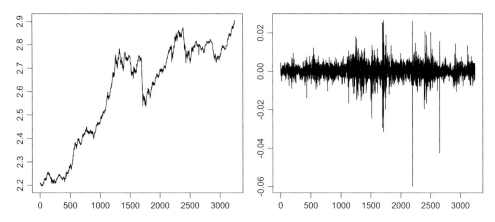

Abb. 5.10   Logarithmierte Aktienkurse und Log-Returns

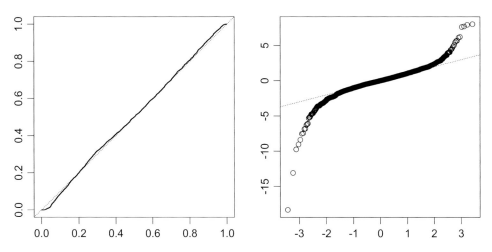

Abb. 5.11   P-P- und Q-Q-Plot für Normalverteilungen und Log-Returns

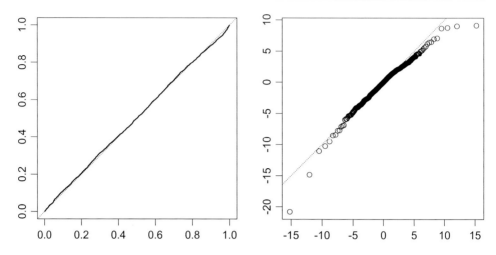

Abb. 5.12 P-P- und Q-Q-Plot für t_3-Verteilungen und Log-Returns

chungen signifikant sind. Auch ein formaler Test, basierend auf der Teststatistik $T_1 = 3{,}042 \cdot 10^{-2}$, liefert Monte-Carlo-P-Werte deutlich unter 10^{-4} (bei entsprechend hoher Anzahl von Simulationen). Die Annahme von unabhängigen, identisch normalverteilten Log-Returns ist also mit großer Sicherheit falsch.

Ein Modell, welches anscheinend besser zu den Daten passt, geht von der Verteilungsfunktion F_0 einer Student-Verteilung t_g aus. Und zwar stellte sich durch Ausprobieren heraus, dass $g = 3$ oder $g = 4$ Freiheitsgrade eine brauchbare Approximation liefern. Abbildung 5.12 zeigt den entsprechenden P-P- und Q-Q-Plot.

In Abschn. 8.3 werden wir dieses Beispiel noch einmal aufgreifen und zeigen, dass die Log-Returns signifikant stochastisch *abhängig* sind.

5.3 Übungsaufgaben

1. Für ein festes $k \in \mathbb{N}_0$ sei

$$F(r) := \begin{cases} 1 - e^{-r} \sum_{i=0}^{k} \dfrac{r^i}{i!} & \text{für } r \geq 0, \\ 0 & \text{für } r \leq 0. \end{cases}$$

   Zeigen Sie, dass F eine Verteilungsfunktion ist, und bestimmen Sie die entsprechende Dichtefunktion f. (Erkennen Sie eine bekannte Verteilung?)
2. (Histogramme und Dreieckskern) Beweisen Sie die Darstellung (5.2) für das mittlere Histogramm $\bar{f}_h(x)$ in (5.1).
3. (Schätzung von f') Sei $\hat{f}_h$ der Kerndichteschätzer mit einer stetig differenzierbaren Kernfunktion K. Zeigen Sie, dass unter den Voraussetzungen von Satz 5.2 gilt:

$$\sup_{x \in \mathbb{R}} \mathbb{E}\left| \hat{f}_h{}'(x) - f'(x) \right| = O(n^{-1/5}),$$

sofern $h = Cn^{-1/5}$ für eine Konstante $C > 0$ und

$$\int_{-\infty}^{\infty} K'(y)^2 \, dy < \infty, \quad \lim_{y \to \pm\infty} K(y) = 0.$$

4. (Momente von uniformen Ordnungsstatistiken) Seien $U_{(1)} < U_{(2)} < \cdots < U_{(n)}$ die Ordnungsstatistiken von unabhängigen, auf $[0, 1]$ uniform verteilten Zufallsvariablen $U_1, U_2, \ldots, U_n$. Zeigen Sie, dass für $k \in \{1, 2, \ldots, n\}$ gilt:

$$\mathbb{E}(U_{(k)}) = u_k := \frac{k}{n+1} \quad \text{und} \quad \operatorname{Var}(U_{(k)}) = \frac{u_k(1 - u_k)}{n+2} \leq \frac{1}{4(n+2)}.$$

Anleitung: Aus Bemerkung 3.3 folgt, dass $U_{(k)}$ nach der Dichtefunktion $f_{k-1,n-k}$ auf $[0, 1]$ verteilt ist, wobei allgemein

$$f_{l,m}(u) := \frac{(l+m+1)!}{l!\,m!} \, u^l (1-u)^m$$

für $l, m \in \mathbb{N}_0$. Wegen $\int_0^1 f_{k-1,n-k}(u) \, du = 1$ ergibt sich nebenbei die Formel

$$\int_0^1 u^l (1-u)^m \, du = \frac{l!\,m!}{(l+m+1)!}.$$

Berechnen Sie nun $\mathbb{E}(U_{(k)})$ und $\mathbb{E}(U_{(k)}^2)$.

5. (Exponentialverteilungen) Wie könnte man die Modellannahme, dass P eine Exponentialverteilung mit unbekanntem Mittelwert $b > 0$ ist, grafisch oder formal überprüfen? Hier ist $F_b(r) = \max(1 - \exp(-r/b), 0)$.

6. (Q-Q-Kurven) Für wachsenden Stichprobenumfang n ähnelt der Q-Q-Plot (Version 2a) zunehmend der Kurve $(0, 1) \ni u \mapsto \big(F_0^{-1}(u), F^{-1}(u)\big)$. Zeichnen Sie diese Kurve für $F_0 = \Phi$ sowie die Verteilungsfunktion F von $P = \text{Gamma}(a, 1)$ mit verschiedenen Formparametern $a > 0$ bzw. $P = t_k$ mit verschiedenen Freiheitsgraden $k \geq 1$.

Vergleiche von Stichproben

6

Recht häufig wertet man zwei oder mehr Stichproben bzw. Studien oder Experimente aus und möchte wissen, inwiefern sie sich in Bezug auf ein bestimmtes Merkmal unterscheiden. In diesem Kapitel konzentrieren wir uns auf numerische Merkmale. Sei $X_{ki} \in \mathbb{R}$ unsere i-te Beobachtung aus der k-ten Stichprobe. Dabei ist $1 \le k \le K$ und $1 \le i \le n_k$. Wir betrachten alle $N = n_1 + n_2 + \cdots + n_K$ Beobachtungen als stochastisch unabhängige Zufallsvariablen und gehen davon aus, dass X_{ki} einer unbekannten Verteilung P_k bzw. Verteilungsfunktion F_k folgt. Die Frage ist nun, ob und inwiefern sich die Verteilungen $P_1, P_2, \ldots, P_K$ unterscheiden.

Mitunter geht es nicht um mehrere Stichproben, sondern man unterteilt einen einzelnen Datensatz mit einem numerischen Merkmal anhand eines kategoriellen Merkmals in Teildatensätze. Genauer gesagt, seien $(G_1, X_1), (G_2, X_2), \ldots, (G_N, X_N)$ unsere Beobachtungen mit Werten in $\{g_1, g_2, \ldots, g_K\} \times \mathbb{R}$. Diese können wir nun so arrangieren, dass $(X_{ki})_{i=1}^{n_k}$ alle Werte X_j mit $G_j = g_k$ enthält. Gehen wir davon aus, dass die Beobachtungen (G_j, X_j) stochastisch unabhängige, identische verteilte Zufallsvariablen sind, dann ist $(n_k)_{k=1}^{K}$ multinomialverteilt. Bedingt man auf die Zufallsgrößen G_j, so sind die Zufallsvariablen X_{ki} stochastisch unabhängig, und P_k ist die bedingte Verteilung von X_j, gegeben, dass $G_j = g_k$. Die Frage, ob G_j und X_j stochastisch abhängig sind, ist gleichbedeutend mit der Frage, ob sich die bedingten Verteilungen $P_1, P_2, \ldots, P_K$ unterscheiden.

Im Abschn. 6.1 beschreiben wir eine einfache grafische Methode zum Vergleich von mehreren (Teil-) Stichproben. Danach konzentrieren wir uns zunächst auf den Fall von $K = 2$ (Teil-) Stichproben bzw. Verteilungen. Dabei führen wir auch das wichtige Konzept der stochastischen Ordnung ein. Zu guter Letzt widmen wir uns dem Fall $K \ge 3$.

© Springer Basel 2016
L. Dümbgen, *Einführung in die Statistik*, Mathematik Kompakt,
DOI 10.1007/978-3-0348-0004-4_6

6.1 Box-Plots und Box-Whisker-Plots

Im Prinzip könnte man die K Stichproben $X_k = (X_{ki})_{i=1}^{n_k}$ durch empirische Verteilungs-funktionen, Histogramme oder Kernschätzer grafisch darstellen und vergleichen. Doch dies kann recht unübersichtlich werden, vor allem bei großer Anzahl K. J. W. Tukey führ-te eine einfache und sehr nützliche grafische Darstellung ein, die Box-Plots und deren Verfeinerung, die Box-and-Whiskers-Plots.

Box-Plots Für eine einzelne Stichprobe X_k berechnen wir fünf Kenngrößen, nämlich Minimum, erstes Quartil (Q_1), Median (Q_2), drittes Quartil (Q_3) und Maximum. Diese fünf Größen werden nun grafisch dargestellt: Die vertikale Achse entspricht den mögli-chen Werten. Nun zeichnet man ein Rechteck mit unterer Kante in Höhe des ersten und oberer Kante in Höhe des dritten Quartils. In Höhe des Medians wird das Rechteck noch durch eine horizontale Linie unterteilt. Zusätzlich zeichnet man eine einfache Linie von der Mitte der unteren Kante bis zum Minimum und eine Linie von der Mitte der oberen Kante bis zum Maximum. Minimum und Maximum werden oftmals durch einen kleinen Querbalken weiter hervorgehoben.

Trotz der Reduktion auf nur fünf Kenngrößen liefert der Box-Plot oft einen recht guten Eindruck von der empirischen Verteilung der Werte X_{ki}, $1 \le i \le n_k$. Insbesondere ist die Höhe der Box gleich dem Interquartilsabstand IQR $= Q_3 - Q_1$.

Zeichnet man die Box-Plots für alle K Stichproben $X_1, X_2, \ldots, X_K$ nebeneinander, so erkennt man oft augenscheinliche Unterschiede zwischen den Stichproben. Inwiefern sol-che Unterschiede auch statistisch signifikant sind, muss mit anderen Methoden untersucht werden.

Beispiel
Angenommen, die sortierten Werte von X_1 sind 0, 1, 5, 6, 7, 7, 8, 10, 14 und 18, und die sortierten Werte von X_2 seien $-3, 2, 4{,}5, 6, 7, 7{,}5, 8, 8{,}5, 11$ und 15, also $n_1 = n_2 = 10$. Die 2×5 Kenngrößen sind dann

	Min.	Q_1	Q_2	Q_3	Max.
X_1	0	5	7	10	18
X_2	-3	4,5	7,25	8,5	15

Die entsprechenden Box-Plots werden links in Abb. 6.1 gezeigt.

Box-Whisker-Plots Ein möglicher Schwachpunkt des Box-Plots ist die fehlende Detai-linformation für den Bereich zwischen Minimum und Q_1 bzw. Q_3 und Maximum. Um diesen Bereich präziser darzustellen, definiert man einen Stichprobenwert als

- „auffallend klein", falls er kleiner ist als $Q_1 - 1{,}5 \cdot$ IQR,
- „auffallend groß", falls er größer ist als $Q_3 + 1{,}5 \cdot$ IQR,
- „unauffällig", falls er im Intervall $\left[Q_1 - 1{,}5 \cdot \text{IQR}, Q_3 + 1{,}5 \cdot \text{IQR}\right]$ liegt.

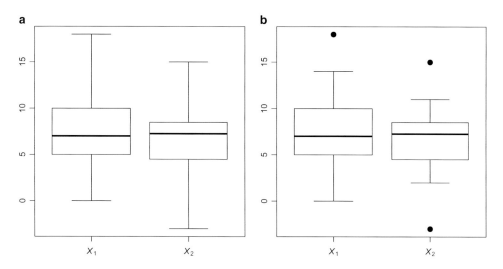

Abb. 6.1 Box-Plot (**a**) und Box-Whiskers-Plot (**b**) für ein einfaches Datenbeispiel

Die einfache Linie des Box-Plots vom Minimum zum ersten Quartil wird nun durch eine einfache Linie vom *kleinsten unauffälligen Stichprobenwert* zum ersten Quartil ersetzt. Analog ersetzt man die einfache Linie vom dritten Quartil zum Maximum durch eine Linie vom dritten Quartil zum *größten unauffälligen Wert*. Falls es auffallend kleine oder auffallend große Werte gibt, werden diese durch Punkte, Kreise oder Sterne einzeln markiert.

Beispiel (Fortsetzung)
In der Stichprobe X_1 gelten Werte außerhalb des Intervalls $[5 - 1{,}5 \cdot 5, 10 + 1{,}5 \cdot 5] = [-2{,}5, 17{,}5]$ als auffallend. Dies betrifft nur den Wert 18; der kleinste unauffällige Wert ist 0, und der größte unauffällige Wert ist 14. In der Stichprobe X_2 gelten Werte außerhalb von $[4{,}5 - 1{,}5 \cdot 4, 8{,}5 + 1{,}5 \cdot 4] = [-1{,}5, 14{,}5]$ als auffallend. Dies betrifft die Werte -3 und 15; der kleinste unauffällige Wert ist 2, und der größte unauffällige Wert ist 11. Die entsprechenden Box-Whisker-Plots werden rechts in Abb. 6.1 gezeigt.

▶ **Bemerkungen** Die Grenzen $Q_1 - 1{,}5 \cdot \text{IQR}$ und $Q_3 + 1{,}5 \cdot \text{IQR}$ selbst werden *nicht* eingezeichnet. Sie dienen nur der Festlegung, welche Stichprobenwerte auffallend sind und welche nicht. Bei kleinen Stichproben oder vielen identischen Werten kann der Box-(Whisker-) Plot auch entarten in dem Sinne, dass zum Beispiel einfache Linien fehlen oder die Medianlinie mit einer der Rechteckkanten zusammenfällt.

Den Faktor 1,5 für den IQR kann man wie folgt motivieren. In Aufgabe 1 wird gezeigt, dass der Stichprobenmittelwert stets im Intervall

$$\left[\frac{\text{Min.} + Q_1 + Q_2 + Q_3}{4}, \frac{Q_1 + Q_2 + Q_3 + \text{Max.}}{4} \right]$$

liegt. Um zu garantieren, dass der Stichprobenmittelwert zumindest im Intervall $[Q_1, Q_3]$, also innerhalb der Box liegt, muss also gelten:

$$\text{Min.} \geq 3Q_1 - Q_2 - Q_3 = Q_1 - \text{IQR} - (Q_2 - Q_1),$$
$$\text{Max.} \leq 3Q_3 - Q_2 - Q_1 = Q_3 + \text{IQR} + (Q_3 - Q_2).$$

Wenn der Median (Q_2) genau in der Mitte zwischen erstem und drittem Quartil steht, ergeben sich die Bedingungen

$$\text{Min.} \geq Q_1 - 1{,}5 \cdot \text{IQR},$$
$$\text{Max.} \leq Q_3 + 1{,}5 \cdot \text{IQR}.$$

Beobachtungen außerhalb dieser Schranken sind also potenziell problematisch.

Abschließend zeigen wir multiple Box-(Whisker-)Plots für zwei umfangreichere Datenbeispiele.

Beispiel 6.1 (Gehälter professioneller Baseballspieler)
Wir betrachten einen Datensatz mit den Jahresgehältern von $N = 263$ US-amerikanischen Baseballspielern aus der Profiliga. Zusätzlich zur Variable $X =$ Jahresgehalt (in 1000 USD) enthält dieser Datensatz die Variable $G =$ Jahre, welche angibt, wie viele Jahre der betreffende Spieler bereits in der Profiliga spielt, einschließlich des laufenden Jahres. Wir behandeln G als ordinale Variable. Da nur 25 Spieler mehr als 14 Jahre mitmischen, fassen wir diese zu einer Kategorie zusammen. Der multiple Box-Whisker-Plot von X in Abhängigkeit von dieser leicht modifizierten Variable G wird in Abb. 6.2 gezeigt. Man sieht gut, dass die Gehälter innerhalb der ersten drei bis vier Jahre deutlich ansteigen. Danach ist kein deutlicher Abwärts- oder Aufwärtstrend erkennbar. Bemerkenswert sind auch die auffallend großen Werte in den verschiedenen Teilgruppen. Einige wenige junge Stars verdienen von Anfang an mehr als so mancher „alte Hase".

Das Vorhandensein auffallend großer Werte, das Fehlen auffallend kleiner Werte und die Tatsache, dass in vielen Teilstichproben der Median näher am ersten als am zweiten Quartil ist, deutet darauf hin, dass die empirischen Verteilungen der Gehälter rechtsschief sind. Betrachtet man $\log_{10}(X)$ anstelle von X, werden diese Asymmetrien schwächer, und die Gehaltsunterschiede in den ersten Jahren sind besser zu erkennen; siehe Abb. 6.3.

Beispiel 6.2 (Hamburg-Marathon 2000)
Nun betrachten wir die Nettolaufzeiten (X, in Stunden) der $N = 13.049$ Teilnehmer des Hamburg-Marathons 2000, welche das Ziel erreichten. (Gemeldet waren ca. 16.000 Personen).

Zunächst betrachten wir in Abb. 6.4 die empirische Verteilungsfunktion dieser Variable X. Der schnellste Läufer erreichte das Ziel nach 2 Stunden, 11 Minuten und 6 Sekunden; der langsamste Läufer kam nach 5 Stunden, 32 Minuten und 21 Sekunden an. Der Median der Laufzeit liegt bei $X_{(6525)}$, und das sind 3 Stunden, 52 Minuten und 10 Sekunden. Aus Sicht von Veranstaltern solcher Volksläufe ist diese Verteilungsfunktion sehr interessant. Von ihrem stärksten Anstieg hängt beispielsweise ab, wie groß im Zielbereich die Verpflegungsstände, Umkleideräume und Duschen ausgelegt werden müssen. Noch ein interessantes Phänomen ist der leichte Knick der Verteilungsfunktion an den Stellen 3, 3,5 und 4. Dies hat vermutlich damit zu tun, dass sich einige Läuferinnen und Läufer vornehmen, unter 3, 3,5 bzw. 4 Stunden zu laufen.

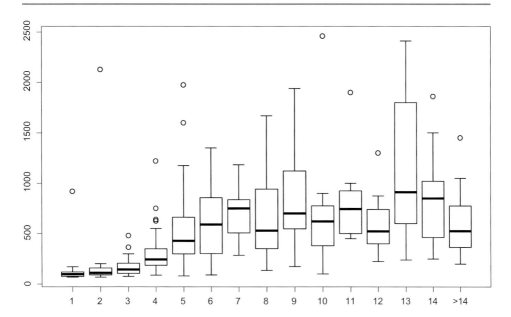

Abb. 6.2 Box-Whisker-Plots der Jahresgehälter von Baseballspielern in Abhängigkeit von ihrer Erfahrung

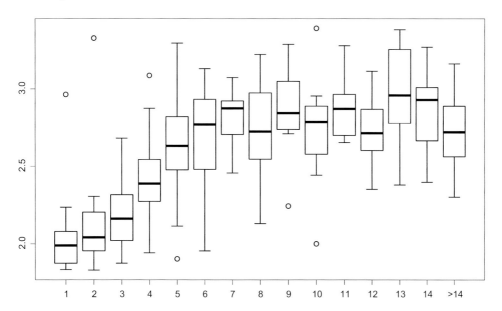

Abb. 6.3 Box-Whisker-Plots der Log_{10}-Jahresgehälter von Baseballspielern versus Erfahrung

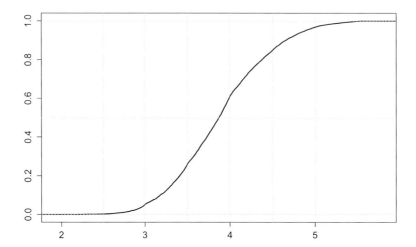

Abb. 6.4 Empirische Verteilungsfunktion der Nettolaufzeiten (in Stunden), Hamburg-Marathon 2000

Nun wollen wir aber die Abhängigkeit der Laufzeit vom Alter und getrennt nach Geschlecht der Teilnehmenden untersuchen. Der Datensatz enthält die Variable „Altersklasse". Bei den $N_M =$ 11.203 Männern nimmt diese Variable folgende Werte an:

MJ: Teilnehmer wurde im Jahr der Veranstaltung 18 oder 19 Jahre alt,

MH: Teilnehmer wurde im Jahr der Veranstaltung 20 bis 29 Jahre alt,

M30: Teilnehmer wurde im Jahr der Veranstaltung 30 bis 34 Jahre alt,

M35: Teilnehmer wurde im Jahr der Veranstaltung 35 bis 39 Jahre alt,

⋮   ⋮

M75: Teilnehmer wurde im Jahr der Veranstaltung 75 bis 79 Jahre alt.

Der älteste Teilnehmer gehörte dem Jahrgang 1923 an. Da nur zwei Teilnehmer in der Altersklasse M75 starteten, fassen wir die Klassen M70 und M75 zu M70+ zusammen. Abbildung 6.5 zeigt den entsprechenden multiplen Box-Plot für die Laufzeiten der Männer in Abhängigkeit von ihrer Altersklasse.

Interessanterweise steigt der Median der Laufzeit mit dem Alter nicht monoton an. Vielmehr ist er in der Gruppe MJ der jungen Läufer höher als in Gruppe MH, und dort höher als in den Gruppen M30, M35, M40, M45, wo er nahezu konstant bleibt. Erst ab Gruppe M50 aufwärts steigt der Median mit dem Alter merklich an. Dieses Phänomen ist aus der Sportmedizin bestens bekannt. Selbst professionelle Langstreckenläufer erreichen ihren Leistungspeak in der Regel im Alter von 25–35 Jahren.

Nun betrachten wir in Abb. 6.6 die $N_W = 1846$ Frauen: Hier gab es die analogen Altersklassen WJ, WH, W30, …, W65. (Die älteste Teilnehmerin gehörte dem Jahrgang 1931 an.) Da in Klasse W65 nur sechs Läuferinnen starteten, fassen wir die Klassen W60 und W65 zu einer Klasse W60+ zusammen. Auch hier sieht man einen nahezu konstanten Median in den Altersklassen W30, W35, W40. Ab der Klasse W45 steigt er an.

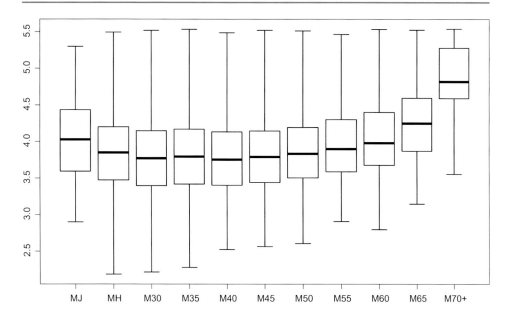

Abb. 6.5 Multipler Box-Plot der Nettolaufzeiten der Männer nach Altersklasse

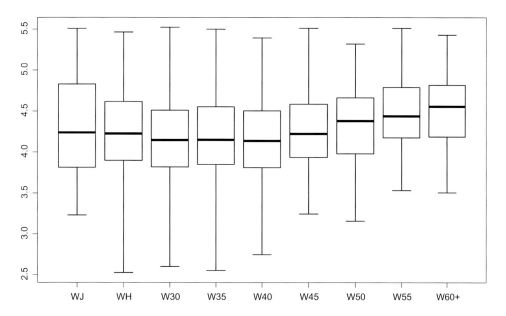

Abb. 6.6 Multipler Box-Plot der Nettolaufzeiten der Frauen nach Altersklasse

6.2   Vergleich zweier Mittelwerte

Nun betrachten wir $K = 2$ Stichproben X_1, X_2 und gehen davon aus, dass die X_{ki} unbekannten Erwartungswert μ_k und unbekannte, aber endliche Standardabweichung σ_k haben. Naheliegende Schätzer für μ_k und σ_k sind der Stichprobenmittelwert $\overline{X}_k :=$ $n_k^{-1} \sum_{i=1}^{n_k} X_{ki}$ und die Stichprobenstandardabweichung $S_k := \big((n_k - 1)^{-1} \sum_{i=1}^{n_k} (X_{ki} - \overline{X}_k)^2\big)^{1/2}$. Hier ist $\mathbb{E}(\overline{X}_k) = \mu_k$, also

$$\mathbb{E}(\overline{X}_1 - \overline{X}_2) = \mu_1 - \mu_2,$$

und

$$\mathrm{Std}(\overline{X}_1 - \overline{X}_2) = \sqrt{\frac{\sigma_1^2}{n(1)} + \frac{\sigma_2^2}{n(2)}}.$$

Im Falle von normalverteilten Beobachtungen X_{ki} ergibt sich aus Satz 4.1 von Gosset-Fisher, dass die vier Zufallsvariablen $\overline{X}_1, \overline{X}_2, S_1$ und S_2 stochastisch unabhängig sind, wobei $\overline{X}_k \sim \mathcal{N}\big(\mu_k, \sigma_k^2/n_k\big)$ und $(n_k - 1)S_k^2/\sigma_k^2 \sim \chi^2_{n_k-1}$. Dies werden wir im Folgenden ausnutzen.

Fall 1: Identische Standardabweichungen σ_1 und σ_2   Wenn alle $N = n_1 + n_2$ Beobachtungen X_{ki} eine und dieselbe Standardabweichung σ haben, dann ist

$$\mathrm{Std}(\overline{X}_1 - \overline{X}_2) = \sigma \sqrt{n_1^{-1} + n_2^{-1}}.$$

Ein möglicher Schätzer für σ ist

$$\widehat{\sigma} := \sqrt{\frac{(n_1 - 1)S_1^2 + (n_2 - 1)S_2^2}{N - 2}}. \tag{6.1}$$

Im Falle von normalverteilten Beobachtungen ist

$$(N - 2)\,\widehat{\sigma}^2/\sigma^2 \sim \chi^2_{N-2}$$

und stochastisch unabhängig von $\overline{X}_1 - \overline{X}_2$. Demnach ist

$$\frac{\overline{X}_1 - \overline{X}_2 - \mu_1 + \mu_2}{\widehat{\sigma}\sqrt{n_1^{-1} + n_2^{-1}}} \sim t_{N-2}.$$

Hieraus ergeben sich die folgenden Vertrauensbereiche für $\mu_1 - \mu_2$: Die untere Konfidenzschranke

$$\overline{X}_1 - \overline{X}_2 - \widehat{\sigma}\sqrt{n_1^{-1} + n_2^{-1}}\, t_{N-2;1-\alpha},$$

die obere Konfidenzschranke

$$\overline{X}_1 - \overline{X}_2 + \widehat{\sigma}\sqrt{n_1^{-1} + n_2^{-1}}\, t_{N-2;1-\alpha}$$

bzw. das Konfidenzintervall

$$\left[\overline{X}_1 - \overline{X}_2 \pm \widehat{\sigma}\sqrt{n_1^{-1} + n_2^{-1}}\, t_{N-2;1-\alpha/2}\right].$$

Das Vertrauensniveau ist exakt $1-\alpha$, wenn die Einzelbeobachtungen X_{ki} normalverteilt sind. Ansonsten ist das Vertrauensniveau approximativ gleich $1-\alpha$ für $\min(n_1, n_2) \to \infty$.

Fall 2: Welchs Methode für beliebige Standardabweichungen σ_1 und σ_2 Für den allgemeinen Fall erwähnten wir bereits, dass $\overline{X}_1 - \overline{X}_2$ Erwartungswert $\mu_1 - \mu_2$ und Standardabweichung $\tau := \sqrt{\sigma_1^2/n_1 + \sigma_2^2/n_2}$ hat. Im Falle normalverteilter Beobachtungen kann man zeigen, dass der Standardfehler $\widehat{\tau} = \sqrt{S_1^2/n_1 + S_2^2/n_2}$ und der Schätzer $\overline{X}_1 - \overline{X}_2$ stochastisch unabhängig sind, und die standardisierte Größe

$$\frac{\overline{X}_1 - \overline{X}_2 - \mu_1 + \mu_2}{\widehat{\tau}}$$

ist *approximativ* Student-verteilt mit

$$k = k(n_1, n_2, \sigma_1, \sigma_2) := \frac{\tau^4}{\sigma_1^4/(n_1^2(n_1-1)) + \sigma_2^4/(n_2^2(n_2-1))}$$

Freiheitsgraden; siehe unten. Im Allgemeinen ist k keine ganze Zahl. In diesem Falle arbeitet man entweder mit einer verallgemeinerten Definition der Student-Verteilungen (siehe Abschn. A.6 im Anhang), oder man rundet k ab. Die unbekannte Zahl k schätzt man nun aus den Daten durch die Zufallszahl $\widehat{k} = k(n_1, n_2, S_1, S_2)$ und berechnet einen der folgenden approximativen $(1-\alpha)$-Konfidenzbereiche: Die untere Konfidenzschranke

$$\overline{X}_1 - \overline{X}_2 - \widehat{\tau}\, t_{\widehat{k};1-\alpha},$$

die obere Konfidenzschranke

$$\overline{X}_1 - \overline{X}_2 + \widehat{\tau}\, t_{\widehat{k};1-\alpha}$$

bzw. das Konfidenzintervall

$$\left[\overline{X}_1 - \overline{X}_2 \pm \widehat{\tau}\, t_{\widehat{k};1-\alpha/2}\right].$$

Rechtfertigung von Welchs Methode Zunächst betrachten wir die Student-Verteilung t_k, also die Verteilung von

$$Z_0 \Big/ \sqrt{\frac{1}{k} \sum_{i=1}^{k} Z_i^2}$$

mit stochastisch unabhängigen, standardnormalverteilten Zufallsvariablen $Z_0, Z_1, Z_2, Z_3,$ .... Die Zufallsgröße $k^{-1} \sum_{i=1}^{k} Z_i^2$ hat Erwartungswert eins, Varianz $2/k$ und ist für $k \to \infty$ approximativ normalverteilt; siehe auch Aufgabe 2.

Unter diesem Aspekt betrachten wir nun den Quotienten $(\overline{X}_1 - \overline{X}_2 - \mu_1 + \mu_2)/\widehat{\tau}$. Im Falle von normalverteilten Beobachtungen ist dieser verteilt wie

$$Z_0 \Big/ \sqrt{\frac{1}{\tau^2} \Big(\frac{\sigma_1^2}{n_1(n_1 - 1)} \sum_{i=1}^{n_1-1} Z_i^2 + \frac{\sigma_2^2}{n_2(n_2 - 1)} \sum_{i=n_1}^{n_1+n_2-2} Z_i^2 \Big)}.$$

Der Term innerhalb der Quadratwurzel ist eine Zufallsvariable mit Erwartungswert eins, mit Varianz

$$\frac{1}{\tau^4} \Big(\frac{2\sigma_1^4}{n_1^2(n_1 - 1)} + \frac{2\sigma_2^4}{n_2^2(n_2 - 1)} \Big) = \frac{2}{k(n_1, n_2, \sigma_1, \sigma_2)},$$

und für $\min(n_1, n_2) \to \infty$ ist er approximativ normalverteilt. $\qquad\square$

Beispiel (Nord-Süd-Gefälle der Körpergröße)

Als Zahlenbeispiel für Welchs Methode betrachten wir die mittleren Körpergrößen μ_1 aller Schweizer und μ_2 aller Norddeutschen (männlich) im Alter von 18–30 Jahren. Bei einer Befragung von $n_1 = 145$ Studenten der Universität Bern ergaben sich $\overline{X}_1 = 178{,}938$ und $S_1 = 6{,}2363$. Eine Befragung von $n_2 = 26$ Studenten der Universität Lübeck lieferte $\overline{X}_2 = 183{,}962$ und $S_2 = 7{,}5497$. Daraus ergibt sich der Schätzer

$$\overline{X}_1 - \overline{X}_2 = -5{,}024$$

für $\mu_1 - \mu_2$, und dessen Standardabweichung τ schätzen wir durch den Standardfehler

$$\widehat{\tau} = \sqrt{\frac{6{,}2363^2}{145} + \frac{7{,}5497^2}{26}} = 1{,}5686.$$

Für $\widehat{k}$ erhält man hier den Wert 31, und $t_{31;0{,}975} = 2{,}0395$. Ein approximatives 95 %-Vertrauensintervall für die Differenz $\mu_1 - \mu_2$ ist demnach

$$[-5{,}024 \pm 1{,}5686 \cdot 2{,}0395] = [-8{,}223, -1{,}825].$$

Wir können also mit einer Sicherheit von ca. 95 % behaupten, dass (a) die mittlere Körpergröße μ_1 kleiner ist als μ_2 und (b) der absolute Unterschied zwischen 1,8 und 8,3 cm liegt. (Das Problem, dass keine echten Zufallsstichproben vorliegen, unterschlagen wir allerdings.)

6.3   Stochastische Ordnung

Bevor wir uns mit weiteren Verfahren für den Vergleich von Stichproben befassen, beschäftigen wir uns mit dem wichtigen Konzept der stochastischen Ordnung. Im Folgenden betrachten wir stets reellwertige Zufallsvariablen X_1, X_2 mit Verteilungen P_1, P_2 und Verteilungsfunktionen F_1, F_2. Die vage Aussage, dass X_1 tendenziell kleiner ist als X_2, kann man auf verschiedene und äquivalente Weisen präzisieren:

Lemma 6.3 *Die folgenden vier Aussagen sind äquivalent:*

(i)   *Für beliebige $x \in \mathbb{R}$ ist $F_1(x) \geq F_2(x)$.*
(ii) *Für beliebige $u \in (0,1)$ ist $F_1^{-1}(u) \leq F_2^{-1}(u)$.*
(iii) *Es existiert ein Wahrscheinlichkeitsraum $(\Omega, \mathcal{A}, \mathbb{P})$ mit Zufallsvariablen $\tilde{X}_1 \sim P_1$ und $\tilde{X}_2 \sim P_2$ derart, dass $\tilde{X}_1 \leq \tilde{X}_2$ fast sicher.*
(iv) *Für jede monoton wachsende und beschränkte (oder nichtnegative) Funktion $h : \mathbb{R} \to \mathbb{R}$ ist $\mathbb{E}h(X_1) \leq \mathbb{E}h(X_2)$.*

Den Beweis dieses Lemmas stellen wir als Aufgabe 6. Die darin genannten Bedingungen führen zu folgender Definition:

Definition (Stochastische Ordnung)

Die Verteilung P_1 ist *stochastisch kleiner oder gleich* der Verteilung P_2, wenn die in Lemma 6.3 genannten Bedingungen erfüllt sind. Mitunter sagt man auch, die Zufallsvariable X_1 bzw. Verteilungsfunktion F_1 sei stochastisch kleiner oder gleich der Zufallsvariablen X_2 bzw. Verteilungsfunktion F_2. Wir schreiben auch kurz: $P_1 \leq_{\text{st.}} P_2$ bzw. $F_1 \leq_{\text{st.}} F_2$ bzw. $X_1 \leq_{\text{st.}} X_2$.

   Falls zusätzlich $P_1 \neq P_2$, also $F_1(x) > F_2(x)$ für mindestens ein $x \in \mathbb{R}$, dann nennt man P_1 bzw. F_1 bzw. X_2 stochastisch kleiner als P_2 bzw. F_2 bzw. X_2. Die entsprechenden Kurzschreibweisen sind $P_1 <_{\text{st.}} P_2$ bzw. $F_1 <_{\text{st.}} F_2$ bzw. $X_1 <_{\text{st.}} X_2$.

Beispiele
Nachfolgend nennen wir einige Beispiele für die stochastische Ordnung. Die entsprechenden Beweise überlassen wir den Leserinnen und Lesern als Übungsaufgabe.

(a) Sei Z eine reellwertige Zufallsvariable. Für reelle Konstanten μ_1, μ_2 ist $\mu_1 + Z <_{\text{st.}} \mu_2 + Z$ genau dann, wenn $\mu_1 < \mu_2$.
(b) Sei Z eine reellwertige Zufallsvariable mit Dichtefunktion f_0 derart, dass $f_0(-x) = f_0(x)$ für alle $x \geq 0$, und f_0 sei monoton fallend auf $[0, \infty)$. Beispielsweise sei $Z \sim \mathcal{N}(0, 1)$. Für reelle Konstanten μ_1, μ_2 ist $|\mu_1 + Z| <_{\text{st.}} |\mu_2 + Z|$ genau dann, wenn $|\mu_1| < |\mu_2|$.
(c) Für $n \in \mathbb{N}$ und $p_1, p_2 \in [0, 1]$ ist $\text{Bin}(n, p_1) <_{\text{st.}} \text{Bin}(n, p_2)$ genau dann, wenn $p_1 < p_2$.
(d) $\text{Bin}(n_1, p) <_{\text{st.}} \text{Bin}(n_2, p)$ für $0 < p \leq 1$ und natürliche Zahlen $n_1 < n_2$.

(e) Für $\theta > 0$ sei F_θ wie in Lemma 2.5 definiert, wobei $\#\{k \geq 0 : w_k > 0\} \geq 2$. Für $\theta_1, \theta_2 > 0$ ist $F_{\theta_1} <_{\text{st.}} F_{\theta_2}$ genau dann, wenn $\theta_1 < \theta_2$.

(f) Seien X_1 und X_2 Zufallsvariablen mit Dichtefunktion f_1 bzw. f_2 auf $\mathbb{R}$. Angenommen, $f_2(x) = h(x) f_1(x)$ für eine monoton wachsende Funktion sei $h : \mathbb{R} \to [0, \infty)$. Dann ist $X_1 \leq_{\text{st.}} X_2$.

6.4   Smirnovs Test für empirische Verteilungsfunktionen

Nun betrachten wir $N = n_1 + n_2$ stochastisch unabhängige Zufallsvariablen X_{ki} für $k = 1, 2$ und $i = 1, 2, \ldots, n_k$, wobei X_{ki} nach der Verteilungsfunktion F_k verteilt ist. Die entsprechenden empirischen Verteilungsfunktionen bezeichnen wir mit $\widehat{F}_k$, also

$$\widehat{F}_k(x) := \frac{1}{n_k} \sum_{i=1}^{n_k} 1_{[X_{ki} \leq x]}.$$

In vielen Anwendungen würde man gerne die Arbeitshypothese, dass $F_1 >_{\text{st.}} F_2$, mit einer gewissen Sicherheit nachweisen. Streng genommen ist diese Aufgabe unlösbar, es sei denn, man macht die Annahme, dass entweder $F_1 <_{\text{st.}} F_2$ oder $F_1 = F_2$ oder $F_1 >_{\text{st.}} F_2$. Für die Nullhypothese

$$H_0 : F_1 \leq_{\text{st.}} F_2$$

gibt es auf jeden Fall sinnvolle Tests, von denen wir gleich einen kennenlernen. Betrachtet man die erste Charakterisierung von stochastischer Ordnung in Lemma 6.3, dann bietet sich folgende Teststatistik an:

$$T_{\text{Sm}} := \sup_{x \in \mathbb{R}} \left(\widehat{F}_2(x) - \widehat{F}_1(x) \right).$$

Das folgende Resultat beinhaltet, wie man einen kritischen Wert bzw. P-Wert für die Teststatistik T_{Sm} angeben kann.

Lemma 6.4 *Sei M uniform verteilt auf der Menge aller n_2-elementigen Teilmengen von $\{1, 2, \ldots, N\}$. Für $l \in \{1, 2, \ldots, N\}$ sei*

$$H_l := \frac{N}{n_1 n_2} \#(M \cap \{1, \ldots, l\}) - \frac{l}{n_1}.$$

Unter obiger Nullhypothese H_0 gilt für beliebige $c \geq 0$:

$$\mathbb{P}(T_{\text{Sm}} \geq c) \leq \mathbb{P}\left(\max_{l=1,2,\ldots,N} H_l \geq c \right)$$

mit Gleichheit, falls F_1 und F_2 identisch sowie stetig sind. Im Spezialfall, dass $n_1 = n_2 = n$, ist

$$\mathbb{P}\left(\max_{l=1,2,\dots,N} H_l \geq c\right) = \binom{N}{n + \lceil nc \rceil} \Big/ \binom{N}{n}.$$

Mit $G_{n_1,n_2}^{\mathrm{Sm}}(c) := \mathbb{P}\left(\max_l H_l \geq c\right)$ ist also $G_{n_1,n_2}^{\mathrm{Sm}}(T_{\mathrm{Sm}})$ ein P-Wert für obige Nullhypothese H_0, und im Spezialfall $n_1 = n_2 = n$ ist dieser gleich

$$\binom{N}{n + nT_{\mathrm{Sm}}} \Big/ \binom{N}{n}.$$

Beweis von Lemma 6.4 Seien $U_1, U_2, \dots, U_N$ stochastisch unabhängige und auf $[0,1]$ uniform verteilte Zufallsvariablen. Aus Lemma 3.4 folgt, dass die Beobachtungen X_{ki} genauso verteilt sind wie die Beobachtungen

$$\tilde{X}_{ki} := \begin{cases} F_1^{-1}(U_i), & \text{falls } k = 1, \\ F_2^{-1}(U_{n_1+i}), & \text{falls } k = 2. \end{cases}$$

Unter der Nullhypothese ist $F_1 \geq F_2$ punktweise, und T_{Sm} ist verteilt wie

$$\sup_{x \in \mathbb{R}}\left(\frac{1}{n_2}\sum_{j=n_1+1}^{N} 1_{[F_2^{-1}(U_j) \leq x]} - \frac{1}{n_1}\sum_{i=1}^{n_1} 1_{[F_1^{-1}(U_i) \leq x]}\right)$$

$$= \sup_{x \in \mathbb{R}}\left(\frac{1}{n_2}\sum_{j=n_1+1}^{N} 1_{[U_j \leq F_2(x)]} - \frac{1}{n_1}\sum_{i=1}^{n_1} 1_{[U_i \leq F_1(x)]}\right)$$

$$\leq \sup_{x \in \mathbb{R}}\left(\frac{1}{n_2}\sum_{j=n_1+1}^{N} 1_{[U_j \leq F_1(x)]} - \frac{1}{n_1}\sum_{i=1}^{n_1} 1_{[U_i \leq F_1(x)]}\right)$$

$$= \sup_{v \in F_1(\mathbb{R})}\left(\frac{1}{n_2}\sum_{j=n_1+1}^{N} 1_{[U_j \leq v]} - \frac{1}{n_1}\sum_{i=1}^{n_1} 1_{[U_i \leq v]}\right)$$

$$\leq \sup_{v \in [0,1]}\left(\frac{1}{n_2}\sum_{j=n_1+1}^{N} 1_{[U_j \leq v]} - \frac{1}{n_1}\sum_{i=1}^{n_1} 1_{[U_i \leq v]}\right) =: T_{n_1,n_2}.$$

Offensichtlich gilt Gleichheit, falls F_1 und F_2 identisch sowie stetig sind.

Nun untersuchen wir die Zufallsvariable T_{n_1,n_2} etwas genauer. Mit Wahrscheinlichkeit eins sind die Werte $U_1, U_2, \dots, U_N$ paarweise verschieden. Bezeichnen wir mit $U_{(1)} < U_{(2)} < \dots < U_{(N)}$ die entsprechenden Ordnungsstatistiken und mit $R_1, R_2, \dots, R_N$ die entsprechenden Ränge, dann ist

$$
\begin{aligned}
T_{n_1,n_2} &= \max_{l=1,2,\ldots,N} \Big(\frac{1}{n_2} \sum_{j=n_1+1}^{N} 1_{[U_j \le U_{(l)}]} - \frac{1}{n_1} \sum_{i=1}^{n_1} 1_{[U_i \le U_{(l)}]} \Big) \\
&= \max_{l=1,2,\ldots,N} \Big(\frac{1}{n_2} \sum_{j=n_1+1}^{N} 1_{[R_j \le l]} - \frac{1}{n_1} \sum_{i=1}^{n_1} 1_{[R_i \le l]} \Big) \\
&= \max_{l=1,2,\ldots,N} \Big(\frac{1}{n_2} \sum_{j=n_1+1}^{N} 1_{[R_j \le l]} - \frac{1}{n_1} \Big(l - \sum_{i=n_1+1}^{N} 1_{[R_i \le l]} \Big) \Big) \\
&= \max_{l=1,2,\ldots,N} \Big(\frac{N}{n_1 n_2} \#(M \cap \{1,\ldots,l\}) - \frac{l}{n_1} \Big)
\end{aligned}
$$

mit der zufälligen Menge $M := \{R_{n_1+1},\ldots,R_N\}$. Dabei verwendeten wir im dritten Schritt die Tatsache, dass $(R_i)_{i=1}^{N}$ die Zahlen $1,2,\ldots,N$ enthält, weshalb $\sum_{i=1}^{N} 1_{[R_i \le l]} = l$. Aus Symmetriegründen ist die Reihenfolge der Zahlen $R_1, R_2, \ldots, R_N$ rein zufällig (Aufgabe 6), und dies impliziert, dass M eine rein zufällige n_2-elementige Teilmenge von $\{1,2,\ldots,N\}$ ist.

Es bleibt zu zeigen, dass die Verteilung von T_{n_1,n_2} im Falle von $n_1 = n_2 = n$ die angegebene Form hat. Zu diesem Zweck definieren wir noch $H_0 := 0$ und halten fest, dass das Tupel $H = (H_l)_{l=0}^{N}$ in folgender Menge liegt:

$$
\mathcal{H}_N := \big\{ (h_l)_{l=0}^{N} : h_0 = 0 \text{ und } |h_l - h_{l-1}| = 1/n \text{ für } 1 \le l \le N \big\}.
$$

Genauer gesagt, ist H uniform verteilt auf der Menge $\{h \in \mathcal{H}_N : h_N = 0\}$. Letztere Menge besteht aus $\binom{N}{n}$ verschiedenen Tupeln, denn man muss genau n „Zeitpunkte" $l \in \{1,2,\ldots,N\}$ festlegen, zu welchen $h_l - h_{l-1} = 1/n$. Die Frage ist nun, wie viele Tupel $h \in \mathcal{H}_N$ mit $h_N = 0$ einen gegebenen Wert $c \in \{1/n, 2/n, \ldots, 1\}$ erreichen oder gar überschreiten. Dazu verwenden wir das *Spiegelungsprinzip*: Für ein beliebiges Tupel $h \in \mathcal{H}_N$ definieren wir ein Tupel $\tilde{h} = (\tilde{h}_l)_{l=0}^{N}$ vermöge

$$
\tilde{h}_l := \begin{cases} h_l, & \text{falls } \max_{j \le l} h_j < c, \\ c - (h_l - c), & \text{falls } \max_{j \le l} h_j \ge c. \end{cases}
$$

Dies beschreibt eine bijektive Abbildung $h \mapsto \tilde{h}$ von $\mathcal{H}_N$ nach $\mathcal{H}_N$, und es ist

$$
h_N = 0 \text{ und } \max_{l \le N} h_l \ge c \quad \text{genau dann, wenn} \quad \tilde{h}_N = 2c.
$$

Abbildung 6.7 illustriert diese Abbildung: Für $n_1 = n_2 = 50$ und $c = 7/50$ wird ein Tupel $h \in \mathcal{H}_{100}$ sowie dessen Spiegelung $\tilde{h}$ gezeigt. Allgemein gibt es genau $\binom{N}{n+nc}$ Tupel $h \in \mathcal{H}_N$ mit $h_N = 2c$. Denn h_N ist gleich $2c$ genau dann, wenn $h_l - h_{l-1} = 1/n$

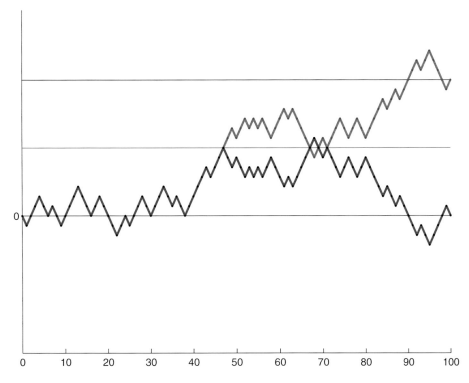

Abb. 6.7 Das Spiegelungsprinzip

für $n + nc$ „Zeitpunkte" l bzw. $h_l - h_{l-1} = -1/n$ für $n - nc$ „Zeitpunkte" l. Diese Überlegungen zeigen, dass

$$\mathbb{P}\left(\max_{l=1,2,\dots,N} H_l \geq c\right) = \binom{N}{n+nc}/\binom{N}{n}$$

für $c = 0, 1/n, 2/n, \dots, 1$.   □

Beispiel

Smirnovs Test ist auch anwendbar, wenn man anstelle der exakten $N = n_1 + n_2$ Werte X_{ki} nur ihre Ränge kennt. Hier ein konkretes Beispiel: Für eine bestimmte Sportart (zum Beispiel Langstreckenschwimmen) wurde eine neue Trainingsmethode entwickelt. Um gegebenenfalls nachzuweisen, dass diese Methode etwas bringt, werden $N = 2n$ Probanden rein zufällig in zwei gleich große Gruppen eingeteilt. Gruppe 1 trainiert nach der herkömmlichen und Gruppe 2 nach der neuen Methode. Nach einer gewissen Zeit wird ein Wettkampf ausgetragen und man notiert nur, in welcher Reihenfolge die Schwimmer ins Ziel kommen. Nun betrachtet man die Menge $M \subset \{1, 2, \dots, N\}$ der Ränge aller n Personen aus Gruppe 2 und bildet die Teststatistik

$$T_{\text{Sm}} := \max_{l=1,2,\dots,N} H_l \quad \text{mit} \quad H_l = \frac{2}{n}\#(M \cap \{1,\dots,l\}) - \frac{1}{n}.$$

Unter der Nullhypothese, dass die Auswirkungen der beiden Trainingsmethoden vollkommen identisch sind, ist $\mathbb{P}(T_{\text{Sm}} \geq c) = G_{n,n}^{\text{Sm}}(c)$. Unter der Arbeitshypothese, dass Personen in Gruppe 2 tendenziell schneller unterwegs sind, enthält M eher kleinere Ränge. Folglich tendiert T_{Sm} zu größeren Werten, und $G_{n,n}^{\text{Sm}}(T)$ ist ein geeigneter P-Wert für die Nullhypothese.

6.5 Rangsummentests

Ausgehend von $K = 2$ Stichproben X_1, X_2 und den entsprechenden Verteilungsfunktionen F_1, F_2 möchten wir quantifizieren, inwiefern Stichprobe X_1 tendenziell größere Werte als die Stichprobe X_2 enthält.

Um die Fragestellung zu veranschaulichen, betrachten wir wieder zwei Gruppen von Sportlern, die in einer bestimmten Disziplin, zum Beispiel Zehnkampf, gewisse Punkte X_{ki} erzielen. Die Frage ist nun, ob Personen in Gruppe 1 tendenziell besser abschneiden als Personen in Gruppe 2. Eine eindeutige Antwort gibt es nicht. Eine erste Möglichkeit wäre die Smirnov-Teststatistik. Allerdings ist diese Kenngröße für Nichtstatistiker schwer verständlich. Ein anderer und naheliegender Vorschlag wäre die Differenz $\overline{X}_1 - \overline{X}_2$. Doch diese Kenngröße reagiert empfindlich auf Ausreißer. Zum Beispiel ist es möglich, dass alle Mitglieder von Gruppe 1 bessere Ergebnisse als alle bis auf ein Mitglied von Gruppe 2 erzielten. Wenn aber diese besondere Person in Gruppe 2 ein herausragend gutes Resultat erzielt, kann es sein, dass $\overline{X}_1 - \overline{X}_2$ negativ ist; siehe die linke Hälfte von Abb. 6.8. Um dieses Problem zu umgehen, könnte man die Differenz der Stichprobenmediane wählen. Diese Kenngröße ist allerdings wenig sensitiv. Es wäre beispielsweise möglich, dass die Stichprobenmediane übereinstimmen, obwohl viele Resultate in Gruppe 1 strikt besser sind als die Mehrheit der Resultate in Gruppe 2 und viele Resultate in Gruppe 2 strikt schlechter sind als die Mehrheit in Gruppe 1; siehe die rechte Hälfte von Abb. 6.8.

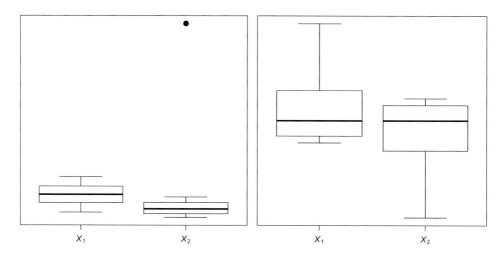

Abb. 6.8 Probleme beim „fairen Vergleich" zweier Verteilungen

Mann-Whitney-U-Statistik Um zu quantifizieren, inwiefern die Komponenten von X_1 tendenziell größer als die von X_2 sind, kann man jede Komponente von X_1 mit jeder von X_2 vergleichen und zählen, wie oft erstere größer als letztere ist. Dies führt zu der von Henry B. Mann und Donald Whitney [17] eingeführten Teststatistik

$$T_U := \sum_{i=1}^{n_1} \sum_{j=1}^{n_2} h(X_{1i}, X_{2j})$$

mit

$$h(x, y) := \begin{cases} 1 & \text{falls } x > y, \\ 1/2 & \text{falls } x = y, \\ 0 & \text{falls } x < y. \end{cases}$$

Mit anderen Worten, die Kenngröße

$$\widehat{u} := \frac{T_U}{n_1 n_2}$$

gibt an, mit welcher Wahrscheinlichkeit eine rein zufällig gewählte Komponente von X_1 größer als eine rein zufällig gewählte Komponente von X_2 ist. Man kann $\widehat{u}$ auch als Schätzwert für die theoretische Kenngröße

$$\mathbb{E}(\widehat{u}) = u(F_1, F_2) := \mathbb{E}h(X_1, X_2)$$

deuten, wobei $X_1 \sim F_1$ und $X_2 \sim F_2$ stochastisch unabhängig sind. In Aufgabe 12 wird ein Zusammenhang zwischen der Smirnov-Statistik T_{Sm} und der reskalierten Mann-Whitney-Statistik $\widehat{u}$ aufgezeigt.

Wilcoxon-Rangsummenstatistik Die Teststatistik T_U bzw. $\widehat{u}$ hat eine klare Interpretation und lässt sich auch theoretisch gut analysieren. Für konkrete Rechnungen ist allerdings die nachfolgende Rangsummenstatistik T_W, die von F. Wilcoxon (1945) vorgeschlagen wurde, von Vorteil: Man kombiniert X_1 und X_2 zu einer Gesamtstichprobe

$$X = (X_{11}, X_{12}, \ldots, X_{1n_1}, X_{21}, X_{22}, \ldots, X_{2n_2})$$

mit $N = n_1 + n_2$ Komponenten. Hierfür bestimmt man die Ränge $R_1, R_2, \ldots, R_N$ und berechnet dann die Teststatistik

$$T_W := \sum_{i=1}^{n_1} R_i,$$

also die Summe der Ränge von X_{1i}, $1 \leq i \leq n_1$, in der Gesamtstichprobe. Die Berechnung dieser Teststatistik ist recht einfach, da man den Vektor der Ränge R_i mittels effizienter Sortierung in $O(N \log N)$ Schritten berechnen kann.

Zusammenhang zwischen T_W und T_U Es gilt die einfache Formel

$$T_W = \frac{n_1(n_1 + 1)}{2} + T_U.$$

Denn

$$R_i = \#\{j \leq N : X_j < X_i\} + \frac{1}{2} + \frac{\#\{j \leq N : X_j = X_i\}}{2} = \frac{1}{2} + \sum_{j=1}^{N} h(X_i, X_j),$$

sodass

$$
\begin{aligned}
T_W &= \sum_{i=1}^{n_1} \left(\frac{1}{2} + \sum_{j=1}^{N} h(X_i, X_j) \right) \\
&= \frac{n_1}{2} + \sum_{i=1}^{n_1} \sum_{j=1}^{n_1} h(X_i, X_j) + \sum_{i=1}^{n_1} \sum_{j=1}^{n_2} h(X_{1i}, X_{2j}) \\
&= \frac{n_1}{2} + \sum_{i=1}^{n_1} \sum_{j=1}^{n_1} h(X_i, X_j) + T_U.
\end{aligned}
$$

Doch

$$
\begin{aligned}
\sum_{i=1}^{n_1} \sum_{j=1}^{n_1} h(X_i, X_j) &= \sum_{i=1}^{n_1} \underbrace{h(X_i, X_i)}_{=1/2} + \sum_{1 \leq i < j \leq n_1} \underbrace{\left(h(X_i, X_j) + h(X_j, X_i) \right)}_{=1} \\
&= \frac{n_1}{2} + \frac{n_1(n_1 - 1)}{2} = \frac{n_1^2}{2},
\end{aligned}
$$

sodass tatsächlich $T_W = n_1/2 + n_1^2/2 + T_U = n_1(n_1 + 1)/2 + T_U$.

Wilcoxon-Rangsummentest Mit der Teststatistik T_W oder T_U kann man die in Abschn. 8.5 beschriebenen Permutationstests durchführen und erhält so einen exakten P-Wert für die Nullhypothese

$$H_0 : F_1 \equiv F_2.$$

Wir machen nun die vereinfachende Annahme, dass die Verteilungsfunktionen F_1, F_2 stetig sind. Unter der Nullhypothese H_0 ist $(R_1, R_2, \ldots, R_N)$ eine rein zufällige Permutation von $(1, 2, \ldots, N)$. Für beliebige Zahlen x ist also

$$\mathbb{P}(T_U \leq x) = G_{n_1, n_2}(x),$$

wobei

$$G_{n_1,n_2}(x) := \mathbb{P}\Big(\sum_{i=1}^{n_1}\sum_{j=1}^{n_2} 1_{[\Pi(i)>\Pi(n_1+j)]} \le x\Big)$$

$$= \mathbb{P}\Big(\sum_{i=1}^{n_1} \Pi(i) \le \frac{n_1(n_1+1)}{2} + x\Big)$$

mit einer rein zufälligen Permutation Π von $\{1, 2, \dots, N\}$. Je nach Arbeitshypothese bieten sich folgende P-Werte an: für die Arbeitshypothese, dass $F_1 <_{\text{st.}} F_2$, der linksseitige P-Wert

$$\pi_\ell(X_1, X_2) := G_{n_1,n_2}(T_U),$$

und für die Arbeitshypothese, dass $F_1 >_{\text{st.}} F_2$, der rechtsseitige P-Wert

$$\pi_r(X_1, X_2) := 1 - G_{n_1,n_2}(T_U - 1).$$

Möchte man einfach nachweisen, dass $F_1 \not\equiv F_2$, ohne a priori eine bestimmte Tendenz zu vermuten, bietet sich der entsprechende zweiseitige P-Wert an, also das Minimum der beiden einseitigen, multipliziert mit 2. Tatsächlich kann man die einseitigen P-Werte sogar als P-Werte für allgemeinere Nullhypothesen verwenden (Aufgabe 8). Und zwar gilt für beliebige reelle Zahlen x:

$$\mathbb{P}(T_U \le x) \le G_{n_1,n_2}(x) \quad \text{falls } F_1 \le_{\text{st.}} F_2, \tag{6.2}$$

$$\mathbb{P}(T_U \le x) \ge G_{n_1,n_2}(x) \quad \text{falls } F_1 \ge_{\text{st.}} F_2. \tag{6.3}$$

Man kann also mit $\pi_\ell(X_1, X_2)$ die Nullhypothese, dass $F_1 \le_{\text{st.}} F_2$, testen, und $\pi_r(X_1, X_2)$ ist ein P-Wert für die Nullhypothese, dass $F_1 \ge_{\text{st.}} F_2$.

Sind die Verteilungsfunktionen F_1 und F_2 nicht notwendig stetig, sollte man einen Permutationstest durchführen oder mit $\pi_\ell(X_1, X_2) = G_{n_1,n_2}(\lceil T_U \rceil)$ bzw. $\pi_r(X_1, X_2) = 1 - G_{n_1,n_2}(\lfloor T_U \rfloor - 1)$ arbeiten. Letztere P-Werte sind tendenziell etwas zu hoch; man ist also auf der sicheren Seite.

Berechnung der Verteilungsfunktion G_{n_1,n_2} Wenn die Teilstichprobenumfänge n_1 und n_2 groß sind, kann man ausnutzen, dass G_{n_1,n_2} in etwa eine Normalverteilung mit Mittelwert $n_1 n_2/2$ und Varianz $n_1 n_2(N+1)/12$ beschreibt; siehe auch Aufgabe 10 und Abschn. A.8 im Anhang. Dies liefert dann die Approximation

$$G_{n_1,n_2}(x) \approx \Phi\Big(\frac{x - n_1 n_2/2 + 0{,}5}{\sqrt{n_1 n_2(N+1)/12}}\Big) \quad \text{für } x \in \mathbb{Z}.$$

Dabei ist der Summand „+0,5“ im Zähler eine Korrektur, welche die Approximation der diskreten Verteilungsfunktion G_{n_1,n_2} durch eine stetige Normalverteilungsfunktion deutlich verbessert.

Die exakte Berechnung von G_{n_1,n_2} kann man mit folgender Rekursionsformel bewerkstelligen: Für beliebige ganze Zahlen x ist

$$G_{n_1,n_2}(x) = \frac{n_1}{N} G_{n_1-1,n_2}(x-n_2) + \frac{n_2}{N} G_{n_1,n_2-1}(x).$$

Um dies nachzuweisen, erzeugen wir das Tupel $\big(\Pi(1), \Pi(2), \ldots, \Pi(n)\big)$ in zwei Schritten. Im ersten Schritt wählen wir rein zufällig die Position, an welcher die Zahl N stehen soll, sagen wir an Stelle Nr. J. Danach füllen wir die übrigen $N-1$ noch leeren Positionen von links nach rechts mit den Komponenten einer rein zufälligen, von J unabhängigen Permutation $\tilde{\Pi}$ von $\{1, \ldots, N-1\}$. Im Falle von $J \le n_1$, was mit Wahrscheinlichkeit n_1/N passiert, ist dann

$$\sum_{i=1}^{n_1} \sum_{j=1}^{n_2} 1_{[\Pi(i) > \Pi(n_1+j)]} = n_2 + \sum_{i=1}^{n_1-1} \sum_{j=1}^{n_2} 1_{[\tilde{\Pi}(i) > \tilde{\Pi}(n_1-1+j)]},$$

und die Doppelsumme auf der rechten Seite ist nach G_{n_1-1,n_2} verteilt. Im Falle von $J > n_1$, was mit Wahrscheinlichkeit n_2/N eintritt, ist

$$\sum_{i=1}^{n_1} \sum_{j=1}^{n_2} 1_{[\Pi(i) > \Pi(n_1+j)]} = \sum_{i=1}^{n_1} \sum_{j=1}^{n_2-1} 1_{[\tilde{\Pi}(i) > \tilde{\Pi}(n_1+j)]},$$

und die Doppelsumme auf der rechten Seite ist nach G_{n_1,n_2-1} verteilt.

Beispiel (Hamburg-Marathon, Fortsetzung von Beispiel 6.2)
Wir möchten testen, ob sich die Leistungen von jungen Läufern (Alterklassen MJ und MH) und von Läufern im reiferen Alter (Altersklassen M40 und M45) unterscheiden, wobei wir eine Sicherheit von 99 % anstreben, also mit dem Testniveau $\alpha = 1$ % arbeiten. Der besagte Datensatz enthält die Ergebnisse von $n_1 = 1551$ Läufern in den Alterklassen MJ und MH sowie $n_2 = 3399$ in den Altersklassen M40 und M45.

Die Auswertung involviert $n_1 n_2 = 5.271.849$ Vergleiche und ergibt $T_U = 2.786.811$ sowie $\widehat{u} = T_U/(n_1 n_2) \approx 0,5286$. Ab Teilstichprobenumfängen von 50 und mehr sind die oben beschriebenen Approximationen der P-Werte mittels Normalverteilungen sehr gut. Wir erhalten hier die einseitigen P-Werte

$$\pi_\ell = \Phi\left(\frac{T_U - n_1 n_2/2 + 0,5}{\sqrt{n_1 n_2 (N+1)/12}} \right) \approx \Phi(3,2353) \approx 0,9994,$$

$$\pi_r = \Phi\left(\frac{n_1 n_2/2 - T_U + 0,5}{\sqrt{n_1 n_1 (N+1)/12}} \right) \approx \Phi(-3,2353) \approx 0,0006,$$

also $\pi_z = 2 \cdot \pi_r \approx 0,0012$. Wir können daher die Nullhypothese, dass sich die beiden Altersgruppen im Hinblick auf ihre Laufzeiten nicht systematisch unterscheiden, mit einer Sicherheit von 99 % verwerfen. Die Auswertung deutet darauf hin, dass jüngere Teilnehmer eines Marathons tendenziell langsamer sind als Teilnehmer in reiferem Alter.

▶ **Bemerkung** Wilcoxons Rangsummentest bzw. den Mann-Whitney-Test kann man auch anwenden, wenn die Beobachtungen X_{ki} Werte eines ordinalen Merkmals sind. Dann muss man allerdings mit zahlreichen Bindungen rechnen, und der Test sollte eher als Permutationstest, wie in Abschn. 8.5 beschrieben, durchgeführt werden.

Konfidenzschranken für einen Shift-Parameter Auch Wilcoxons Rangsummentest lässt sich invertieren, um Konfidenzschranken für einen unbekannten Lageparameter zu berechnen. Angenommen, $F_2 \equiv F$ und $F_1(x) = F(x - \mu)$ für $x \in \mathbb{R}$ mit einer unbekannten stetigen Verteilungsfunktion F und einem unbekannten reellen Parameter μ.

Ein Spezialfall dieses Modells sind normalverteilte Beobachtungen X_{ki} mit unbekannter Standardabweichung $\sigma > 0$ und unbekanntem Mittelwert $\nu + \mu$ für $k = 1$ bzw. ν für $k = 2$.

Definiert man

$$T_U(m) := \sum_{i=1}^{n_1} \sum_{j=1}^{n_2} h(X_{1i} - m, X_{2j})$$

für beliebige $m \in \mathbb{R}$, also $T_U(0) = T_U$, dann ist $T_U(\mu)$ nach der Verteilungsfunktion G_{n_1,n_2} verteilt. Ferner ist $m \mapsto T_U(m)$ monoton fallend in $m \in \mathbb{R}$. Die Ungleichung

$$\mathbb{P}\big(T_U(\mu) \leq G_{n_1,n_2}^{-1}(1 - \alpha)\big) \geq 1 - \alpha$$

liefert daher die untere $(1 - \alpha)$-Vertrauensschranke

$$a_\alpha = a_\alpha(\text{Daten}) := \inf\{m \in \mathbb{R} : T_U(m) \leq G_{n_1,n_2}^{-1}(1 - \alpha)\}.$$

Zusammen mit Aufgabe 10 ergibt sich die obere $(1 - \alpha)$-Vertrauensschranke

$$b_\alpha = b_\alpha(\text{Daten}) := \sup\{m \in \mathbb{R} : T_U(m) \geq n_1 n_2 - G_{n_1,n_2}^{-1}(1 - \alpha)\}.$$

Bezeichnen wir mit

$$M_1 \leq M_2 \leq \cdots \leq M_{n_1 n_2}$$

die der Größe nach sortierten Differenzen $X_{1i} - X_{2j}$ ($1 \leq i \leq n_1, 1 \leq j \leq n_2$), dann ist

$$a_\alpha = M_{k(\alpha)} \quad \text{und} \quad b_\alpha = M_{l(\alpha)}$$

mit

$$k(\alpha) = k(\alpha, n_1, n_2) := n_1 n_2 - G_{n_1,n_2}^{-1}(1 - \alpha),$$
$$l(\alpha) = l(\alpha, n_1, n_2) := G_{n_1,n_2}^{-1}(1 - \alpha) + 1 = n_1 n_2 + 1 - k(\alpha).$$

Dabei setzen wir $M_0 := -\infty$ und $M_{n_1 n_2 + 1} := \infty$.

Ein entsprechender Schätzer für μ ist gegeben durch den Median $\widehat{\mu}$ dieser Werte $M_1, M_2, \ldots, M_{n_1 n_2}$, und zwar ist $T_U(\widehat{\mu}) = n_1 n_2 / 2$.

6.6   Multiple Tests und Vergleiche von mehr als zwei Stichproben

Multiple Tests In manchen statistischen Auswertungen testet man nicht nur eine, sondern mehrere Nullhypothesen $H_1, H_2, \ldots, H_m$ simultan. Für $j = 1, 2, \ldots, m$ sei $\pi_j = \pi_j$(Daten) ein P-Wert für die Nullhypothese H_j. Wenn man jeweils auf dem Niveau α testet und alle Nullhypothesen mit P-Wert kleiner oder gleich α auflistet, dann ist die Wahrscheinlichkeit, dass *irgendeine* dieser Nullhypothesen doch zutrifft, in der Regel größer als α.

Angenommen, man möchte erreichen, dass die Wahrscheinlichkeit, bei *irgendeinem* der m Tests einen Fehler der ersten Art zu begehen, kleiner oder gleich α ist. Hierzu muss man die einzelnen P-Werte π_j noch geeignet *adjustieren*. Das Ziel ist, adjustierte P-Werte $\bar{\pi}_j = \bar{\pi}_j$(Daten) zu konstruieren, sodass für die Menge

$$\mathcal{J}_0 := \big\{ j \in \{1, 2, \ldots, m\} : H_j \text{ trifft zu} \big\}$$

gilt:

$$\mathbb{P}\big(\bar{\pi}_j \leq \alpha \text{ für mindestens ein } j \in \mathcal{J}_0 \big) \leq \alpha. \tag{6.4}$$

Beispiel 6.5
Angenommen, wir möchten $K \geq 3$ Stichproben $X_1, X_2, \ldots, X_K$ miteinander vergleichen. Genauer gesagt, möchten wir für $k, l \in \{1, 2, \ldots, K\}$ mit $k \neq l$ gegebenenfalls nachweisen, dass die Nullhypothese

$$H_{k,l} \; : \; F_k \leq_{\text{st.}} F_l$$

nicht zutrifft. Zu diesem Zweck berechnen wir den rechtsseitigen P-Wert $\pi_{k,l} = \pi_{k,l}(X_k, X_l)$ für $H_{k,l}$ mit Smirnovs Test oder Wilcoxons Rangsummentest. Dann ersetzen wir diese $m = K(K-1)$ einzelnen P-Werte $\pi_{k,l}$ durch adjustierte P-Werte $\bar{\pi}_{k,l}$, welche (6.4) erfüllen. Danach können wir mit einer Sicherheit von $1 - \alpha$ behaupten, dass *sämtliche* Nullhypothesen $H_{k,l}$ mit $\bar{\pi}_{k,l} \leq \alpha$ nicht zutreffen. Da wir mit Wilcoxons Rangsummentest arbeiten, suggeriert $\bar{\pi}_{k,l} \leq \alpha$, dass $F_k >_{\text{st.}} F_l$, was sich jedoch nicht beweisen lässt.

Bonferroni-Adjustierung Um (6.4) zu erreichen, kann man die Einzel-P-Werte π_j durch

$$\bar{\pi}_j := m \pi_j \quad \text{oder} \quad \bar{\pi}_j := \min(m \pi_j, 1)$$

ersetzen. Denn in beiden Fällen ist

$$\mathbb{P}\big(\bar{\pi}_j \leq \alpha \text{ für mindestens ein } j \in \mathcal{J}_0 \big)$$
$$\leq \sum_{j \in \mathcal{J}_0} \mathbb{P}\big(\bar{\pi}_j \leq \alpha \big) = \sum_{j \in \mathcal{J}_0} \mathbb{P}\big(\pi_j \leq \alpha/m \big) \leq \#\mathcal{J}_0 \cdot \alpha/m \leq \alpha.$$

Das Trunkieren der adjustierten P-Werte bei 1 ist rein kosmetischer Natur.

Holm-Adjustierung Die Bonferroni-Adjustierung ist in der Regel sehr konservativ in dem Sinne, dass unnötig viele Fehler der zweiten Art begangen werden und unsere Liste zu kurz gerät. Eine verfeinerte Methode wurde von Sture Holm (1979) vorgeschlagen: Und zwar ordnet man zunächst die Nullhypothesen so um, dass die entsprechenden P-Werte monoton ansteigen. Seien $H_{(1)}, H_{(2)}, \dots, H_{(m)}$ die neu sortierten Nullhypothesen und $\pi_{(1)} \le \pi_{(2)} \le \dots \le \pi_{(m)}$ die entsprechenden P-Werte. Dann ersetzt man $\pi_{(j)}$ durch

$$\bar{\pi}_{(j)} := \max_{i \le j} \min\big((m + 1 - i)\pi_{(i)}, 1\big).$$

Offensichtlich ist $\bar{\pi}_{(j)} \le \max_{i \le j} \min(m\pi_{(i)}, 1) = \min(m\pi_{(j)}, 1)$ mit Gleichheit für $j = 1$. Die Bonferroni- ist also konservativer als die Holm-Adjustierung. Wenn $m\pi_{(1)}$ größer ist als α, wird mit beiden Methoden keine der Nullhypothesen abgelehnt.

Beweis von (6.4) *für Holms Methode* Die Anzahl der zutreffenden Hypothesen sei $m_0 = \#\mathcal{J}_0 > 0$. Nach der Umsortierung seien $H_{(J(1))}, \dots, H_{(J(m_0))}$ die zutreffenden Nullhypothesen mit zufälligen Indizes $J(1) < \dots < J(m_0)$. Dann ist die Wahrscheinlichkeit, dass $\bar{\pi}_j \le \alpha$ für mindestens ein $j \in \mathcal{J}_0$, gleich

$$
\begin{aligned}
\mathbb{P}\big(&\bar{\pi}_{(J(a))} \le \alpha \text{ für mindestens ein } a \in \{1, \dots, m_0\}\big) \\
&= \mathbb{P}\big(\bar{\pi}_{(J(1))} \le \alpha\big) \\
&\le \mathbb{P}\big((m + 1 - J(1))\, \pi_{(J(1))} \le \alpha\big) \\
&\le \mathbb{P}\big(m_0 \pi_{(J(1))} \le \alpha\big) \\
&= \mathbb{P}\big(\pi_j \le \alpha/m_0 \text{ für mindestens ein } j \in \mathcal{J}_0\big) \\
&\le \alpha.
\end{aligned}
$$

Dabei verwendeten wir im ersten Schritt die Ungleichungen $\bar{\pi}_{(1)} \le \bar{\pi}_{(2)} \le \dots \le \bar{\pi}_{(m)}$, im zweiten Schritt die Ungleichung $\bar{\pi}_{(j)} \ge (m + 1 - j)\pi_{(j)}$ und im dritten Schritt die Tatsache, dass $J(1) \le m + 1 - m_0$. □

Beispiel (Hamburg-Marathon, Fortsetzung von Beispiel 6.2)
Wir möchten nun mehr als zwei Altersklassen der Läufer miteinander vergleichen. Damit die Gesamtzahl von Vergleichen nicht zu groß wird, fassen wir die ursprünglichen zwölf Altersklassen zu $K = 5$ größeren Altersklassen zusammen:

M18–29: $n_1 = 1551$ (MJ, MH)
M30–39: $n_2 = 4289$ (M30, M35)
M40–49: $n_3 = 3399$ (M40, M45)
M50–59: $n_4 = 1502$ (M50, M55)
M60+: $n_5 = 460$ (M60, M65, M70, M75)

Nun werten wir diese Daten wie in Beispiel 6.5 beschrieben aus. In der folgenden Tabelle sieht man für jedes Paar (k, l) zweier verschiedener Indizes $k, l \in \{1, 2, 3, 4, 5\}$ die normierte Teststatistik

$\widehat{u}_{k,l} = T_U(X_k, X_l)/(n_k n_l)$ sowie den rechtsseitigen approximativen P-Wert

$$\pi_{k,l} = \Phi\left(\frac{n_k n_l/2 - T_U(X_k, X_l) + 0{,}5}{\sqrt{n_k n_l(n_k + n_l + 1)/12}}\right),$$

alles auf fünf Nachkommastellen gerundet. Dabei werden Einträge mit P-Wert kleiner oder gleich 1 % hervorgehoben:

M18–29	**0,52819**	**0,52862**	0,47794	0,37205
	0,00049	**0,00061**	0,98258	1
0,47181	*M30–39*	0,49975	0,44732	0,34349
0,99951		0,51532	1	1
0,47138	0,50025	*M40–49*	0,44630	0,34104
0,99939	0,48468		1	1
0,52206	**0,55268**	**0,55370**	*M50–59*	0,38882
0,01742	**0,00000**	**0,00000**		1
0,62795	**0,65651**	**0,65896**	**0,61118**	*M60+*
0,00000	**0,00000**	**0,00000**	**0,00000**	

Um diese $K(K-1) = 20$ P-Werte zu adjustieren, müssen wir sie der Größe nach ordnen. Dabei ergeben sich folgende Zahlen (wieder auf fünf Nachkommastellen):

j	≤ 6	7	8	9	10	≥ 11
$\pi_{(j)}$	0,00000	0,00049	0,00061	0,01742	0,48468	> 0,5
$\bar{\pi}_{(j)}$ nach Bonferroni	0,00000	0,00982	0,01215	0,34842	1	1
$\bar{\pi}_{(j)}$ nach Holm	0,00000	0,00688	0,00790	0,20905	1	1

Ersetzt man die einfachen P-Werte durch die nach Holm adjustierten, ergibt sich folgende Tabelle:

M18–29	**0,52819**	**0,52862**	0,47794	0,37205
	0,00688	**0,00790**	1	1
0,47181	*M30–39*	0,49975	0,44732	0,34349
1		1	1	1
0,47138	0,50025	*M40–49*	0,44630	0,34104
1	1		1	1
0,52206	**0,55268**	**0,55370**	*M50–59*	0,38882
0,20905	**0,00000**	**0,00000**		1
0,62795	**0,65651**	**0,65896**	**0,61118**	*M60+*
0,00000	**0,00000**	**0,00000**	**0,00000**	

Nun kann man mit einer Sicherheit von 99 % behaupten, dass $H_{k,l}$ für folgende Kombinationen (k, l) nicht zutrifft: $k = 1$ und $l = 2, 3$; $k = 4$ und $l = 2, 3$; $k = 5$ und $l = 1, 2, 3, 4$. Dies deutet darauf hin, dass die Laufzeiten in der höchsten Altersklasse M60+ tendenziell höher sind als in den vier anderen, dass die Laufzeiten in der Altersklasse M50–59 höher sind als in den Altersklassen

M30–39 und M40–49 und dass die Laufzeiten in der Altersklasse M18–29 höher sind als in den Altersklassen M30–39 sowie M40–49.

An dieser Stelle sollte man noch etwas zur Modellierung der Daten und Interpretation der Tests sagen: Jeder Marathonlauf hat seine Eigenheiten. Die Teilnehmenden werden von Besonderheiten der Strecke, aber auch von den Bedingungen während des Laufs (Temperatur, Luftfeuchtigkeit, Stimmung im Publikum etc.) beeinflusst. Von daher ist die Vorstellung von festen Verteilungsfunktionen $F_1, F_2, \ldots, F_K$ sicher unrealistisch. Stattdessen könnte man davon ausgehen, dass diese Verteilungsfunktionen ihrerseits variabel und sogar zufällig sind und dass die Beobachtungen X_{ki} bei *gegebenen* Verteilungsfunktionen $F_1, F_2, \ldots, F_K$ stochastisch unabhängig sind, wobei $X_{ki} \sim F_k$. Die Nullhypothese $H_{k,l}$ könnte man dahingehend abändern, dass $F_k \leq_{\text{st.}} F_l$ *fast sicher*.

▶ **Bemerkung** In zahlreichen Lehrbüchern werden für den Vergleich von $K \geq 3$ Stichproben andere Verfahren propagiert. Beim Vergleich von Mittelwerten sind dies sogenannte F-Tests aus der Varianzanalyse. Ein Analogon für Wilcoxons Rangsummentest ist der Kruskal-Wallis-Test. Ein Nachteil dieser Verfahren ist, dass man gegebenenfalls nur die Nullhypothese, dass überhaupt keine systematischen Unterschiede zwischen den Stichproben bestehen, mit einer gewissen Sicherheit ablehnen kann. Dies sagt aber nichts darüber aus, welche Stichproben sich inwiefern unterscheiden. Ein ähnliches Problem begegnete uns bereits beim Chiquadrat-Anpassungstest.

6.7 Übungsaufgaben

1. (Schranken für den Mittelwert) Angenommen, Sie kennen von einer Stichprobe nur die fünf Kenngrößen für den Box-Plot. Selbst der Stichprobenumfang sei Ihnen nicht bekannt. Zeigen Sie, dass

$$\frac{\text{Min.} + Q_1 + Q_2 + Q_3}{4} \leq \text{Stichprobenmittelwert} \leq \frac{Q_1 + Q_2 + Q_3 + \text{Max.}}{4}.$$

2. (Zu Chiquadrat-Verteilungen) Sei S_k^2 nach χ_k^2 verteilt. Bestimmen Sie Erwartungswert und Standardabweichung von S_k^2 (Hinweis: Aufgabe 5 in Abschn. 2.4).
   Zeigen Sie mithilfe des Zentralen Grenzwertsatzes, dass die standardisierte Zufallsgröße $(S_k^2 - \mathbb{E}(S_k^2))/\operatorname{Std}(S_k^2)$ approximativ standardnormalverteilt ist, wenn $k \to \infty$.

3. (Zu Welchs Methode) Zeigen Sie, dass die Zahl

$$k(n_1, n_2, \sigma_1, \sigma_2) := \frac{(\sigma_1^2/n_1 + \sigma_2^2/n_2)^2}{\sigma_1^4/(n_1^2(n_1-1)) + \sigma_2^4/(n_2^2(n_2-1))}$$

   stets im Intervall $\left[\min(n_1 - 1, n_2 - 1), N - 2\right]$ liegt.
   Begründen Sie, dass $\widehat{\tau}^{-1}(\overline{X}_1 - \overline{X}_2 - \mu_1 + \mu_2)$ approximativ nach t_{n_1-1} verteilt ist und $k(n_1, n_2, \sigma_1, \sigma_2) \to n_1 - 1$, wenn $\sigma_2/\sigma_1 \to 0$.

4. (Beispiel zu Welchs Methode) Betrachten Sie noch einmal Aufgabe 10 in Abschn. 3.5. Berechnen Sie mit den dort genannten Daten ein approximatives 95 %-Vertrauensintervall für die Differenz $\mu_1 - \mu_2$, wobei μ_1 den mittleren BMI der Damen und μ_2 den mittleren BMI der Herren bezeichnen.

5. (Kombination mehrerer Schätzer) In dieser Aufgabe soll u. a. gezeigt werden, dass der spezielle Varianzschätzer $\widehat{\sigma}^2$ in (6.1) eine Optimalitätseigenschaft hat.

Abb. 6.9 Zu Aufgabe 7

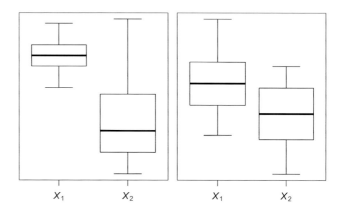

(a) Seien $Y_1, Y_2, \ldots, Y_K$ stochastisch unabhängige Zufallsvariablen mit unbekanntem Erwartungswert $\nu = \mathbb{E}(Y_k)$. Ferner sei $\mathrm{Var}(Y_k) = c_k \tau^2$ mit unbekanntem $\tau > 0$, aber bekannten Faktoren $c_1, c_2, \ldots, c_K > 0$. Nun betrachten wir Schätzer für ν der Form

$$\widehat{\nu} := \sum_{k=1}^{K} w_k Y_k$$

mit gewissen Gewichten $w_1, w_2, \ldots, w_K$. Bestimmen Sie diese Gewichte derart, dass $\mathbb{E}(\widehat{\nu}) = \nu$ und $\mathrm{Var}(\widehat{\nu})$ minimal ist. (Falls Sie mit allgemeinem K nicht zurechtkommen, betrachten Sie den Fall $K = 2$.)

(b) Nun betrachten wir stochastisch unabhängige Zufallsvariablen X_{ki}, $1 \le k \le K$, $1 \le i \le n_k$. Dabei sei X_{ki} nach $\mathcal{N}(\mu_k, \sigma^2)$ verteilt, und die Parameter $\mu_1, \mu_2, \ldots, \mu_K \in \mathbb{R}$ und $\sigma^2 > 0$ seien unbekannt. Betrachten Sie die Stichprobenvarianzen $S_k^2 := (n_k - 1)^{-1} \cdot \sum_{i=1}^{n_k} (X_{ki} - \overline{X}_k)^2$. Kombinieren Sie diese Schätzer mithilfe von Teil (a) zu einem guten und erwartungstreuen Schätzer $\widehat{\sigma}^2$ für σ^2. Was können Sie über seine Verteilung sagen?

6. Beweisen Sie Lemma 6.3. Die Implikation „(i) $\Longrightarrow$ (ii)" ergibt sich aus der Definition der Quantilsfunktion. Für die Implikation „(ii) $\Longrightarrow$ (iii)" bietet sich die Quantiltransformation an, siehe Lemma 3.4.

7. (Mann-Whitney-U-Statistik und Boxplots) Abbildung 6.9 zeigt zwei Beispiele von Box-Plots zweier Stichproben X_1 und X_2 mit unbekannten Stichprobenumfängen. Bestimmen Sie aufgrund dieser Box-Plots untere und obere Schranken für die normierte Mann-Whitney-U-Statistik $\widehat{u}$.

8. Begründen Sie die Ungleichungen (6.2) und (6.3).

9. (Lineare Permutationsstatistiken, I) Für eine natürliche Zahl $N \ge 2$ sei Π uniform verteilt auf der Menge aller Permutationen von $\{1, 2, \ldots, N\}$. Für feste Vektoren $\boldsymbol{a}, \boldsymbol{b} \in \mathbb{R}^N$ betrachten wir nun die Zufallssumme $T := \sum_{i=1}^{N} a_i b_{\Pi(i)}$.

    (i) Zeigen Sie, dass

$$\mathbb{E}(T) = N \overline{a}\overline{b}$$

    mit $\overline{v} := N^{-1} \sum_{i=1}^{N} v_i$ für $\boldsymbol{v} = \boldsymbol{a}, \boldsymbol{b}$.

    (ii) Zeigen Sie, dass

$$\mathrm{Var}(T) = \frac{(\|\boldsymbol{a}\|^2 - N\overline{a}^2)(\|\boldsymbol{b}\|^2 - N\overline{b}^2)}{N - 1}.$$

    Vorschlag: Betrachten Sie zunächst den Fall, dass $\overline{a} = \overline{b} = 0$.

(iii) Zeigen Sie, dass $T - \mathbb{E}(T)$ und $\mathbb{E}(T) - T$ identisch verteilt sind, wenn $b_i + b_{N+1-i}$ konstant in $i \in \{1, 2, \ldots, N\}$ ist. Tipp für Ratlose: Aufgabe 1 in Abschn. 8.6.

10. Wenden Sie die Resultate in Aufgabe 9 auf Wilcoxons Rangsummentest an: Zeigen Sie, dass

$$\mathbb{E}(T_W) = \frac{n_1(N+1)}{2}, \quad \mathbb{E}(T_U) = \frac{n_1 n_2}{2}$$

und

$$\mathrm{Var}(T_W) = \mathrm{Var}(T_U) = \frac{n_1 n_2 (N+1)}{12},$$

wenn die zugrundeliegenden Verteilungen F_1 und F_2 identisch und stetig sind. Zeigen Sie außerdem, dass für beliebige ganze Zahlen x gilt:

$$G_{n_1, n_2}(x) = 1 - G_{n_1, n_2}(n_1 n_2 - x - 1).$$

11. In einer medizinischen Studie wurde ein physiologischer Parameter (*urinary thromboglobulin excretion*) bei zwölf Diabetikern und zwölf Nichtdiabetikern gemessen. Die Frage ist, ob es einen systematischen Unterschied zwischen Diabetikern und Nichtdiabetikern in Bezug auf diesen Parameter gibt.
   (a) Berechnen Sie die Teststatistiken T_W und T_U für die konkreten Daten:

Diabetiker	11,5	12,1	16,1	17,8	24,0	28,8	33,9	40,7	51,3	56,2	61,7	69,2
Nichtdiabetiker	4,1	6,3	7,8	8,5	8,9	10,4	11,5	12,0	13,8	17,6	24,3	37,2

   (b) Berechnen Sie einen approximativen zweiseitigen P-Wert für dieses Datenbeispiel.

12. (Zusammenhang zwischen Smirnov- und Mann-Whitney-Statistik) Seien $X_1 = (X_{1i})_{i=1}^{n_1}$ und $X_2 = (X_{2j})_{j=1}^{n_2}$ Beobachtungsvektoren derart, dass die Gesamtstichprobe $X = (X_{11}, \ldots, X_{1n_1}, X_{21}, \ldots, X_{2n_2})$ aus N verschiedenen Zahlen besteht. Mit den empirischen Verteilungsfunktionen $\widehat{F}_1$ und $\widehat{F}_2$ von X_1 bzw. X_2 ist die Smirnov-Teststatistik gleich

$$\max_{l=1,2,\ldots,N} \left(\widehat{F}_2(X_l) - \widehat{F}_1(X_l) \right).$$

Zeigen Sie nun, dass

$$\frac{1}{N} \sum_{l=1}^{N} \left(\widehat{F}_2(X_l) - \widehat{F}_1(X_l) \right) = \frac{T_U}{n_1 n_2} - \frac{1}{2}.$$

13. (Zweiseitige Binomialtests als multiple Tests) Sei $H \sim \mathrm{Bin}(n, p)$ mit gegebenem Parameter $n \in \mathbb{N}$ und unbekanntem Parameter $p \in [0, 1]$. Für ein gegebenes $p_0 \in (0, 1)$ könnte man die Nullhypothese, dass $p = p_0$, mit dem zweiseitigen P-Wert

$$\pi_z(H) := 2 \cdot \min\{F_{n, p_0}(H), 1 - F_{n, p_0}(H - 1)\}$$

testen, wobei F_{n, p_0} die Verteilungsfunktion von $\mathrm{Bin}(n, p_0)$ bezeichnet. Verfeinern und deuten Sie dieses Verfahren nun als multiplen Test: Zeigen Sie, dass $\pi_\ell(H) := F_{n, p_0}(H)$ ein P-Wert für die Nullhypothese $H_1 : p \geq p_0$ und dass $\pi_r(H) := 1 - F_{n, p_0}(H - 1)$ ein P-Wert für die Nullhypothese $H_2 : p \geq p_0$ ist. Welche Aussage können Sie im Falle von $\pi_z(H) \leq \alpha$ mit einer Sicherheit von $1 - \alpha$ treffen?

Chancenquotienten und Vierfeldertafeln 7

Dieses Kapitel beschäftigt sich mit speziellen, aber sehr wichtigen Anwendungssituationen. Dabei geht es um den Vergleich zweier Wahrscheinlichkeitsparameter oder um mögliche Zusammenhänge zwischen zwei verschiedenen dichotomen Merkmalen. In beiden Fällen kommen sogenannte Chancenquotienten ins Spiel, und die Auswertung der Daten führt über Vierfeldertafeln.

7.1 Vergleich zweier Binomialparameter

Für $k = 1, 2$ sei $p_k \in (0, 1)$ die Wahrscheinlichkeit eines bestimmten Ereignisses A_k, beispielsweise der Erfolg einer bestimmten medizinischen Behandlung. Um zu quantifizieren, inwiefern sich p_1 und p_2 unterscheiden, könnte man die Differenz $p_1 - p_2$ oder den Quotienten p_1/p_2 betrachten. Wie wir in Abschn. 7.3 sehen werden, sollte man eher die *Chancen* $p_k/(1 - p_k)$ für Ereignis A_k betrachten und Aussagen über den Chancenquotienten

$$\rho := \frac{p_1}{1 - p_1} \bigg/ \frac{p_2}{1 - p_2} = \frac{p_1(1 - p_2)}{(1 - p_1)p_2}$$

treffen. Da $(0, 1) \ni p \mapsto p/(1 - p) \in (0, \infty)$ stetig und streng monoton wachsend ist, gilt:

$$\rho \begin{Bmatrix} > \\ = \\ < \end{Bmatrix} 1 \quad \text{genau dann, wenn} \quad p_1 \begin{Bmatrix} > \\ = \\ < \end{Bmatrix} p_2.$$

Angenommen, zur Schätzung der beiden Wahrscheinlichkeiten p_1, p_2 stehen uns stochastisch unabhängige Zufallsvariablen $H_1 \sim \text{Bin}(n_1, p_1)$ und $H_2 \sim \text{Bin}(n_2, p_2)$ zur Verfügung.

© Springer Basel 2016
L. Dümbgen, *Einführung in die Statistik*, Mathematik Kompakt,
DOI 10.1007/978-3-0348-0004-4_7

Ein konkretes Beispiel ist eine randomisierte klinische Studie, bei der $N = n_1 + n_2$ Probanden rein zufällig in zwei Gruppen eingeteilt werden: Alle n_k Personen in Gruppe k erhalten Behandlung k, und mit H_k bezeichnen wir die Anzahl von Behandlungserfolgen in dieser Gruppe. Betrachten wir die Probanden selbst als rein zufällige Stichprobe aus einer großen Population, so ist das obige Modell plausibel. Dabei ist p_k die Erfolgswahrscheinlichkeit mit Behandlung k für eine rein zufällig aus der Gesamtpopulation gewählte Person.

Wie schon in Kap. 1 fassen wir die Daten zu einer Vierfeldertafel zusammen:

H_1	$n_1 - H_1$	n_1
H_2	$n_2 - H_2$	n_2
H_+	$N - H_+$	N

Die Zeilensummen n_1, n_2 sind fest, aber die Spaltensummen $H_+ = H_1 + H_2$ und $N - H_+$ sind zufällig. Wie wir später sehen werden, hängt die bedingte Verteilung von H_1, gegeben H_+, nur von N, n_1, H_+ und ρ ab.

7.2   Korrelation zweier binärer Merkmale

Ein Zufallsexperiment liefere zwei binäre Zufallsvariablen $X \in \{x_1, x_2\}$ und $Y \in \{y_1, y_2\}$.

Als konkretes Beispiel denken wir an eine Population von Menschen. Nun wählen wir rein zufällig eine Person und erfassen zwei binäre Merkmale X und Y, zum Beispiel das Vorliegen oder Nichtvorliegen einer bestimmten genetischen Veranlagung ($X = x_1$ bzw. x_2) sowie das Vorliegen oder Nichtvorliegen einer bestimmten Erkrankung ($Y = y_1$ bzw. y_2).

Die gemeinsame Verteilung von X und Y wird durch die vier Wahrscheinlichkeiten $p_{11}, p_{12}, p_{21}, p_{22}$ mit

$$p_{kl} := \mathbb{P}(X = x_k, Y = y_l)$$

beschrieben. Diese kann man als Vierfeldertafel anordnen:

p_{11}	p_{12}	p_{1+}
p_{21}	p_{22}	p_{2+}
p_{+1}	p_{+2}	1

mit den Zeilensummen $p_{k+} = p_{k1} + p_{k2} = \mathbb{P}(X = x_k)$ und den Spaltensummen $p_{+l} = p_{1l} + p_{2l} = \mathbb{P}(Y = y_l)$. Der entsprechende Chancenquotient ist definiert als

$$\rho = \frac{p_{11} p_{22}}{p_{12} p_{21}}.$$

Man spricht hier auch von einem *Kreuzproduktverhältnis*. Mögliche Interpretationen sind

$$\rho = \frac{\text{Chancen}(X = x_1 \mid Y = y_1)}{\text{Chancen}(X = x_1 \mid Y = y_2)} = \frac{\text{Chancen}(Y = y_1 \mid X = x_1)}{\text{Chancen}(Y = y_1 \mid X = x_2)},$$

denn $\mathbb{P}(X = x_k \mid Y = y_l) = p_{kl}/p_{+l}$ und $\mathbb{P}(Y = y_l \mid X = x_k) = p_{kl}/p_{k+}$. Im Falle von $\rho \neq 1$ sprechen wir von einem echten Zusammenhang zwischen X und Y. Gerechtfertigt wird dies durch das nachfolgende Lemma (Aufgabe 2).

Lemma 7.1 *Für zwei beliebige Indizes $k, l \in \{1, 2\}$ sind die folgenden drei Aussagen äquivalent:*

(i) $\rho = 1$.

(ii) $p_{kl} = p_{k+}p_{+l}$.

(iii) *X und Y sind stochastisch unabhängig.*

Angenommen, zur Schätzung von ρ stehen uns stochastisch unabhängige Zufallsvariablen $(X_1, Y_1), (X_2, Y_2), \ldots, (X_N, Y_N)$ zur Verfügung, welche wie (X, Y) verteilt sind. Nun bestimmen wir die absoluten Häufigkeiten $H_{kl} := \#\{i \leq N : X_i = x_k, Y_i = y_l\}$ und ordnen auch diese als Vierfeldertafel an:

H_{11}	H_{12}	H_{1+}
H_{21}	H_{22}	H_{2+}
H_{+1}	H_{+2}	N

Dabei verwendeten wir die Zeilensummen $H_{k+} = H_{k1} + H_{k2} = \#\{i \leq N : X_i = x_k\}$ und die Spaltensummen $H_{+l} = H_{1l} + H_{2l} = \#\{i \leq N : Y_i = y_l\}$. Das Quadrupel $(H_{11}, H_{12}, H_{21}, H_{22})$ ist multinomialverteilt mit Parametern N und $(p_{11}, p_{12}, p_{21}, p_{22})$.

Kommen wir noch einmal zurück auf das konkrete Beispiel einer Population mit zwei binären Merkmalen X und Y, wobei X beispielsweise eine bestimmte genetische Disposition und Y das Vorliegen oder Nichtvorliegen einer bestimmten Erkrankung beschreibt. Bei einer Querschnittstudie werden diese beiden Merkmale für N Personen aus der Population bestimmt. Unter der Annahme, dass die Stichprobe der N Personen rein zufällig gewählt wurde und die Population recht groß ist, ergibt sich dann ein Quadrupel $(H_{11}, H_{12}, H_{21}, H_{22})$ mit den besagten Eigenschaften.

Wenn in diesem Beispiel die relativen Häufigkeiten p_{1+} oder p_{+1} sehr selten sind, bieten sich andere Studien an: Bei einer Kohortenstudie rekrutiert man n_1 Personen mit $X = x_1$ und n_2 Personen mit $X = x_2$. Dann ist $H_{k1} \sim \text{Bin}(n_k, p_k)$ mit $p_k := p_{k1}/p_{k+}$, $H_{k2} = n_2 - H_{k1}$, und die Einträge H_{11}, H_{21} sind stochastisch unabhängig. Wir erhalten also Daten wie in Abschn. 7.1, und

$$\frac{p_1(1-p_2)}{(1-p_1)p_2} = \frac{p_{11}p_{22}}{p_{12}p_{21}}. \tag{7.1}$$

Dies gilt auch bei einer Fall-Kontroll-Studie: Dort rekrutiert man n_1 Personen mit $Y = y_1$ („Fälle") und n_2 Personen mit $Y = y_2$ („Kontrollen"). Dann ist $H_{1l} \sim \text{Bin}(n_l, p_l)$ mit $p_l := p_{1l}/p_{+l}$, $H_{2l} = n_l - H_{1l}$, und die Einträge H_{11}, H_{12} sind stochastisch unabhängig. Auch hier gilt (7.1).

7.3 Konfidenzschranken für Chancenquotienten

Wir betrachten ganz allgemein eine Vierfeldertafel

H_{11}	H_{12}	H_{1+}
H_{21}	H_{22}	H_{2+}
H_{+1}	H_{+2}	N

mit fester Gesamtsumme $N = H_{1+} + H_{2+} = H_{+1} + H_{+2}$. Ferner gehen wir davon aus, dass eine der folgenden Situationen vorliegt:

Situation 1 (Abschn. 7.1): Die Zeilensummen H_{1+}, H_{2+} sind feste Zahlen, und die Einträge H_{11}, H_{21} sind stochastisch unabhängig mit $H_{k1} \sim \text{Bin}(H_{k+}, p_k)$, wobei $0 < p_k < 1$. Ferner ist $H_{k2} = H_{k+} - H_{k1}$. Hier betrachten wir den Chancenquotienten $\rho = p_1(1-p_2)/((1-p_1)p_2)$.

Situation 2 (Abschn. 7.2): Das Quadrupel $(H_{11}, H_{12}, H_{21}, H_{22})$ ist multinomialverteilt mit Parametern N und $(p_{11}, p_{12}, p_{21}, p_{22})$. Hier betrachten wir $\rho = p_{11}p_{22}/(p_{12}p_{21})$.

Der empirische Chancenquotient oder das empirische Kreuzproduktverhältnis wird definiert als

$$\widehat{\rho} := \frac{H_{11}H_{22}}{H_{12}H_{21}}.$$

Um Division durch 0 zu vermeiden, schlagen manche Autoren vor, zu jedem Tabelleneintrag H_{kl} die Zahl 0,5 zu addieren.

Anstelle eines Punktschätzers $\widehat{\rho}$ leiten wir nun Konfidenzschranken für ρ her. Ähnlich wie in Kap. 1 betrachten wir die bedingte Verteilung von H_{11}, gegeben die Zeilen- und Spaltensummen. Wegen $H_{+2} = N - H_{+1}$ und $H_{2+} = N - H_{1+}$ müssen wir nur auf das Paar (H_{1+}, H_{+1}) bedingen. Wie wir gleich zeigen werden, ist diese bedingte Verteilung in den oben beschriebenen Situationen von folgendem Typ:

Definition (Exponentiell gewichtete hypergeometrische Verteilungen)
Für ganze Zahlen $N \geq 1$ und $l, n \in \{0, 1, \ldots, N\}$ definieren wir

$$f_{\rho, N, l, n}(x) := C_{\rho, N, l, n}^{-1} \frac{\rho^x}{x!(l-x)!(n-x)!(N-l-n+x)!},$$

falls $x \in \{\max(0, l+n-N), \ldots, \min(l, n)\}$, und $f_{\rho, N, l, n}(x) := 0$ sonst, wobei

$$C_{\rho, N, l, n} := \sum_{j=\max(0, l+n-N)}^{\min(l, n)} \frac{\rho^j}{j!(l-j)!(n-j)!(N-l-n+j)!}.$$

Die entsprechende Verteilungsfunktion bezeichnen wir mit $F_{\rho, N, l, n}$.

▶ **Bemerkung** Die hier auftretenden Wahrscheinlichkeitsgewichte lassen sich auch wie folgt schreiben:

$$f_{\rho, N, l, n}(x) = \tilde{C}_{\rho, N, l, n}^{-1} \binom{l}{x} \binom{N-l}{n-x} \rho^x = \tilde{C}_{\rho, N, n, l}^{-1} \binom{n}{x} \binom{N-n}{l-x} \rho^x$$

mit geeigneten Normierungskonstanten $\tilde{C}_{\rho, N, l, n}, \tilde{C}_{\rho, N, n, l}$. Im Falle von $\rho = 1$ ergibt sich die hypergeometrische Verteilung $\mathrm{Hyp}(N, l, n) = \mathrm{Hyp}(N, n, l)$. Daher sprechen wir von exponentiell gewichteten hypergeometrischen Verteilungen.

Lemma 7.2 *In den zuvor genannten Situationen 1 und 2 gilt für beliebige Zahlen $l, n \in \{0, 1, \ldots, N\}$ mit $\mathbb{P}(H_{+1} = l, H_{1+} = n) > 0$ und $x \geq 0$:*

$$\mathbb{P}(H_{11} = x \mid H_{+1} = l, H_{1+} = n) = f_{\rho, N, l, n}(x).$$

Beweis von Lemma 7.2 Ganz allgemein ist $\mathbb{P}(H_{11} = x \mid H_{+1} = l, H_{1+} = n)$ gleich

$$\frac{\mathbb{P}(H_{11} = x, H_{21} = l - x, H_{12} = n - x, H_{22} = N - l - n + x)}{\mathbb{P}(H_{+1} = l, H_{1+} = n)},$$

und $\mathbb{P}(H_{+1} = l, H_{1+} = n)$ ist gleich

$$\sum_{j=\max(0, l+n-N)}^{\min(l, n)} \mathbb{P}(H_{11} = j, H_{21} = l - j, H_{12} = n - j, H_{22} = N - l - n + j).$$

In Situation 1 müssen wir nur $n = H_{1+}$ betrachten, und $H_{2+} = N - n$. Ferner sind H_{11} und H_{21} stochastisch unabhängig mit $H_{11} \sim \mathrm{Bin}(n, p_1)$, $H_{21} \sim \mathrm{Bin}(N - n, p_2)$. Daher ist

$$\mathbb{P}(H_{11} = j, H_{21} = l - j, H_{12} = n - j, H_{22} = N - l - n + j)$$

$$= \mathbb{P}(H_{11} = j, H_{21} = l - j)$$

$$= \mathbb{P}(H_{11} = j)\mathbb{P}(H_{21} = l - j)$$

$$= \binom{n}{j} p_1^j (1 - p_1)^{n-j} \binom{N-n}{l-j} p_2^{l-j} (1 - p_2)^{N-n-l+j}$$

$$= C \frac{\rho^j}{j!(l-j)!(n-j)!(N-l-n+j)!}$$

mit $C := n!(N-n)!(1-p_1)^n(1-p_2)^{N-n-l}$. Folglich ist $\mathbb{P}(H_{1+} = n, H_{+1} = l)$ gleich $C \cdot C_{\rho,N,l,n}$ und $\mathbb{P}(H_{11} = x \mid H_{+1} = l, H_{1+} = n) = f_{\rho,N,l,n}(x)$.

In Situation 2 ergibt sich aus der Definition der Multinomialverteilung die Formel

$$\mathbb{P}(H_{11} = j, H_{21} = l - j, H_{12} = n - j, H_{22} = N - l - n + j)$$

$$= \frac{N!}{j!(l-j)!(n-j)!(N-l-n+j)!} p_{11}^j p_{21}^{l-j} p_{12}^{n-j} p_{22}^{N-l-n+j}$$

$$= C \frac{\rho^j}{j!(l-j)!(n-j)!(N-l-n+j)!}$$

mit $C := N! \, p_{21}^l p_{12}^n p_{22}^{N-l-n}$. Daher ist $\mathbb{P}(H_{+1} = l, H_{1+} = n)$ gleich $C \cdot C_{\rho,N,l,n}$ und $\mathbb{P}(H_{11} = x \mid H_{+1} = l, H_{1+} = n) = f_{\rho,N,l,n}(x)$. $\square$

Lemma 7.2 zeigt, dass zumindest in den Situationen 1 und 2 die bedingte Verteilungsfunktion von H_{11}, gegeben $H_{+1} = l$ und $H_{1+} = n$, gleich $F_{\rho,N,l,n}$ ist. Zusammen mit Lemma 1.3 lassen sich nun exakte Vertrauensschranken für ρ berechnen. Denn

$$\mathbb{P}\big(F_{\rho,N,H_{+1},H_{1+}}(H_{11}) \leq \alpha\big)$$

$$= \sum_{l,n=0}^{N} \mathbb{P}(H_{+1} = l, H_{1+} = n)\mathbb{P}\big(F_{\rho,N,l,n}(H_{11}) \leq \alpha \mid H_{+1} = l, H_{1+} = n\big)$$

$$\leq \sum_{l,n=0}^{N} \mathbb{P}(H_{+1} = l, H_{1+} = n)\,\alpha$$

$$= \alpha,$$

und analog ist

$$\mathbb{P}\big(F_{\rho,N,H_{+1}=l,n_1}(H_{11} - 1) \geq 1 - \alpha\big) \leq \alpha.$$

Ferner ergibt sich aus Lemma 2.5, dass

$$\{\rho \in (0, \infty) : F_{\rho, N, H_{+1}, H_{1+}}(H_{11}) > \alpha\} = (0, b_\alpha),$$
$$\{\rho \in (0, \infty) : F_{\rho, N, H_{+1}, H_{1+}}(H_{11} - 1) < 1 - \alpha\} = (a_\alpha, \infty).$$

Dabei ist $b_\alpha = b_\alpha(N, H_{+1}, H_{1+}, H_{11})$ die eindeutige Lösung $\rho \in (0, \infty)$ der Gleichung

$$F_{\rho, N, H_{+1}, H_{1+}}(H_{11}) = \alpha,$$

sofern $H_{11} < \min(H_{+1}, H_{1+})$, und sonst setzen wir $b_\alpha := \infty$. Dies ist eine obere $(1 - \alpha)$-Vertrauensschranke für ρ. Des Weiteren ist $a_\alpha = a_\alpha(N, H_{+1}, H_{1+}, H_{11})$ die eindeutige Lösung $\rho \in (0, \infty)$ der Gleichung

$$F_{\rho, N, H_{+1}, H_{1+}}(H_{11} - 1) = 1 - \alpha,$$

falls $H_{11} > \max(0, H_{+1} + H_{1+} - N)$, ansonsten setzen wir $a_\alpha := 0$. Dies stellt eine untere $(1 - \alpha)$-Vertrauensschranke für ρ dar.

Beispiel
In einer randomisierten Studie wurde dreißig Probanden mit einem bestimmten Hautausschlag ein Medikament bzw. ein Placebo oral verabreicht. Die Arbeitshypothese lautete, dass das Medikament eine positive Wirkung hat. Die Behandlungsergebnisse waren wie folgt:

	Besserung	keine Besserung	
Medikament	12	3	15
Placebo	5	10	15
	17	13	30

Nun bezeichnen wir mit p_1 und p_2 die Wahrscheinlichkeiten für eine Besserung mit dem Medikament bzw. unter Placebo in der Grundgesamtheit aller betroffenen Personen. Um obige Arbeitshypothese gegebenenfalls zu untermauern, berechnen wir eine untere 95 %-Vertrauensschranke für den Chancenquotienten ρ. Dazu betrachten wir die Funktion $\rho \mapsto F_{\rho, N, H_{+1}, H_{1+}}(H_{11} - 1) = F_{\rho, 30, 17, 15}(11)$. Abbildung 7.1 zeigt diese Funktion und die resultierende untere 95 %-Vertrauensschranke $a_{0,05}(30, 17, 15, 12) \approx 1{,}531$. Wir können also mit einer Sicherheit von 95 % davon ausgehen, dass die Chancen für eine Besserung mit dem Medikament mindestens um den Faktor 1,53 größer sind als unter Placebo, was die Arbeitshypothese bestätigt.

Übrigens liefert Fishers exakter Test für dieses Datenbeispiel den (rechtsseitigen) P-Wert $1 - F_{1, 30, 17, 15}(11) \approx 0{,}0127$.

▶ **Bemerkung (Zusammenhang mit Fishers exaktem Test)** Die zuletzt beschriebenen Vertrauensschranken für ρ hängen eng mit Fishers exaktem Test zusammen. Und zwar ist die untere Schranke $a_\alpha(N, H_{+1}, H_{1+}, H_{11})$ für ρ genau dann größer als 1, wenn der rechtsseitige P-Wert $1 - F_{N, H_{+1}, H_{1+}}(H_{11} - 1)$ kleiner als α ist. Analog ist die obere Schranke $b_\alpha(N, H_{+1}, H_{1+}, H_{11})$ genau dann kleiner als 1, wenn der linksseitige P-Wert $F_{N, H_{+1}, H_{1+}}(H_{11})$ kleiner als α ist.

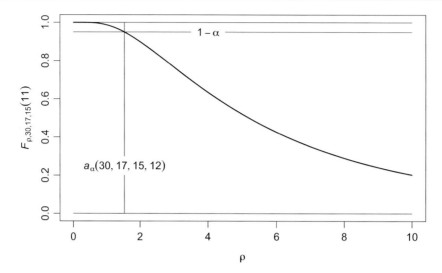

Abb. 7.1 Beispiel zur Berechnung einer unteren Schranke für ρ

▶ **Bemerkung (Warnung)** Nicht immer ist klar, ob zu einer Vierfeldertafel ein wohldefinierter theoretischer Chancenquotient ρ gehört. Es gibt durchaus Situationen, in welchen es Sinn macht, Fishers exakten Test anzuwenden, aber eine Definition von ρ und damit eine Deutung von $\widehat{\rho}$ ist unklar. Für Fishers exakten Test muss man nur begründen können, dass unter einer gewissen Nullhypothese der Tabelleneintrag H_{11} bei gegebenen Zeilen- und Spaltensummen hypergeometrisch verteilt ist mit Parametern N, H_{+1} und H_{1+}.

Zwei Beispiele, in denen Fishers exakter Test Sinn macht, ohne dass klar ist, wie man ρ definieren sollte, finden sich in den Aufgaben 3 und 13 in Abschn. 1.6.

7.4 Simpsons Paradoxon

Im Zusammenhang mit Vierfeldertafeln tritt manchmal ein recht interessantes Phänomen auf: Wenn man mehrere Datensätze zusammenfasst und die Gesamtdaten auswertet, ohne ihre Herkunft zu berücksichtigen, können „Resultate" auftreten, welche den Auswertungen der einzelnen Datensätze widersprechen. Dieses Phänomen wurde u. a. von Edward H. Simpson [28]) beschrieben und wird heute als Simpsons Paradoxon bezeichnet. Wir illustrieren es an einem bekannten Datenbeispiel.

Beispiel (Zulassungen an der UC Berkeley)
Im Jahre 1973 geriet die University of California at Berkeley in die Schlagzeilen, da die Zulassungsquote zu Graduiertenprogrammen bei den Männern deutlich höher war als bei den Frauen. Genauer gesagt, wurden 44 % der insgesamt 8442 Berwerber, aber nur 35 % der insgesamt 4321 Bewerberinnen zugelassen. Die zugrundeliegenden Zahlen wurden u. a. von Bickel et al. [2] genauer analysiert. Insbesondere betrachteten sie die Zulassungsquoten der sechs größten Departements. Die absoluten Zahlen sieht man in den ersten vier Spalten von Tab. 7.1. In Spalte 5 sind jeweils

Tab. 7.1 Zulassungen an der UC Berkeley 1973

Dept.	Männer zugelassen	nicht zugel.	Frauen zugelassen	nicht zugel.	$\widehat{\rho}$	$a_{0,025}$	$b_{0,025}$
A	512	313	89	19	0,3496	0,1970	0,5920
B	353	207	17	8	0,8028	0,2945	2,0040
C	120	205	202	391	1,1329	0,8452	1,5163
D	138	279	131	244	0,9214	0,6790	1,2505
E	53	138	94	299	1,2212	0,8065	1,8385
F	22	351	24	317	0,8281	0,4333	1,5756
Total	**1198**	**1493**	**557**	**1278**	**1,8409**	**1,6214**	**2,0912**

die empirischen Chancenquotienten für die Zulassung von Männern im Vergleich zu Frauen auf vier Nachkommastellen gerundet eingetragen. Zusätzlich werden in den beiden letzten Spalten noch 95 %-Vertrauensintervalle für zugrundeliegende Chancenquotienten angegeben. Deren genaue Definition ist sicher fraglich, aber man sieht, ob und in welcher Richtung ein signifikanter Zusammenhang zwischen Zulassung und Geschlecht besteht.

Verblüffenderweise ist der Chancenquotient nur in zwei Departements etwas größer als 1, jedoch deutlich kleiner als der Chancenquotient 1,8409 für die Gesamtzahlen. In vier Departements ist der Chancenquotient kleiner als 1, in einem Fall sogar signifikant bei einem Testniveau von $\alpha = 5\,\%$.

Die starke Diskrepanz zwischen den Chancenquotienten der einzelnen Departements und dem Chancenquotienten für die Gesamtzahlen lässt sich dadurch erklären, dass sich Frauen tendenziell in Departements mit relativ niedrigen und Männer vorzugsweise in Departements mit relativ hohen Zulassungsquoten beworben hatten.

Die Berechnung eines empirischen Chancenquotienten oder gar eines Konfidenzintervalls für die Gesamtzahlen macht wenig Sinn, denn die Entscheidungen über Zulassung werden in den einzelnen Fachbereichen sicher nach unterschiedlichen Kriterien gefällt. Auch die Populationen der potenziellen Bewerber und Bewerberinnen sind von Departement zu Departement vermutlich verschieden.

Wenn bei einem einzelnen Departement der empirische Chancenquotient signifikant von 1 abweicht, das entsprechende Konfidenzintervall also den Wert 1 nicht enthält, dann deutet dies auf einen echten Zusammenhang zwischen Zulassung und Geschlecht hin. Dies könnte an systematischen Unterschieden in der Qualifikation zwischen Bewerbern und Bewerberinnen liegen, beweist also keine Bevorzugung oder Benachteiligung aufgrund des Geschlechts.

7.5 Übungsaufgaben

1. Wir betrachten den Chancenquotienten ρ für zwei Wahrscheinlichkeiten $p_1, p_2 \in (0, 1)$. Zeigen Sie, dass p_1/p_2 und $(1 - p_2)/(1 - p_1)$ immer zwischen 1 und ρ liegen. Zeigen Sie ferner, dass

$$|\log(\rho)| \geq 4|p_1 - p_2|.$$

Skizzieren Sie die Menge aller Paare (p_1, p_2) mit $\rho = 0,5$ bzw. $\rho = 2$.
2. Beweisen Sie Lemma 7.1.
3. Nachfolgend werden drei Querschnittstudien knapp geschildert. Überlegen Sie jeweils, wie man einen Chancenquotienten ρ definieren und interpretieren könnte und ob eine untere Schranke, eine obere Schranke oder ein Konfidenzintervall hierfür von Interesse ist. Werten Sie dann die Daten aus ($\alpha = 5\,\%$), und formulieren Sie eine Schlussfolgerung.

Tab. 7.2 Datenbeispiel zu
Simpsons Paradoxon

Opfer	Angeklagter	Todesstrafe	Gefängnisstrafe
Weiß	Weiß	53	414
	Schwarz	11	37
Schwarz	Weiß	0	16
	Schwarz	4	139

(a) Um einen allfälligen Zusammenhang zwischen akuter Bronchitis im Kleinkindalter und
Atemwegserkrankungen bei Jugendlichen nachzuweisen, wurden $n = 1319$ Vierzehn-
jährige untersucht. Zum einen wurden die Eltern gefragt, ob innerhalb der ersten fünf
Lebensjahre eine akute Bronchitis auftrat. Des Weiteren wurde gefragt, ob die Jugendlichen derzeit häufig tagsüber oder nachts husten.

	Husten	kein Husten
akute Bronchitis	26	44
keine akute Bronchitis	247	1002

(b) Bei einer Befragung von $n = 2209$ US-Amerikanern im Alter von 25–34 Jahren
wurden u. a. die Werte der Variablen „Gender" (*male/female*) und „Handedness" (*right-
handed/left-handed*) erhoben.

	male	female
right-handed	934	1070
left-handed	113	92

(c) Mithilfe einer Querschnittsstudie unter älteren männlichen Arbeitnehmern sollte geklärt
werden, ob eine Beschäftigung als Kraftfahrer (Bus-, Last- oder Krankenwagenfahrer) das
Auftreten von Discushernien (Bandscheibenvorfällen) begünstigt.

	Diskushernien	keine Diskushernien
Kraftfahrer	4	4
kein Kraftfahrer	13	77

4. Tabelle 7.2 enthält Angaben zu Gerichtsverfahren in Mordfällen, und zwar für die Jahre 1976–
1987 im US-Bundesstaat Florida (siehe Alan Agresti [1] und Michael L. Radelet und Glenn
L. Pierce [22]). Die zugrundeliegenden Rohdaten sind die vor Gericht behandelten Mordfälle
mit den drei dichotomen Merkmalen X = Hautfarbe der oder des Angeklagten (schwarz oder
weiß), Y = Bestrafung (Todes- oder Gefängnisstrafe) und Z = Hautfarbe des Opfers. Diskutieren Sie augenscheinliche Zusammenhänge zwischen je zweien dieser Merkmale, mit und
ohne Aufteilung der Daten anhand des dritten Merkmals.
5. Erfinden Sie ein fiktives Datenbeispiel für Simpsons Paradoxon: Angenommen, man vergleicht
eine neue medizinische Behandlungsmethode M1 mit einer herkömmlichen Methode M2 in
zwei verschiedenen Kliniken K1 und K2, jeweils mit einer randomisierten Studie. Angenommen, Methode M1 ist tatsächlich besser als Methode M2. Erfinden Sie zwei entsprechende
Vierfeldertafeln, deren empirische Chancenquotienten dies bestätigen. Versuchen Sie aber zu
erreichen, dass die Summe der beiden Vierfeldertafeln einen entgegengesetzten Chancenquotienten ergibt. Dies kann beispielsweise passieren, wenn in Klinik K1 tendenziell die schwierigen
Fälle behandelt werden und außerdem Methode M1 dort häufiger als in Klinik K2 zum Einsatz
kommt.

Tests auf Assoziation

8

In den Kap. 6 und 7 ging es u. a. um den Zusammenhang zwischen einer binären oder kategoriellen Variable und einer weiteren Variable. Letztere war in Kap. 6 numerisch und in Kap. 7 binär. In diesem Kapitel behandeln wir das Problem, einen echten Zusammenhang zwischen zwei Merkmalen nachzuweisen, in einem sehr allgemeinen Rahmen. Wir beginnen mit abstrakten Überlegungen in Abschn. 8.1 und beschäftigen uns dann mit sogenannten Permutationstests in vielfältigen Situationen.

8.1 Allgemeines Prinzip nichtparametrischer Tests

Sowohl die Vorzeichentests in Abschn. 4.3 als auch die in Abschn. 8.2 behandelten Permutationstests sind Spezialfälle einer recht allgemeinen Testmethode. Ausgangspunkt ist ein Datensatz $D(\omega) \in \mathcal{D}$, welcher aus den Rohdaten $\omega \in \Omega$ abgeleitet wurde. Wir betrachten eine endliche Gruppe $\mathcal{G}$ von bijektiven Abbildungen $g : \mathcal{D} \to \mathcal{D}$. Das bedeutet, mit zwei Abbildungen $g, h \in \mathcal{G}$ gehören auch ihre Verkettung $h \circ g$, also die Abbildung $d \mapsto h(g(d))$, sowie die Umkehrabbildung g^{-1} zu $\mathcal{G}$.[1] Nun betrachten wir eine spezielle Eigenschaft der Verteilung von D.

> **Lemma 8.1 ($\mathcal{G}$-Invarianz)** *Sei G eine auf $\mathcal{G}$ uniform verteilte Zufallsvariable und von D stochastisch unabhängig. Dann sind die folgenden zwei Aussagen äquivalent:*
>
> (i) *Für beliebige feste $g \in \mathcal{G}$ sind $g(D)$ und D identisch verteilt.*
> (ii) *Die Zufallsvariablen $G(D)$ und D sind identisch verteilt.*

Nullhypothese H_0 ($\mathcal{G}$-Invarianz) Die Zufallsvariable D ist $\mathcal{G}$-*invariant verteilt*. Das heißt, sie erfüllt die in Lemma 8.1 genannten Bedingungen.

---

[1] Auch hier verstecken wir Messbarkeitsfragen: Auf $\mathcal{D}$ ist eine σ-Algebra $\mathcal{B}$ definiert, D ist eine $(\mathcal{D}, \mathcal{B})$-wertige Zufallsvariable, und alle Abbildungen $g \in \mathcal{G}$ sind $\mathcal{B}$-$\mathcal{B}$-messbar.

© Springer Basel 2016

L. Dümbgen, *Einführung in die Statistik*, Mathematik Kompakt,
DOI 10.1007/978-3-0348-0004-4_8

Beispiel (Vorzeichentests)
Der Datensatz D sei ein zufälliger Differenzenvektor $X = Y - Z \in \mathbb{R}^n$ wie in Abschn. 4.3. Für einen beliebigen Vorzeichenvektor $s \in \{-1, 1\}^n$ betrachten wir die bijektive Abbildung

$$x \mapsto g_s(x) := (s_i x_i)_{i=1}^n$$

von $\mathbb{R}^n$ nach $\mathbb{R}^n$. Für einen weiteren Vorzeichenvektor $t \in \{-1, 1\}^n$ gilt dann

$$g_t \circ g_s = g_{ts}$$

mit dem koordinatenweisen Produkt $ts = (t_i s_i)_{i=1}^n$. Daher ist $G := \{g_s : s \in \{-1, 1\}^n\}$ eine abelsche Gruppe bijektiver Abbildungen, und die Vorzeichensymmetrie entspricht der G-Invarianz.

Beweis von Lemma 8.1 Wir argumentieren ähnlich wie im Beweis von Lemma 4.3. Für eine beliebige messbare Menge $B \subset \mathcal{D}$ ist

$$\mathbb{P}(G(D) \in B) = \sum_{g \in G} \mathbb{P}(G = g, g(D) \in B) = \frac{1}{\#G} \sum_{g \in G} \mathbb{P}(g(D) \in B).$$

Daher impliziert Aussage (i) auch Aussage (ii).

Für beliebige feste $h \in G$ ist

$$\mathbb{P}\big(h(G(D)) \in B\big) = \mathbb{P}\big((h \circ G)(D) \in B\big) = \mathbb{P}(G(D) \in B).$$

Denn mit G ist auch $h \circ G$ uniform verteilt auf G; siehe Aufgabe 1. Unter Bedingung (ii) ist demnach $\mathbb{P}(h(D) \in B) = \mathbb{P}(D \in B)$, und dies ergibt Aussage (i). □

Exakte Tests von H_0 Um H_0 zu testen, wählen wir eine Teststatistik $T : \mathcal{D} \to \mathbb{R}$ und berechnen je nach Arbeitshypothese einen der P-Werte $\pi_\ell(D)$, $\pi_r(D)$ oder $\pi_z(D)$. Dabei setzen wir

$$\pi_\ell(d) := \#\{g \in G : T(g(d)) \leq T(d)\}/\#G,$$
$$\pi_r(d) := \#\{g \in G : T(g(d)) \geq T(d)\}/\#G$$

und $\pi_z(d) := 2 \cdot \min\{\pi_\ell(d), \pi_r(d)\}$ für einen beliebigen Datensatz $d \in \mathcal{D}$. Ist G eine auf G uniform verteilte Zufallsvariable, dann können wir auch schreiben:

$$\pi_\ell(d) = \mathbb{P}\big(T(G(d)) \leq T(d)\big),$$
$$\pi_r(d) = \mathbb{P}\big(T(G(d)) \geq T(d)\big).$$

Lemma 8.2 *Sei $\pi(D)$ einer der eben definierten P-Werte. Unter der Nullhypothese H_0 ist*

$$\mathbb{P}\big(\pi(D) \leq \alpha\big) \leq \alpha$$

für beliebige $\alpha \in [0, 1]$.

Beweis von Lemma 8.2 Der Beweis ist fast identisch mit dem Beweis von Lemma 4.4. Unter H_0 ist

$$\mathbb{P}\big(\pi(D) \le \alpha\big) = \#G^{-1} \sum_{g \in G} \mathbb{P}\big(\pi(g(D)) \le \alpha\big) = \mathbb{E}\Big(\#G^{-1} \sum_{g \in G} 1_{[\pi(g(D)) \le \alpha]}\Big).$$

Es genügt also zu zeigen, dass für einen festen Datensatz $d \in \mathcal{D}$ gilt:

$$\#G^{-1} \sum_{g \in G} 1_{[\pi(g(d)) \le \alpha]} = \mathbb{P}\big(\pi(G(d)) \le \alpha\big) \le \alpha.$$

Zu diesem Zweck betrachten wir die Zufallsvariable $X := T(G(d))$. Und zwar ist

$$\mathbb{P}(X \le x) = \#\{g \in G : T(g(d)) \le y\}/\#G =: F_d(x)$$

für beliebige $x \in \mathbb{R}$. Diese Verteilungsfunktion $F_d(\cdot)$ bleibt unverändert, wenn man d durch $h(d)$ für irgendein $h \in G$ ersetzt. Denn die Abbildung $g \mapsto g \circ h$ ist bijektiv von G nach G, siehe Aufgabe 1. Insbesondere ist $F_{G(d)}(\cdot) \equiv F_d(\cdot)$ und

$$\pi_\ell(G(d)) = F_d(X),$$
$$\pi_r(G(d)) = 1 - F_d(X-),$$
$$\pi_z(G(d)) = 2 \cdot \min\{F_d(X), 1 - F_d(X-)\}.$$

Nach Lemma 1.3 ist also $\mathbb{P}\big(\pi(G(d)) \le \alpha\big)$ stets kleiner oder gleich α.   □

Monte-Carlo-Tests von H_0   Mitunter ist die Berechnung der exakten P-Werte $\pi_\ell(D)$ und $\pi_r(D)$ zu aufwendig. Ein möglicher Ausweg sind dann Monte-Carlo-P-Werte: Wir simulieren untereinander und von D stochastisch unabhängige, auf G uniform verteilte Zufallsvariablen $G^{(1)}, G^{(2)}, \ldots, G^{(m)}$. Dann berechnen wir

$$\widehat{\pi}_l(D) := \frac{\#\{s \in \{1, 2, \ldots, m\} : T(G^{(s)}(D)) \le T(D)\} + 1}{m + 1},$$

$$\widehat{\pi}_r(D) := \frac{\#\{s \in \{1, 2, \ldots, m\} : T(G^{(s)}(D)) \ge T(D)\} + 1}{m + 1}$$

oder $\widehat{\pi}_z(D) := 2 \cdot \min\{\widehat{\pi}_l(D), \widehat{\pi}_r(D)\}$. Wie das nächste Lemma zeigt, bieten diese Monte-Carlo-P-Werte einen brauchbaren Ersatz für die exakten Werte.

Lemma 8.3 *Sei $\widehat{\pi}(D)$ einer der eben definierten P-Werte (mit echten Zufallsvariablen $G^{(s)}$). Unter der Nullhypothese H_0 ist*

$$\mathbb{P}\big(\widehat{\pi}(D) \le \alpha\big) \le \frac{\lfloor (m + 1)\alpha \rfloor}{m + 1} \le \alpha$$

für beliebige $\alpha \in [0, 1]$.

Beweis von Lemma 8.3 Sei $G^{(0)}$ eine weitere von $D, G^{(1)}, \ldots, G^{(m)}$ stochastisch unabhängige und auf G uniform verteilte Zufallsvariable. Unter H_0 sind $G^{(0)}(D)$ und D identisch verteilt. Demnach ist das Tupel

$$\bigl(T(D), T(G^{(1)}(D)), \ldots, T(G^{(m)}(D))\bigr)$$

verteilt wie

$$\bigl(T(G^{(0)}(D)), T(G^{(1)} \circ G^{(0)}(D)), \ldots, T(G^{(m)} \circ G^{(0)}(D))\bigr).$$

Doch die Tupel $(G^{(0)}, G^{(1)} \circ G^{(0)}, \ldots, G^{(m)} \circ G^{(0)})$ und $(G^{(0)}, G^{(1)}, \ldots, G^{(m)})$ sind identisch verteilt. Denn für beliebige Elemente $g_0, g_1, \ldots, g_m$ von G ist

$$\mathbb{P}\bigl(G^{(0)} = g_0, G^{(1)} \circ G^{(0)} = g_1, \ldots, G^{(m)} \circ G^{(0)} = g_m\bigr)$$
$$= \mathbb{P}\bigl(G^{(0)} = g_0, G^{(1)} = g_1 \circ g_0^{-1}, \ldots, G^{(m)} = g_m \circ g_0^{-1}\bigr) = (\#G)^{-(m+1)}.$$

Demnach ist das Tupel $\bigl(T(D), T(G^{(1)}(D)), \ldots, T(G^{(m)}(D))\bigr)$ wie

$$(T_0, T_1, \ldots, T_m) := \bigl(T(G^{(0)}(D)), T(G^{(1)}(D)), \ldots, T(G^{(m)}(D))\bigr)$$

verteilt. Dieses erfüllt die Voraussetzung von Lemma 2.6, weshalb

$$\mathbb{P}\bigl(\widehat{\pi}_r(D) \le \alpha\bigr) \le \frac{\lfloor (m+1)\alpha \rfloor}{m+1}.$$

Mit $-T$ anstelle von T ergibt sich die analoge Ungleichung für $\widehat{\pi}_l(D)$. Für den zweiseitigen P-Wert $\widehat{\pi}(D)$ gilt dann

$$\mathbb{P}\bigl(\widehat{\pi}_z(D) \le \alpha\bigr) \le \mathbb{P}\bigl(\widehat{\pi}_l(D) \le \alpha/2\bigr) + \mathbb{P}\bigl(\widehat{\pi}_r(D) \le \alpha/2\bigr)$$
$$\le \frac{2\lfloor (m+1)\alpha/2 \rfloor}{m+1} \le \frac{\lfloor (m+1)\alpha \rfloor}{m+1}. \qquad \square$$

8.2 Permutationstests

Nun beschäftigen wir uns mit zwei Merkmalen X und Y mit Werten in $\mathcal{X}$ bzw. $\mathcal{Y}$ und möchten gegebenenfalls nachweisen, dass zwischen diesen ein echter Zusammenhang besteht. Ausgangspunkt ist ein Datensatz mit N Datenpaaren (X_1, Y_1), (X_2, Y_2), $\ldots$, (X_N, Y_N) bzw. mit zwei Datenvektoren $\boldsymbol{X} = (X_i)_{i=1}^N \in \mathcal{X}^N$ und $\boldsymbol{Y} = (Y_i)_{i=1}^N \in \mathcal{Y}^N$.

Im Folgenden bezeichnen wir mit S_N die Menge aller Permutationen von $\{1, 2, \ldots, N\}$. Für ein beliebiges Tupel $\boldsymbol{y} = (y_i)_{i=1}^N$ und eine Permutation $\sigma \in S_N$ schreiben wir

$$\sigma \boldsymbol{y} := (y_{\sigma(i)})_{i=1}^N.$$

Die Nullhypothese, dass es zwischen den X- und Y-Werten keinen echten Zusammenhang gibt, kann man wie folgt präzisieren:

Nullhypothese H_0 (Austauschbarkeit) Der Vektor $Y = (Y_i)_{i=1}^N$ ist gegenüber $X = (X_i)_{i=1}^N$ *(in Verteilung) austauschbar.* Das heißt, für eine beliebige feste Permutation $\sigma \in S_N$ sind die Datensätze $(X, \sigma Y)$ und (X, Y) identisch verteilt.

Beispiel (Stochastische Unabhängigkeit)

Angenommen, die Beobachtungspaare $(X_1, Y_1), (X_2, Y_2), \ldots, (X_N, Y_N)$ sind unabhängig und identisch verteilt. Die Arbeitshypothese lautet, dass die Zufallsvariablen X_1 und Y_1 stochastisch abhängig sind. Wenn sie stochastisch unabhängig sind, dann erfüllen die Datenvektoren X und Y obige Nullhypothese H_0.

Angenommen, bei $X_1, X_2, \ldots, X_N$ handelt es sich um fest vorgegebene Werte, zum Beispiel N verschiedene feste Zeitpunkte oder Dosierungen einer Substanz in aufsteigender Reihenfolge. Dann kann man die Nullhypothese auch einfacher formulieren:

Nullhypothese H_0' (Austauschbarkeit) Der Vektor $Y = (Y_i)_{i=1}^N$ ist *(in Verteilung) austauschbar.* Das heißt, für eine beliebige feste Permutation $\sigma \in S_N$ sind σY und Y identisch verteilt.

Beispiel (Unabhängige, identisch verteilte Zufallsvariablen)

Angenommen, $X_1 < X_2 < \cdots < X_N$ sind feste Zeitpunkte, und zum Zeitpunkt X_i wird die Zufallsvariable $Y_i \in \mathcal{Y}$ beobachtet. Nun möchte man gegebenenfalls nachweisen, dass die Y-Werte wirklich zeitabhängig sind. Dies kann beispielsweise bedeuten, dass ein zeitlicher Trend vorliegt, oder man denkt eher an Abhängigkeiten zeitlich benachbarter Beobachtungen. Wenn die Zufallsvariablen $Y_1, Y_2, \ldots, Y_N$ unabhängig und identisch verteilt sind, erfüllt der Datenvektor Y obige Nullhypothese H_0'.

▶ **Bemerkung** Beide Nullhypothesen H_0 und H_0' sind Spezialfälle der $\mathcal{G}$-Invarianz in Abschn. 8.1. Im Falle von H_0 betrachten wir den Datensatz $D = (X, Y)$ in $\mathcal{D} = \mathcal{X}^N \times \mathcal{Y}^N$, und $\sigma \in S_N$ induziert eine bijektive Abbildung

$$(x, y) \mapsto g_\sigma(x, y) := (x, \sigma y)$$

von $\mathcal{X}^N \times \mathcal{Y}^N$ nach $\mathcal{X}^N \times \mathcal{Y}^N$. Im Falle von H_0' betrachten wir nur den Datensatz $D = Y$ in $\mathcal{D} = \mathcal{Y}^N$, und $\sigma \in S$ induziert die bijektive Abbildung

$$y \mapsto g_\sigma(y) := \sigma y$$

von $\mathcal{Y}^N$ nach $\mathcal{Y}^N$. In beiden Fällen kann man leicht nachrechnen, dass für zwei Permutationen $\sigma, \tau \in S_N$ gilt:

$$g_\tau \circ g_\sigma = g_{\sigma \circ \tau}.$$

Daher ist $\mathcal{G} := \{g_\sigma : \sigma \in S_N\}$ eine Gruppe bijektiver Abbildungen.

Eine äquivalente Beschreibung der Nullhypothese H_0 lautet: Die Originaldaten (X, Y) sind genauso verteilt wie $(X, \Pi Y)$, wobei Π eine rein zufällige Permutation aus S_N und von (X, Y) stochastisch unabhängig ist.

Analog ist die Nullhypothese H_0' äquivalent zu folgender Aussage: Mit obigem Π sind die Originaldaten Y genauso verteilt wie ΠY.

Permutationstests Die Nullhypothese H_0 lässt sich wie in Abschn. 8.1 beschrieben testen. Man wählt eine Teststatistik $T : X^N \times Y^N \to \mathbb{R}$ und berechnet einen der P-Werte $\pi_\ell = \pi_\ell(X, Y)$, $\pi_r = \pi_r(X, Y)$ oder $\pi_z = \pi_z(X, Y) = 2 \min\{\pi_\ell, \pi_r\}$. Dabei setzen wir

$$\pi_\ell(x, y) := \#\{\sigma \in S_N : T(x, \sigma y) \le T(x, y)\}/N!$$
$$= \mathbb{P}\big(T(x, \Pi y) \le T(x, y)\big),$$
$$\pi_r(x, y) := \#\{\sigma \in S_N : T(x, \sigma y) \ge T(x, y)\}/N!$$
$$= \mathbb{P}\big(T(x, \Pi y) \ge T(x, y)\big)$$

für beliebige Tupel $x \in X^n$ und $y \in Y^n$, und Π ist eine rein zufällig gewählte Permutation aus S_N.

Beim Testen von H_0' vereinfachen sich letztere Formeln dahingehend, dass man Teststatistiken $T : Y^N \to \mathbb{R}$ verwendet und die Argumente X bzw. x weglässt.

Da die Mächtigkeit $N!$ von S_N schon ab mittleren Stichprobenumfängen N enorm groß ist, sind wir oft auf Monte-Carlo-P-Werte angewiesen.

Im Prinzip geht es jetzt „nur" noch um zwei Fragen: (i) Welche Teststatistik $T(X, Y)$ quantifiziert augenscheinliche Abweichungen von der Nullhypothese H_0 besonders gut? Dies hängt sehr von der jeweiligen Arbeitshypothese ab. (ii) Inwiefern kann man bei gegebener Teststatistik $T(X, Y)$ die obigen P-Werte gut berechnen, ohne alle $N!$ Permutationen in S_N durchzuprobieren? Dieser Punkt ist vor allem dann relevant, wenn man Monte-Carlo-Methoden vermeiden möchte.

8.3 Binäre Merkmale: Trends und Runs

Wir betrachten zunächst die Nullhypothese H_0' für einen zufälligen Vektor Y mit Komponenten $Y_i \in \{0, 1\}$. Konkret denke man beispielsweise an äquidistante Zeitpunkte $X_0 < X_1 < \cdots < X_N$, und Y_i gebe an, ob im Zeitintervall $(X_{i-1}, X_i]$ eine bestimmte Naturkatastrophe (zum Beispiel ein Erdbeben) eintrat ($Y_i = 1$) oder nicht ($Y_i = 0$). Mögliche Fragen sind dann, ob

(i) die Häufigkeit der besagten Katastrophen tendenziell zu- oder abnimmt,
(ii) diese Ereignisse eher gehäuft (in Clustern) auftreten oder, im Gegenteil, ziemlich gleichmäßig verteilt sind.

Tests auf monotonen Trend Um für einen Vektor $y \in \{0,1\}^N$ zu quantifizieren, inwiefern die Indizes i mit $y_i = 1$ eher klein oder eher groß sind, bietet sich die Teststatistik

$$T(y) := \sum_{i=1}^N y_i \cdot i$$

an. Die Berechnung der resultierenden P-Werte lässt sich mit Wilcoxons Rangsummentest bewerkstelligen. Denn $\{i \in \{1, 2, \ldots, N\} : y_{\Pi(i)} = 1\}$ ist gemäß Aufgabe 2 wie $\{\Pi(1), \ldots, \Pi(y_+)\}$ verteilt. Das heißt, für beliebige $x \in \mathbb{R}$ ist

$$\mathbb{P}(T(\Pi y) \leq x) = \mathbb{P}\left(\sum_{i=1}^{y_+} \Pi(i) \leq x\right) = G_{y_+, N - y_+}\left(x - \frac{y_+(y_+ + 1)}{2}\right)$$

mit den Verteilungsfunktionen $G_{n_1, n_2}(\cdot)$ für den Wilcoxon-Rangsummentest aus Abschn. 6.5. Folglich ist

$$\pi_\ell(y) = G_{y_+, N - y_+}\left(T(y) - \frac{y_+(y_+ + 1)}{2}\right),$$

$$\pi_r(y) = 1 - G_{y_+, N - y_+}\left(T(y) - \frac{y_+(y_+ + 1)}{2} - 1\right).$$

Tests auf Clusterung oder gleichmäßige Verteilung Nun möchten wir für $y \in \{0,1\}^N$ beurteilen, ob Indizes i mit $y_i = 1$ (bzw. $y_i = 0$) tendenziell nahe beisammen liegen, also Cluster bilden, oder tendenziell deutlich getrennt voneinander sind, was zu einer gleichmäßigeren Verteilung führt. Dies kann man mit der Runs-Teststatistik

$$T(y) := \sum_{i=1}^{N-1} 1_{[y_i \neq y_{i+1}]}$$

bewerkstelligen. Diese ist uns bereits in Beispiel 1.7 in Abschn. 1.4 begegnet. Ein „Run" in y ist ein maximaler Block von aufeinanderfolgenden Indizes i mit gleichem Wert y_i. Also ist $T(y) + 1$ die Anzahl von „Runs" in y.

Wenden wir diese Teststatistik auf unseren Zufallsvektor Y an, dann rechnen wir bei einer Tendenz zur Clusterbildung eher mit kleinen Werten von $T(Y)$. Bei einer Tendenz zu recht gleichmäßiger Anordnung der Zeitpunkte i mit $Y_i = 1$ (bzw. $Y_i = 0$) rechnen wir eher mit großen Werten von $T(Y)$.

Die Verteilung von $T(\Pi y)$ ist keine der üblichen diskreten Verteilungen, lässt sich aber explizit berechnen. Insofern kann man die entsprechenden P-Werte π_ℓ und π_r problemlos bestimmen. In Aufgabe 3 werden noch Erwartungswert und Standardabweichung von $T(\Pi y)$ berechnet.

Lemma *Sei* $y \in \{0, 1\}^N$ *mit* $0 < y_+ < N$. *Dann gilt für ganze Zahlen* $k \geq 1$:

$$\mathbb{P}(T(\Pi y) = 2k - 1)$$
$$= 2\binom{y_+ - 1}{k - 1}\binom{N - y_+ - 1}{k - 1} \Big/ \binom{N}{y_+},$$

$$\mathbb{P}(T(\Pi y) = 2k)$$
$$= \left[\binom{y_+ - 1}{k}\binom{N - y_+ - 1}{k - 1} + \binom{y_+ - 1}{k - 1}\binom{N - y_+ - 1}{k}\right] \Big/ \binom{N}{y_+}.$$

Beweis von Lemma 8.3 Anstelle von Permutationen eines Vektors mit y_+ Einsen und $N - y_+$ Nullen denken wir einfach an die $\binom{N}{y_+}$ möglichen Vektoren in $\{0, 1\}^N$, die daraus resultieren können. Jeder solche Vektor $\tilde{y}$ besteht aus $T(\tilde{y}) + 1$ Blöcken von aufeinanderfolgenden Nullen oder aufeinanderfolgenden Einsen.

Möchte man eine Reihe von y_+ Einsen in k Blöcke aufteilen, so muss man von den $y_+ - 1$ Zwischenräumen $k - 1$ „aktivieren". Zum Beispiel ($y_+ = 7, k = 3$):

$$(1\,1\,1\,1\,1\,1\,1) \rightsquigarrow (1\,1\,|\,1\,|\,1\,1\,1\,1).$$

Hierfür gibt es $\binom{y_+ - 1}{k - 1}$ Möglichkeiten. Analog gibt es $\binom{N - y_+ - 1}{k - 1}$ Möglichkeiten, eine Reihe von $N - y_+$ Nullen in k Blöcke aufzuteilen.

Die Gleichung $T(\tilde{y}) = 2k - 1$ ist gleichbedeutend damit, dass $\tilde{y}$ aus $2k$ Blöcken besteht, und zwar k Blöcken von Einsen und k Blöcken von Nullen. Wenn man diese Blöcke von Einsen bzw. Nullen bereits festgelegt hat, muss man sie nur noch im Reißverschlussverfahren hintereinanderhängen, wofür es zwei Möglichkeiten gibt, je nachdem, ob man mit Einsen oder Nullen beginnt. Hier ein Beispiel für $y_+ = 7$, $N - y_+ = 5$ und $k = 3$:

$$\binom{1\,1\,1\,1\,1\,1\,1}{0\,0\,0\,0\,0} \rightsquigarrow \binom{1\,1\,|\,1\,|\,1\,1\,1\,1}{0\,|\,0\,0\,|\,0\,0} \rightsquigarrow \begin{cases} (1\,1\,|\,0\,|\,1\,|\,0\,0\,|\,1\,1\,1\,1\,|\,0\,0) \\ \text{oder} \\ (0\,|\,1\,1\,|\,0\,0\,|\,1\,|\,0\,0\,|\,1\,1\,1\,1). \end{cases}$$

Daher gibt es

$$2\binom{y_+ - 1}{k - 1}\binom{N - y_+ - 1}{k - 1}$$

mögliche Vektoren $\tilde{y} \in \{0, 1\}^N$ mit $\tilde{y}_+ = y_+$ und $T(\tilde{y}) = 2k - 1$.

Die Gleichung $T(\tilde{y}) = 2k$ ist gleichbedeutend damit, dass y entweder $k + 1$ Blöcke von Einsen enthält, die durch k Blöcke von Nullen getrennt werden, oder $k + 1$ Blöcke von Nullen enthält, die durch k Blöcke von Einsen getrennt werden. Daher gibt es

$$\binom{y_+ - 1}{k}\binom{N - y_+ - 1}{k - 1} + \binom{y_+ - 1}{k - 1}\binom{N - y_+ - 1}{k}$$

mögliche Vektoren $\tilde{\mathbf{y}} \in \{0, 1\}^N$ mit $\tilde{y}_+ = y_+$ und $T(\tilde{\mathbf{y}}) = 2k$.   □

Beispiel (Log-Returns, Fortsetzung)
Wir greifen noch einmal Beispiel 5.4 mit den Kurswerten K_i eines Aktienindex an 3246 aufeinanderfolgenden Börsentagen auf. In Abb. 5.10 sahen wir bereits die Zeitreihe $(\log_{10}(K_i))_{i=1}^{3256}$ der
logarithmierten Kurse sowie die Zeitreihe der $N = 3245$ Log-Returns

$$L_i := \log_{10}(K_{i+1}/K_i).$$

Abbildung 8.1 zeigt auf der linken Seite ein Streudiagramm der $N - 1$ Paare (L_i, L_{i+1}) für $1 \leq i < N$ und auf der rechten Seite das gleiche Bild, nachdem die Werte $L_1, L_2, \ldots, L_N$ durch ihre
Ränge ersetzt wurden. Beide Abbildungen suggerieren, dass man die Kurssteigerung von heute auf
morgen nur schlecht durch die Kurssteigerung von gestern auf heute vorhersagen kann, wenngleich
die Dichte der Punktepaare entlang der Hauptdiagonale und in der linken oberen Ecke leicht erhöht
scheint.

Dass es wirklich eine signifikante Zeitabhängigkeit gibt, lässt sich wie folgt nachweisen: Wir
reduzieren die Log-Returns L_i auf die abgeleiteten binären Größen

$$Y_i^{(1)} := 1_{[L_i > 0]} \quad \text{bzw.} \quad Y_i^{(2)} := 1_{[|L_i| > M]}$$

mit $M := \text{Median}(|L_1|, \ldots, |L_N|)$. Bei $\mathbf{Y}^{(1)}$ achtet man nur darauf, ob der Kurs ansteigt oder
abfällt. Bei $\mathbf{Y}^{(2)}$ geht es mehr um die Stärke der Kursschwankungen (Volatilität). Wäre der ur-
sprüngliche Vektor $(L_i)_{i=1}^N$ in Verteilung austauschbar, so müssten auch die daraus abgeleiteten
Vektoren $\mathbf{Y}^{(1)}, \mathbf{Y}^{(2)}$ jeweils austauschbar sein.

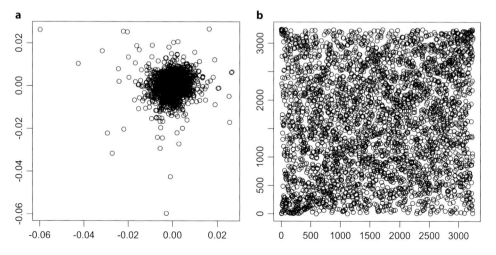

Abb. 8.1 Log-Return heute versus Log-Return morgen, Originalwerte (**a**) und Ränge (**b**)

Nun ist aber $T(\boldsymbol{Y}^{(1)}) = 1494$ bei $Y_+^{(1)} = 1734$ Einsen und $N - Y_+^{(1)} = 1511$ Nullen, und mithilfe von Lemma 8.3 erhalten wir die folgenden P-Werte: $\pi_\ell(\boldsymbol{Y}^{(1)}) = 1{,}0852 \cdot 10^{-5}$ und $\pi_r(\boldsymbol{Y}^{(1)}) = 0{,}999$, also

$$\pi_z(\boldsymbol{Y}^{(1)}) = 2{,}1704 \cdot 10^{-5}.$$

Die Nullen und Einsen „kleben" also tendenziell etwas zu stark aneinander, auch wenn man dies auf kürzeren Zeitabschnitten kaum sieht. Dies bestätigt den Eindruck der leicht erhöhten Punktedichte entlang der ersten Hauptdiagonale in Abb. 8.1b.

Auch der Vektor $\boldsymbol{Y}^{(2)}$ ist mit großer Sicherheit nicht austauschbar: Hier ist ebenfalls $T(\boldsymbol{Y}^{(2)}) = 1494$ bei $Y_+^{(2)} = 1622$ Einsen und $n - Y_+^{(2)} = 1623$ Nullen, und dies liefert $\pi_\ell(\boldsymbol{Y}^{(1)}) = 3{,}4474 \cdot 10^{-6}$, $\pi_r(\boldsymbol{Y}^{(1)}) > 0{,}999$, also

$$\pi_z(\boldsymbol{Y}^{(1)}) = 6{,}8948 \cdot 10^{-6}.$$

Dies bestätigt den Eindruck aus Abb. 5.10 (rechts), dass es Phasen erhöhter und Phasen verringerter Volatilität der Log-Returns gibt. In Abb. 8.1b macht sich dies an der leicht erhöhten Punktdichte in drei von vier Ecken bemerkbar.

8.4   Kategorielle Merkmale: Kontingenztafeln

Nun betrachten wir zwei kategorielle Merkmale

$$X \in \{x_1, x_2, \ldots, x_K\} \quad \text{und} \quad Y \in \{y_1, y_2, \ldots, y_L\}.$$

Für die Datenpaare (X_i, Y_i) gibt es also nur KL mögliche Konstellationen, und wir fassen die Daten zu einer *Kontingenztafel* zusammen: Für $k \in \{1, \ldots, K\}$ und $l \in \{1, \ldots, L\}$ definieren wir

$$H_{k,l} = H_{k,l}(\boldsymbol{X}, \boldsymbol{Y}) := \#\{i \in \{1, \ldots, N\} : X_i = x_k \text{ und } Y_i = y_l\}.$$

Dann hat die Kontingenztafel die allgemeine Form

	y_1	y_2	$\cdots$	y_L
x_1	$H_{1,1}$	$H_{1,2}$	$\cdots$	$H_{1,L}$
x_2	$H_{2,1}$	$H_{2,2}$	$\cdots$	$H_{2,L}$
$\vdots$	$\vdots$	$\vdots$		$\vdots$
x_K	$H_{K,1}$	$H_{K,2}$	$\cdots$	$H_{K,L}$

Oftmals ergänzt man diese Tafel noch um die Zeilensummen

$$H_{k,+} := \sum_{l=1}^{L} H_{k,l} = \#\{i \in \{1, \ldots, N\} : X_i = x_k\}$$

und Spaltensummen

$$H_{+,l} := \sum_{k=1}^{L} H_{k,l} = \#\{i \in \{1, \ldots, N\} : Y_i = y_l\}$$

und erhält

	y_1	y_2	$\cdots$	y_L	
x_1	$H_{1,1}$	$H_{1,2}$	$\cdots$	$H_{1,L}$	$H_{1,+}$
x_2	$H_{2,1}$	$H_{2,2}$	$\cdots$	$H_{2,L}$	$H_{2,+}$
$\vdots$	$\vdots$	$\vdots$		$\vdots$	$\vdots$
x_K	$H_{K,1}$	$H_{K,2}$	$\cdots$	$H_{K,L}$	$H_{K,+}$
	$H_{+,1}$	$H_{+,2}$	$\cdots$	$H_{+,L}$	N

Im Falle zweier binärer Merkmale, also $K = L = 2$, landen wir wieder bei einer Vierfel-dertafel.

Fishers exakte Tests Eine mögliche Teststatistik für die Nullhypothese H_0 ist $T(X, Y) = H_{k,l}$ für ein festes Indexpaar $(k, l) \in \{1, \ldots, K\} \times \{1, \ldots, L\}$. Aus Aufgabe 5 ergibt sich, dass $T(X, \Pi Y)$ bei gegebenen Daten (X, Y) hypergeometrisch verteilt ist mit Parame-tern N, $H_{k,+}$ und $H_{+,l}$. Somit erhalten wir die P-Werte

$$\pi_\ell = F_{N,H_{k,+},H_{+,l}}(H_{k,l}),$$
$$\pi_r = 1 - F_{N,H_{k,+},H_{+,l}}(H_{k,l} - 1).$$

Im Falle von binären Merkmalen, also $K = L = 2$, kann man sich auf ein Indexpaar (k, l) beschränken.

In Kap. 1 lernten wir bereits mehrere Anwendungen von Fishers exakten Tests kennen. Nun diskutieren wir noch eine fehlerhafte Anwendung dieser Verfahren:

Beispiel (Verheerende Anwendung von Fishers exaktem Test)
Die niederländische Krankenschwester Lucia de Berk wurde in einem aufsehenerregenden Gerichts-verfahren zu lebenslanger Freiheitsstrafe wegen mehrfachen Mordes verurteilt. Zur Anklage kam es, nachdem sich in dem Krankenhaus mehrere unvorhergesehene Todesfälle ereigneten und Mitarbei-tenden auffiel, dass in den entsprechenden Dienstschichten stets Lucia de Berk arbeitete. Vor Gericht präsentierte ein angeblicher Experte für Statistik eine Vierfeldertafel, basierend auf allen $n = 1029$ Dienstschichten des Krankenhauses in einem bestimmten Zeitraum:

	Todesfall	kein Todesfall	
L. de Berk anwesend	9	133	142
L. de Berk nicht anwesend	0	887	887
	9	1020	1029

(Zusätzlich wurden noch zwei analoge Vierfeldertafeln von zwei Stationen eines anderen Krankenhauses, in denen Lucia de Berk arbeitete, präsentiert, aber mit deutlich geringeren Fallzahlen.) Fishers exakter Test auf Assoziation zwischen der Anwesenheit von Lucia de Berk und dem Auftreten eines Todesfalls liefert den extrem kleinen zweiseitigen P-Wert

$$\pi_z = 2\pi_r = 2(1 - F_{1029,142,9}(8)) \approx 2,9024 \cdot 10^{-8}.$$

Allerdings muss man berücksichtigen, dass im betrachteten Zeitraum 26 Krankenschwestern auf dieser Station arbeiteten und man für jede von ihnen eine solche Tafel hätte aufstellen können. Um der Tatsache Rechnung zu tragen, dass man von diesen 26 Tafeln die auffallendste herausgegriffen hat, sollte man den P-Wert noch mit dem Faktor 26 multiplizieren, was dann den Wert $52(1 - F_{1029,142,9}(8)) \approx 7,5462 \cdot 10^{-7}$ ergibt, siehe auch Abschn. 6.6.

Der Experte wies darauf hin, dass diese augenscheinliche und extrem signifikante Assoziation noch kein Beweis für Mord sei. Denkbar sei beispielsweise, dass Lucia de Berk aufgrund ihrer Erfahrung in besonders schwierige Schichten bzw. besonders viele Nachtschichten eingeteilt wurde oder schlicht eine schlechte Krankenschwester ist. Diese Erklärungen wurden aber von ihr und ihren Vorgesetzten ausgeschlossen.

Dieses Beispiel zeigt, was „Hobby-Statistiker" anrichten können. Damit sind Leute gemeint, welche diverse statistische Verfahren kennen und anwenden können, ohne aber die genauen Grundlagen zu verstehen. Fishers exakte Tests werden zum Beispiel gerne als Methode verkauft, einen echten Zusammenhang zwischen zwei binären Merkmalen nachzuweisen. Man muss sich aber klarmachen, dass die Nullhypothese mit „kein echter Zusammenhang" nur unzureichend beschrieben wird. Streng genommen besagt die Nullhypothese, dass ein Eintrag $H_{k,l}$ der Vierfeldertafel, gegeben die Zeilen- und Spaltensummen, nach $\mathrm{Hyp}(N, H_{k,+}, H_{+,l})$ verteilt ist. Eine hinreichende Bedingung hierfür wäre die Austauschbarkeit der Y-Werte gegenüber den X-Werten oder umgekehrt. Dies ist aber im vorliegenden Fall sehr zweifelhaft. Dienstpläne in Krankenhäusern folgen gewissen Mustern und unterliegen starken Randbedingungen. Außerdem zeigen empirische Daten, dass die Zeitpunkte von Todesfällen in Krankenhäusern durchaus nicht rein zufällig verteilt sind. Möglicherweise bestätigt die Vierfeldertafel nur, dass sowohl der Dienstplan für Lucia de Berk als auch das Auftreten von Todesfällen stark mit der Variable „Zeit" zusammenhängen. Ein zweiter Schwachpunkt ist die willkürliche Auswahl des Zeitraums bei der Aufstellung der Vierfeldertafel. Davor gab es nämlich eine längere Phase ohne jegliche Zwischenfälle. Außerdem stellte sich im Nachhinein heraus, dass die Daten der obigen Vierfeldertafel nicht korrekt erhoben worden waren. Eine genauere Analyse lieferte

	Todesfall	kein Todesfall	
L. de Berk anwesend	7	135	142
L. de Berk nicht anwesend	4	883	887
	11	1018	1029

mit einem zweiseitigen P-Wert von $2(1 - F_{1029,142,11}(6)) \approx 2,515 \cdot 10^{-5}$ bzw., nach Bonferroni-Korrektur, $52(1 - F_{1029,142,11}(6)) \approx 6,5411 \cdot 10^{-4}$. Auch dieser ist sehr klein, aber etwas weniger beeindruckend als der zuvor angegebene.

Übrigens wurde der Fall von Lucia de Berk wieder neu aufgenommen, nachdem sich Richard Gill und weitere Wissenschaftler in den Niederlanden stark dafür engagiert hatten. Medizinische Gutachter wiesen auch darauf hin, dass bei keinem der fraglichen Todesfälle eine Fremdeinwirkung nachweisbar war. Das neue Verfahren endete mit einem Freispruch.

Chiquadrat-Test Unter der Nullhypothese H_0 rechnen wir damit, dass der Eintrag $H_{k,l}$ von der Größenordnung

$$\bar{H}_{k,l} := \frac{H_{k,+} H_{+,l}}{n}$$

ist. Genauer gesagt, ist

$$\bar{H}_{k,l} = \mathbb{E}\big(H_{k,l}(X, \Pi Y) \,\big|\, X, Y\big),$$

wobei $\mathbb{E}(\cdot \,|\, X, Y)$ den bedingten Erwartungswert bei gegebenen Daten X, Y bezeichnet; das heißt, wir betrachten X, Y als fest und nur Π als zufällig. Diese Formel ergibt sich aus Aufgabe 5. Die folgende, ebenfalls von Karl Pearson vorgeschlagene Chiquadrat-Teststatistik quantifiziert die Abweichungen der Einträge $H_{k,l}$ von diesen Idealwerten $\bar{H}_{k,l}$:

$$T(X, Y) := \sum_{k=1}^{K} \sum_{l=1}^{L} \frac{(H_{k,l} - \bar{H}_{k,l})^2}{\bar{H}_{k,l}} = \sum_{k=1}^{K} \sum_{l=1}^{L} \frac{H_{k,l}^2}{\bar{H}_{k,l}} - N.$$

Dabei ergibt sich die einfachere zweite Formel daraus, dass sowohl $\sum_{k=1}^{K} \sum_{l=1}^{L} H_{k,l}$ als auch $\sum_{k=1}^{K} \sum_{l=1}^{L} \bar{H}_{k,l}$ gleich N ist. Wir sprechen hier von „Idealwerten", weil eine Kontingenztafel mit Einträgen $H_{k,l} \approx \bar{H}_{k,l}$ keinerlei Assoziation erkennen ließe:

Lemma 8.4 *Für eine beliebige Kontingenztafel $(H_{k,l})_{k,l}$ sind folgende Aussagen äquivalent:*

(i) *Alle Zeilen (bzw. Spalten) sind proportional zueinander;*
(ii) *$H_{k,l} = \bar{H}_{k,l}$ für beliebige Indexpaare (k,l).*

Unter der Nullhypothese H_0 sollte man mit Werten $T(X, Y)$ in der Größenordnung von $(K-1)(L-1)$ rechnen, denn (Aufgabe 7)

$$\mathbb{E}\big(T(X, \Pi Y) \,\big|\, X, Y\big) = \frac{N}{N-1}(K-1)(L-1). \tag{8.1}$$

Eine geschlossene Formel für die bedingte Verteilungsfunktion von $T(X, \Pi Y)$ bei gegebenen Daten (X, Y) gibt es leider nicht. Aber man kann zeigen, dass diese bedingte Verteilung schwach gegen

$$\chi^2_{(K-1)(L-1)}$$

konvergiert, sofern

$$\min\{H_{1,+}, H_{2,+}, \ldots, H_{K,+},\ H_{+,1}, H_{+,2}, \ldots, H_{+,L}\} \to \infty.$$

Wenn alle Randsummen größer oder gleich 5 sind, verwendet man daher oft die Approximation

$$\pi_r \approx 1 - F_{(K-1)(L-1)}(T(X, Y)),$$

wobei $F_{(K-1)(L-1)}$ die Verteilungsfunktion von $\chi^2_{(K-1)(L-1)}$ bezeichnet. Ansonsten bieten sich Monte-Carlo-P-Werte an.

▶ **Bemerkung** Wenn irgendeiner der in diesem Kapitel eingeführten Tests die Nullhypothese H_0 verwirft, kann man zwar auf einen echten Zusammenhang zwischen X- und Y-Werten schließen, aber eine Interpretation im Sinne von Ursache und Wirkung ist nicht zulässig. Es kann zum Beispiel durchaus sein, dass beide Merkmale von einem dritten, nicht berücksichtigten Merkmal ursächlich abhängen, ohne dass eine darüber hinausgehende Wechselwirkung besteht. Diesen Effekt nennt man *Confounding*, und das latente dritte Merkmal ist ein *Confounder*.

▶ **Bemerkung** Wenn der Chiquadrat-Test die Nullhypothese H_0 verwirft, kann man mit einer gewissen Sicherheit behaupten, dass es eine echte Assoziation zwischen X- und Y-Werten gibt, mehr aber nicht. Mitunter ist es aufschlussreicher, aus der ursprünglichen Kontingenztafel eine Vierfeldertafel zu machen, indem man manche Kategorien zusammenfasst oder streicht. Auf diese Vierfeldertafel lässt sich dann Fishers exakter (zweiseitiger) Test anwenden, oder man berechnet ein Vertrauensintervall für den entsprechenden Chancenquotienten.

Beispiel (Schnarchen und Herzerkrankungen)
In einer medizinischen Querschnittstudie über den möglichen Zusammenhang zwischen Schnarchen und Herzerkrankungen wurden $N = 2484$ Männer untersucht. Zum einen wurde festgestellt, ob eine Erkrankung des Herzens vorliegt oder nicht. Dies ergab eine Variable X mit möglichen Werten „krank" und „gesund". Des Weiteren wurden sie anhand von Aussagen ihrer Lebenspartnerinnen in vier Kategorien bezüglich des Schnarchens unterteilt, und man erhielt eine Variable Y mit möglichen Werten „nie", „manchmal", „oft" (mindestens jede zweite Nacht) und „immer" (jede Nacht). Hier ist die entsprechende Kontingenztafel:

	Schnarchen:				
	nie	manchmal	oft	immer	
krank	24	35	21	30	110
gesund	1355	603	192	224	2374
	1379	638	213	254	2484

Die Gruppe der Herzkranken ist wesentlich kleiner als die Gruppe der Gesunden, und die Gruppe der Nichtschnarchenden ist deutlich größer als die drei Gruppen der Schnarchenden. Daher sieht man dieser Tabelle nicht auf Anhieb einen augenscheinlichen Zusammenhang zwischen X- und Y-Werten an. Also betrachten wir die Zeilennormierung (auf drei Nachkommastellen):

	nie	manchmal	oft	immer
krank	0,218	0,318	0,191	0,273
gesund	0,571	0,254	0,081	0,094
	0,555	0,257	0,086	0,102

Jetzt wird deutlich, dass der relative Anteil von oft oder immer Schnarchenden bei den Herzkranken merklich höher ist als bei den Gesunden. Auch bei der Spaltennormierung wird dies sichtbar:

	nie	manchmal	oft	immer	
krank	0,017	0,055	0,099	0,118	0,044
gesund	0,983	0,945	0,901	0,882	0,956

Mit der ordinalen Variable Y wächst der relative Anteil von Herzkranken an.

Nun testen wir die Nullhypothese H_0, dass zwischen beiden Merkmalen kein echter Zusammenhang besteht, auf dem Niveau $\alpha = 1\%$: Die um die Mittelwerte $\bar{H}_{j,k}$ ergänzte Kontingenztafel ist

	nie	manchmal	oft	immer	
krank	24	35	21	30	110
	(61,1)	(28,3)	(9,4)	(11,2)	
gesund	1355	603	192	224	2374
	(1317,9)	(609,7)	(203,6)	(242,8)	
	1379	638	213	254	2484

Die Chiquadrat-Statistik hat hier den Wert $T(X,Y) = 72{,}782$, was deutlich größer ist als $(K-1) \cdot (L-1) = 3$. In der Tat ist der entsprechende approximative P-Wert gleich

$$1 - F_3(72{,}782) \approx 1{,}1102 \cdot 10^{-15},$$

und auch entsprechende Monte-Carlo-P-Werte sind verschwindend klein.

Wie bereits angemerkt wurde, sagt dies nichts über mögliche Ursachen aus. Denkbar wäre beispielsweise, dass (i) Schnarchen zu Herzerkrankungen führt, (ii) Herzerkrankungen das Schnarchen mitverursachen oder (iii) sowohl Schnarchen als auch Herzerkrankungen von gemeinsamen genetischen oder anderen Faktoren beeinflusst werden. Die χ^2-Testgröße beurteilt auch nicht die *Richtung* des Zusammenhangs.

Um zumindest die Richtung des Zusammenhangs zu beurteilen, fassen wir für Y die beiden ersten Kategorien („nie“ und „manchmal“) zu einer Kategorie „selten“ und die letzten beiden Kategorien („oft“ und „immer“) zu einer Kategorie „häufig“ zusammen. Dann ergibt sich die folgende Vierfeldertafel:

	selten	häufig	
krank	59	51	110
gesund	1958	416	2374
	2017	467	2484

Den zugrundeliegenden Chancenquotienten ρ kann man auf zwei Arten deuten: Bei der ersten Variante geht es um die Chancen, einen selten schnarchenden Mann anzutreffen, einerseits unter den herzkranken und andererseits unter den gesunden Männern. Bei der zweiten Variante geht es um die Chancen, einen herzkranken Mann anzutreffen, einerseits unter den selten und andererseits unter den häufig schnarchenden Männern. Der Schätzwert hierfür ist $\widehat{\rho} = 0{,}2458$, und ein $99\,\%$-Konfidenzintervall für ρ ist gegeben durch $[0{,}1448, 0{,}4201]$. Da die obere Schranke kleiner ist als eins, kann man mit einer Sicherheit von $99\,\%$ behaupten, dass Schnarchen und Herzerkrankungen positiv miteinander korrelieren.

8.5   Numerische Merkmale: Stichprobenvergleiche und Korrelationen

Stichprobenvergleiche Angenommen, X ist ein kategorielles Merkmal mit Werten in $\{x_1, x_2, \ldots, x_K\}$ und Y ein numerisches Merkmal. In diesem Falle können wir die Daten mit Verfahren wie in Kap. 6 auswerten. (Dort war die Rede von (G, X) anstelle von (X, Y).) Mit einer beliebigen Teststatistik $T(X, Y)$, welche augenscheinliche Unterschiede zwischen den Teilstichproben $Y_k := (Y_i)_{i : X_i = x_k}$ für $k = 1, 2, \ldots, K$ quantifiziert, können wir einen Permutationstest durchführen und auf diese Weise P-Werte für die Nullhypothese H_0 bestimmen.

Im Spezialfall $K = 2$ bietet sich zum Beispiel Wilcoxons Rangsummenstatistik an: Wir bestimmen also die Ränge $R_{Y,1}, R_{Y,2}, \ldots, R_{Y,N}$ von $Y_1, Y_2, \ldots, Y_N$, und dann berechnen wir

$$T_W(X, Y) := \sum_{i : X_i = x_1} R_{Y,i}.$$

Mit dieser Teststatistik kann man nun einen Permutationstest durchführen. Das heißt, wir müssen nicht mehr wie in Abschn. 6.5 unterstellen, dass die Zufallsvariablen Y_i stetige Verteilungsfunktionen haben.

Im Falle von $K \geq 3$ kann man mit multiplen Tests wie in Abschn. 6.6 am Ende von Kap. 6 arbeiten. Auch hier bietet es sich an, Permutationstests auf die $K(K-1)$ Teildatensätze anzuwenden.

Einfache lineare Regression und Korrelation

Nun betrachten wir den Fall zweier numerischer Merkmale. Die Frage nach einem augenscheinlichen Zusammenhang zwischen X- und Y-Werten wird dahingehend abgeändert, dass man untersucht, inwiefern sich die Y-Werte durch eine lineare Funktion der X-Werte approximieren lassen. Bevor wir konkrete statistische Tests behandeln, stellen wir eine abstrakte Überlegung an.

Lineare Prädiktion Gegeben seien zwei reellwertige Zufallsvariablen X und Y mit bekannter gemeinsamer Verteilung. Nun möchten wir den Wert von Y möglichst gut durch eine lineare Funktion von X vorhersagen. Genauer gesagt, suchen wir reelle Parameter a, b derart, dass der mittlere quadratische Vorhersagefehler

$$\mathbb{E}((Y - a - bX)^2)$$

möglichst klein wird. Dabei nehmen wir an, dass $0 < \mathrm{Std}(X), \mathrm{Std}(Y) < \infty$.

Lemma 8.5 *Für beliebige reelle Zahlen a, b ist*

$$\mathbb{E}((Y - a - bX)^2) \geq \mathrm{Var}(Y) - \mathrm{Cov}(X, Y)^2 / \mathrm{Var}(X).$$

Gleichheit gilt genau dann, wenn

$$b = b_* := \mathrm{Cov}(X, Y) / \mathrm{Var}(X) \quad und \quad a = a_* := \mathbb{E}(Y) - b_* \mathbb{E}(X).$$

Die optimalen Parameter a_* und b_* beinhalten nur die Erwartungswerte von X und Y, die Varianz von X sowie die Kovarianz

$$\mathrm{Cov}(X, Y) := \mathbb{E}\big((X - \mathbb{E}(X))(Y - \mathbb{E}(Y))\big) = \mathbb{E}(XY) - \mathbb{E}(X)\mathbb{E}(Y)$$

von X und Y. Mit ihrer Korrelation

$$\mathrm{Corr}(X, Y) := \frac{\mathrm{Cov}(X, Y)}{\mathrm{Std}(X)\,\mathrm{Std}(Y)}$$

kann man auch schreiben

$$b_* = \frac{\mathrm{Std}(Y)}{\mathrm{Std}(X)}\,\mathrm{Corr}(X, Y),$$

und der mittlere quadratische Vorhersagefehler ist gleich

$$\mathbb{E}((Y - a_* - b_* X)^2) = \mathrm{Var}(Y)(1 - \mathrm{Corr}(X, Y)^2).$$

Der Faktor $\mathrm{Var}(Y)$ ist der mittlere quadratische Vorhersagefehler, wenn wir X ignorieren und Y durch den konstanten Wert $\mathbb{E}(Y)$ vorhersagen. Dieser verringert sich also um den Faktor $1 - \mathrm{Corr}(X, Y)^2$, wenn wir Y durch

$$a_* + b_* X = \mathbb{E}(Y) + b_*(X - \mathbb{E}(X))$$

vorhersagen.

Beweis von Lemma 8.5 Fixieren wir einen beliebigen festen Wert b, dann gilt mit $V :=$ $Y - bX$ die Gleichung

$$\mathbb{E}((Y - a - bX)^2) = \mathbb{E}((V - a)^2) = \mathrm{Var}(V) + (\mathbb{E}(V) - a)^2.$$

Als Funktion von $a \in \mathbb{R}$ hat dies die eindeutige Minimalstelle $a_*(b) = \mathbb{E}(V) = \mathbb{E}(Y) - b\mathbb{E}(V)$. Setzt man nun diesen Wert $a_*(b)$ für a ein, dann ergibt sich die Gleichung

$$\mathbb{E}((Y - a_*(b) - bX)^2) = \mathbb{E}\left[\left((Y - \mathbb{E}(Y)) - b(X - \mathbb{E}(X))\right)^2\right]$$
$$= \mathrm{Var}(Y) - 2b\,\mathrm{Cov}(X, Y) + b^2\,\mathrm{Var}(X).$$

Mit $b_* = \mathrm{Cov}(X, Y)/\mathrm{Var}(X)$ ist die rechte Seite gleich

$$\mathrm{Var}(Y) - \mathrm{Cov}(X, Y)^2/\mathrm{Var}(X) + \mathrm{Var}(X)(b - b_*)^2.$$

Dies zeigt, dass b_* der eindeutige optimale Wert für b ist.   □

Regressionsgeraden Nun betrachten wir einen Datensatz mit Beobachtungsvektoren $X, Y \in \mathbb{R}^N$, wobei wir Trivialfälle ausschließen und annehmen, dass die entsprechenden Stichprobenstandardabweichungen S_X und S_Y strikt positiv sind. Gesucht sind reelle Parameter a und b derart, dass die Quadratsumme

$$\sum_{i=1}^{N}(Y_i - a - bX_i)^2 = \|Y - a\mathbf{1} - bX\|^2$$

möglichst klein wird. Dabei bezeichnet $\mathbf{1}$ den Vektor $(1, 1, \dots, 1)^\top \in \mathbb{R}^N$, und $\|\cdot\|$ ist die übliche euklidische Norm auf dem $\mathbb{R}^N$, also $\|w\| := \sqrt{\langle w, w \rangle}$ mit dem Standard-skalarprodukt $\langle \cdot, \cdot \rangle$. Aus den Betrachtungen zur linearen Prädiktion ergeben sich folgende Aussagen:

Lemma 8.6 *Mit* $\tilde{X} := (X_i - \overline{X})_{i=1}^N$ *und* $\tilde{Y} := (Y_i - \overline{Y})_{i=1}^N$ *gilt für beliebige reelle Zahlen* a, b:

$$\|Y - a - bX\|^2 \geq \|\tilde{Y}\|^2(1 - \widehat{\rho}^2)$$

mit der Stichprobenkorrelation

$$\widehat{\rho} = \widehat{\rho}(X, Y) := \frac{\langle \tilde{X}, \tilde{Y} \rangle}{\|\tilde{X}\|\|\tilde{Y}\|}.$$

Gleichheit gilt genau dann, wenn

$$b = \widehat{b} := \frac{\langle \tilde{X}, \tilde{Y} \rangle}{\|\tilde{X}\|^2} = \frac{S_Y}{S_X}\widehat{\rho} \quad und \quad a = \widehat{a} := \overline{Y} - \widehat{b}\,\overline{X}.$$

Beweis Wir betrachten X und Y als feste Vektoren. Mit einer auf $\{1, 2, \ldots, N\}$ uniform verteilten Zufallsvariable J definieren wir $(X, Y) := (X_J, Y_J)$. Dann ist

$$\|Y - a\mathbf{1} - bX\|^2 = N\,\mathbb{E}((Y - a - bX)^2).$$

Nun ergeben sich die Behauptungen im Wesentlichen aus Lemma 8.5 und folgenden Formeln: $\mathbb{E}(X) = \overline{X}$, $\mathrm{Var}(X) = \|\tilde{X}\|^2/N$, $\mathbb{E}(Y) = \overline{Y}$, $\mathrm{Var}(Y) = \|\tilde{Y}\|^2/N$ und $\mathrm{Cov}(X, Y) = \langle\tilde{X}, \tilde{Y}\rangle/N$. $\square$

Die Regressionsgerade besteht aus allen Paaren (x, y), welche die Gleichung

$$y = \widehat{a} + \widehat{b}x = \overline{Y} + \frac{S_Y}{S_X}\,\widehat{\rho}\,(x - \overline{X})$$

erfüllen. Man kann auch schreiben:

$$\frac{y - \overline{Y}}{S_Y} = \widehat{\rho}\,\frac{x - \overline{X}}{S_X}.$$

Insbesondere läuft die Regressionsgerade durch den Schwerpunkt $(\overline{X}, \overline{Y})$ aller Beobachtungen (X_i, Y_i).

Der Stichprobenkorrelationskoeffizient $\widehat{\rho}$ ist der Kosinus des Winkels zwischen den zentrierten Datenvektoren $\tilde{X}$ und $\tilde{Y}$. Aus der Cauchy-Schwarz-Ungleichung folgt, dass stets $|\widehat{\rho}| \leq 1$. Gleichheit gilt genau dann, wenn $\tilde{Y} = \widehat{b}\tilde{X}$. Dies ist gleichbedeutend damit, dass alle Punktepaare (X_i, Y_i) auf der Regressionsgeraden liegen, wobei $\mathrm{sign}(\widehat{b}) = \mathrm{sign}(\widehat{\rho})$. In jedem Fall liegt der Steigungsparameter $\widehat{b} = \widehat{\rho}\,S_Y/S_X$ stets im Intervall $[-S_Y/S_X, S_Y/S_X]$.

Das Quadrat $\widehat{\rho}^2$ wird auch als „Bestimmtheitsmaß" bezeichnet. Es quantifiziert, wie gut man augenscheinlich die Y-Werte durch eine lineare Funktion der X-Werte approximieren kann.

▶ **Bemerkung ($\widehat{\rho}$ als Schätzer)** Angenommen, die Beobachtungen (X_1, Y_1), (X_2, Y_2), $\ldots$, (X_N, Y_N) sind stochastisch unabhängig und identisch verteilt. Dann kann man die zuvor auftretenden Größen als Schätzer für theoretische Kenngrößen der Verteilung von $(X, Y) := (X_1, Y_1)$ deuten: Zum einen sind $\overline{X}$, $\overline{Y}$, $S_X = \|\tilde{X}\|/\sqrt{N-1}$ und $S_Y = \|\tilde{Y}\|/\sqrt{N-1}$ Schätzer für $\mathbb{E}(X)$, $\mathbb{E}(Y)$, $\mathrm{Std}(X)$ und $\mathrm{Std}(Y)$. Ferner sind $\langle\tilde{X}, \tilde{Y}\rangle/(N-1)$ und $\widehat{\rho}$ Schätzer für $\mathrm{Cov}(X, Y)$ bzw. $\mathrm{Corr}(X, Y)$.

Permutationstests Um einen echten Zusammenhang zwischen X- und Y-Werten nachzuweisen, kann man jetzt im Prinzip einen Permutationstest mit der Teststatistik $T(X, Y) := \langle X, Y\rangle$ oder $T(X, Y) := \langle\tilde{X}, \tilde{Y}\rangle = \langle X, Y\rangle - N\,\overline{X}\,\overline{Y}$ durchführen. Da sich $\overline{Y}$ beim Permutieren von Y nicht verändert, resultieren in beiden Fällen die gleichen

P-Werte. Außerdem ist $\widetilde{\Pi Y} = \Pi \tilde{Y}$, und aus Aufgabe 9 ergeben sich die Gleichungen

$$\mathbb{E}(\langle \tilde{X}, \Pi \tilde{Y} \rangle \mid X, Y) = 0 \quad \text{und} \quad \text{Var}(\langle \tilde{X}, \Pi \tilde{Y} \rangle \mid X, Y) = \frac{\|\tilde{X}\|^2 \|\tilde{Y}\|^2}{N-1}.$$

Von daher bietet sich auch die standardisierte Teststatistik $T(X, Y) := \sqrt{N-1}\,\hat{\rho}$ an. In der Tat ergeben sich aus Satz A.6 in Abschn. A.8 des Anhangs folgende Approximationen für die P-Werte:

$$\pi_\ell \approx \Phi\left(\sqrt{N-1}\,\hat{\rho}\right) \quad \text{und} \quad \pi_r \approx \Phi\left(-\sqrt{N-1}\,\hat{\rho}\right),$$

falls $\max_{i=1,...,N} |X_i - \overline{X}|/\|\tilde{X}\|$ und $\max_{i=1,...,N} |Y_i - \overline{Y}|/\|\tilde{Y}\|$ hinreichend klein sind. Dies ist natürlich etwas vage; diese Approximationen liefern aber einen guten Anhaltspunkt, bevor man einen aufwendigeren exakten (Monte-Carlo-)Test durchführt.

▶ **Bemerkung ($\hat{a}$ und $\hat{b}$ als Schätzer und klassischer Test)** Angenommen, bei $X_1, \ldots, X_N$ handelt es sich um feste Zahlen, beispielsweise Dosierungen oder Konzentrationen einer bestimmten Substanz. Ferner sei

$$Y_i = a_* + b_* X_i + \varepsilon_i \quad \text{für } 1 \leq i \leq N$$

mit unbekannten Parametern $a_*, b_* \in \mathbb{R}$ und zufälligen Fehlern $\varepsilon_1, \varepsilon_2, \ldots, \varepsilon_n$. Dabei setzen wir voraus, dass $\mathbb{E}(\varepsilon_i) = 0$ für $1 \leq i \leq n$. Unter diesen Voraussetzungen sind $\hat{a}$ und $\hat{b}$ erwartungstreue Schätzer für a_* und b_*:

$$\mathbb{E}(\hat{a}) = a_* \quad \text{und} \quad \mathbb{E}(\hat{b}) = b_*.$$

Mit $\varepsilon = (\varepsilon_i)_{i=1}^N$ kann man nämlich schreiben: $Y = a_* \mathbf{1} + b_* X + \varepsilon$, $\overline{Y} = a_* + b_* \overline{X} + \bar{\varepsilon}$ und $\tilde{Y} = b_* \tilde{X} + \varepsilon - \bar{\varepsilon}\mathbf{1}$. Insbesondere ist

$$\hat{b} = \frac{\langle \tilde{X}, \tilde{Y} \rangle}{\|\tilde{X}\|^2} = b_* + \frac{\langle \tilde{X}, \varepsilon - \bar{\varepsilon}\mathbf{1} \rangle}{\|\tilde{X}\|^2} = b_* + \frac{\langle \tilde{X}, \varepsilon \rangle}{\|\tilde{X}\|^2},$$

denn $\langle \tilde{X}, \mathbf{1} \rangle = 0$. Folglich ist $\mathbb{E}(\hat{b}) = b_*$, denn $\mathbb{E}\langle \tilde{X}, \varepsilon \rangle = \sum_{i=1}^N \tilde{X}_i \mathbb{E}(\varepsilon_i) = 0$. Ferner ist

$$\hat{a} = \overline{Y} - \hat{b}\overline{X} = a_* + (b_* - \hat{b})\overline{X} + \bar{\varepsilon},$$

sodass $\mathbb{E}(\hat{a}) = a_*$, denn $\mathbb{E}(b_* - \hat{b}) = \mathbb{E}(\bar{\varepsilon}) = 0$.

Unter der zusätzlichen Annahme, dass $\varepsilon_1, \varepsilon_2, \ldots, \varepsilon_n$ stochastisch unabhängig und nach $\mathcal{N}(0, \sigma^2)$ mit unbekanntem $\sigma > 0$ verteilt sind, gilt:

$$\frac{\sqrt{n-1}\,\hat{\rho}}{\sqrt{1-\hat{\rho}^2}} \sim t_{n-2} \quad \text{falls } b_* = 0.$$

Diese Tatsache kann man mit ähnlichen Argumenten wie im Beweis des Satzes 4.1 nachweisen. Sie impliziert einen klassischen Test von Ronald A. Fisher: Die Nullhypothese, dass $b_* = 0$, wird auf dem Niveau α verworfen, falls

$$\frac{\sqrt{n-1}\,|\widehat{\rho}|}{\sqrt{1-\widehat{\rho}^2}} \geq t_{n-2;1-\alpha/2}.$$

Diese Betrachtungen bieten einen kleinen Einblick in das wichtige und umfangreiche Gebiet der linearen Modelle und Regressionsmethoden.

Rangkorrelation

Der Stichprobenkorrelationskoeffizient $\widehat{\rho}$ quantifiziert den augenscheinlichen *linearen Zusammenhang* zwischen X- und Y-Werten. Mitunter ist diese Betrachtungsweise zu speziell. Denkbar ist beispielsweise, dass die Y-Werte sehr gut durch eine monoton wachsende oder eine monoton fallende Funktion der X-Werte approximiert werden, wobei diese monotone Funktion aber nichtlinear ist. Für solche Situationen bietet es sich an, in $\widehat{\rho}$ die Vektoren X und Y durch ihre Rangvektoren R_X bzw. R_Y zu ersetzen. Da das arithmetische Mittel eines Rangvektors stets gleich $(N + 1)/2$ ist (Aufgabe 5), ergibt sich dann der *Rangkorrelationskoeffizient nach Spearman*,

$$\widehat{\rho}^{(\mathrm{Sp})} = \widehat{\rho}^{(\mathrm{Sp})}(X, Y) := \frac{\langle R_X, R_Y \rangle - N(N+1)^2/4}{\sqrt{\|R_X\|^2 - N(N+1)^2/4}\sqrt{\|R_Y\|^2 - N(N+1)^2/4}}.$$

Wenn sowohl die X-Werte als auch die Y-Werte paarweise verschieden sind, dann ist $\|R_W\|^2 - N(N+1)^2/4 = \sum_{i=1}^{N} i^2 - N(N+1)^2/4 = N(N^2-1)/12$ für $W = X, Y$, also

$$\widehat{\rho}^{(\mathrm{Sp})} = \frac{\langle R_X, R_Y \rangle - N(N+1)^2/4}{N(N^2-1)/12}.$$

Allgemein wissen wir, dass $\|R_W\|^2 \leq \sum_{i=1}^{N} i^2$ (Aufgabe 19 in Abschn. 4.5), sodass

$$|\widehat{\rho}^{(\mathrm{Sp})}| \geq \frac{|\langle R_X, R_Y \rangle - N(N+1)^2/4|}{N(N^2-1)/12}.$$

Auch hier kann man die Permutations-P-Werte basierend auf der Teststatistik $T(X, Y) := \langle R_X, R_Y \rangle$ approximieren:

$$\pi_\ell \approx \Phi\big(\sqrt{N-1} \cdot \widehat{\rho}^{(\mathrm{Sp})}\big) \quad \text{und} \quad \pi_r \approx \Phi\big(-\sqrt{N-1} \cdot \widehat{\rho}^{(\mathrm{Sp})}\big),$$

sofern $\max_{i=1,\ldots,N} |R_{V,i} - (N+1)/2|/\|R_V\|$ hinreichend klein ist für $V = X, Y$.

▶ **Bemerkung (Eigenschaften von $\widehat{\rho}^{(\mathrm{Sp})}$)** Der Rangkorrelationskoeffizient hat einige Eigenschaften, die ihn vor dem üblichen Stichprobenkorrelationskoeffizienten $\widehat{\rho}$ auszeichnen:

- Er ist invariant unter strikt monoton wachsenden Transformationen der X-Werte oder der Y-Werte.
- $\widehat{\rho}^{(\mathrm{Sp})}$ ist gleich $\xi \in \{-1, 1\}$ genau dann, wenn

$$\mathrm{sign}(Y_i - Y_j) = \xi \cdot \mathrm{sign}(X_i - X_j) \quad \text{für alle} \, 1 \le i < j \le N.$$

  Dies ist gleichbedeutend damit, dass $Y_i = \xi \cdot u(X_i)$ für eine streng monoton wachsende Funktion $u : [X_{(1)}, X_{(N)}] \to \mathbb{R}$.
- Im Vergleich zu $\widehat{\rho}$ ist $\widehat{\rho}^{(\mathrm{Sp})}$ unempfindlich gegenüber Ausreißern.
- Man kann $\widehat{\rho}^{(\mathrm{Sp})}$ nicht nur für numerische, sondern auch für ordinale Merkmale berechnen.

▶ **Bemerkung ($\widehat{\rho}^{(\mathrm{Sp})}$ als Schätzer)** Angenommen, die Beobachtungen (X_i, Y_i) sind stochastisch unabhängig und identisch verteilt, wobei $X = X_1$ und $Y = Y_1$ stetige Verteilungsfunktionen F bzw. G haben. Dann kann man $R_{X,i}/(N + 1)$ und $R_{Y,i}/(N + 1)$ als Ersatz für $F(X_i)$ bzw. $G(Y_i)$ deuten, und $\widehat{\rho}^{(\mathrm{Sp})}$ ist ein Schätzwert für die Korrelation

$$\rho^{(\mathrm{Sp})} := \mathrm{Korrelation}\big(F(X), G(Y)\big).$$

Durch die Transformationen $X \mapsto F(X)$ und $Y \mapsto G(Y)$ wird $(X, Y) \in \mathbb{R} \times \mathbb{R}$ auf eine Zufallsvariable $\big(F(X), G(Y)\big) \in [0, 1] \times [0, 1]$ transformiert, wobei beide Komponenten auf $[0, 1]$ uniform verteilt sind. Insbesondere ist $\mathbb{E}(F(X)) = \mathbb{E}(G(Y)) = 1/2$ und $\mathrm{Var}(F(X)) = \mathrm{Var}(G(Y)) = 1/12$, sodass

$$\rho^{(\mathrm{Sp})} = 12\big(\mathbb{E}\big(F(X)G(Y)\big) - 1/4\big).$$

Beispiel
Wir greifen noch einmal Beispiel 6.1 der professionellen Baseballspieler auf. Für einen generischen Spieler sei X die Anzahl von Jahren, die er in der Profiliga spielt, und Y sein Jahresgehalt in kUSD. Beide Merkmale betrachten wir nun als numerische Variable.

Aus den $N = 263$ Beobachtungen ergeben sich für die Regressionsgerade die Parameter $\widehat{a} \approx 260{,}234$ (Einheit: kUSD), $\widehat{b} \approx 37{,}705$ (Einheit: kUSD/Jahr) sowie $\widehat{\rho} \approx 0{,}401$. Hier kann man $\widehat{b}$ als mittlere Gehaltssteigerung pro Jahr deuten. Abbildung 8.2 zeigt ein Streudiagramm dieser Daten plus Regressionsgerade. Zusätzlich werden noch die Mittelwerte $\overline{X}, \overline{Y}$ sowie die Geraden mit Steigungen $\pm S_Y / S_X$ durch $(\overline{X}, \overline{Y})$ angedeutet. Wie zu erwarten, ist die Steigung der Regressionsgerade positiv, aber der augenscheinliche Zusammenhang zwischen X- und Y-Werten scheint eher nichtlinear zu sein. Das Bestimmtheitsmaß hat auch nur den eher geringen Wert $\widehat{\rho}^2 \approx 0{,}161$.

Wie bereits gesagt wurde, ist $\widehat{\rho}$ invariant unter monoton wachsenden linearen Transformationen der X- und Y-Werte. Doch bei nichtlinearen Transformationen kann sich $\widehat{\rho}$ durchaus verändern.

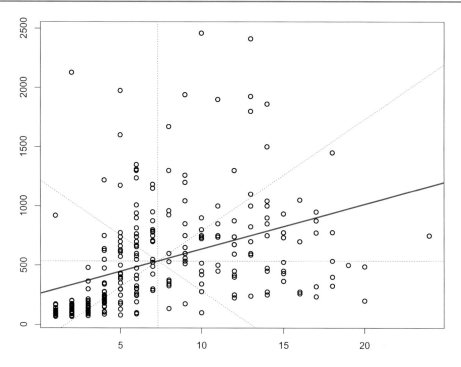

Abb. 8.2 Gehalt versus Berufsjahre bei Baseballspielern

Ersetzen wir beispielsweise die Y-Werte durch ihre Logarithmen zur Basis 10, dann ergibt sich ein höherer Wert von $\widehat{\rho} \approx 0{,}537$ und $\widehat{\rho}^2 \approx 0{,}289$; siehe Abb. 8.3. Auch hier hat man immer noch den Eindruck, dass der Zusammenhang zwischen X- und $\log_{10}(Y)$-Werten monoton wachsend, aber nichtlinear ist.

Nun zur Rangkorrelation: Weder die X-Werte noch die Y-Werte sind paarweise verschieden. Es ist $\|\boldsymbol{R}_X\|^2 = 6.089.630$, $\|\boldsymbol{R}_Y\|^2 = 6.098.224$ und $\langle \boldsymbol{R}_X, \boldsymbol{R}_Y \rangle = 5.528.264$. Außerdem ist $N(N+1)^2/4 = 263 \cdot 264^2/4 = 4.582.512$. Folglich ist

$$\widehat{\rho}^{(\mathrm{Sp})} = \frac{(5.528.264 - 4.582.512)}{\sqrt{(6.089.630 - 4.582.512)(6.098.224 - 4.582.512)}} \approx 0{,}626$$

und $(\widehat{\rho}^{(\mathrm{Sp})})^2 \approx 0{,}392$. Interessanterweise ist dieser Wert höher als der Korrelationskoeffizient für die ursprünglichen Variablen X und Y bzw. $\log_{10}(Y)$. Abbildung 8.4 zeigt ein Streudiagramm der Rangpaare $(R_{X,i}, R_{Y,i})$ plus Regressionsgerade.

Dass der augenscheinliche Zusammenhang zwischen X- und Y-Werten signifikant ist, lässt sich erahnen, wenn man die standardisierten Korrelationskoeffizienten berechnet: Für die Rohdaten ist $\sqrt{N-1}\,\widehat{\rho} \approx 6{,}4852$, nach Logarithmieren der Y-Werte ergibt sich sogar $\sqrt{N-1}\,\widehat{\rho} \approx 8{,}698$, und $\sqrt{N-1}\,\widehat{\rho}^{(\mathrm{Sp})} \approx 10{,}129$. Berechnet man zweiseitige (Monte-Carlo-)P-Werte für entsprechende Permutationstests mit großer Anzahl von Simulationen, dann sind diese in allen drei Fällen kleiner als 10^{-5}.

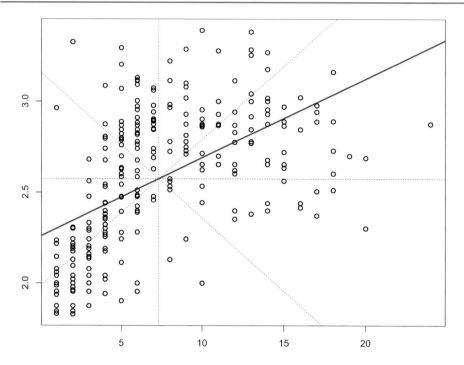

Abb. 8.3 $\log_{10}$(Gehalt) versus Berufsjahre bei Baseballspielern

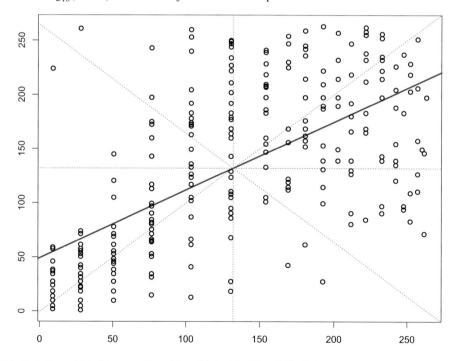

Abb. 8.4 Rang(Gehalt) versus Rang(Berufsjahre) bei Baseballspielern

8.6 Übungsaufgaben

1. (Gruppen) Sei $(G, *)$ eine beliebige Gruppe und h ein beliebiges Element von G. Zeigen Sie, dass die Abbildungen $g \mapsto g * h$, $g \mapsto h * g$ und $g \mapsto g^{-1}$ bijektiv von G nach G sind.
   Nun sei $\#G < \infty$, und G sei uniform verteilt auf G. Begründen Sie, dass die drei Zufallsvariablen $h * G$, $G * h$ und G^{-1} ebenfalls uniform verteilt sind auf G.

2. Jeder Vektor $\boldsymbol{y} \in \{0,1\}^N$ wird eindeutig festgelegt durch die Menge $\{i \in \{1, 2, \dots, n\} : y_i = 1\}$. Angenommen, $1 \le y_+ = \sum_{i=1}^N y_i < N$. Nun sei Π uniform verteilt auf der Menge S_N. Zeigen Sie, dass $\{i \in \{1, 2, \dots, N\} : y_{\Pi(i)} = 1\}$ und $\{\Pi(1), \dots, \Pi(y_+)\}$ identisch verteilt sind, nämlich uniform auf der Menge aller $\binom{N}{y_+}$ Teilmengen von $\{1, 2, \dots, N\}$ mit genau y_+ Elementen.

3. (Momente der Runs-Teststatistik) Beweisen Sie folgende (Un-)Gleichungen für die Runs-Teststatistik $T(\boldsymbol{y}) = \sum_{i=1}^{n-1} 1_{[y_i \ne y_{i+1}]}$, $\boldsymbol{y} \in \{0,1\}^N$:

$$\mathbb{E}(T(\Pi \boldsymbol{y})) = 2y_+(N - y_+)/N \le N/2,$$
$$\mathrm{Var}(T(\Pi \boldsymbol{y})) = \mathbb{E}(T(\Pi \boldsymbol{y}))\big(\mathbb{E}(T(\Pi \boldsymbol{y})) - 1\big)/(N-1),$$
$$\mathrm{Std}(T(\Pi \boldsymbol{y})) \le \mathbb{E}(T(\Pi \boldsymbol{y}))/\sqrt{N} \le \sqrt{N}/2.$$

4. (Gute Weinjahrgänge und Austauschbarkeit) Ein Weinjahrgang gilt als gut, wenn er besser als sein Vorgänger und sein Nachfolger ist. Unter Weinkennern kursiert die Regel, dass ca. jeder dritte Weinjahrgang ein guter ist. Nun könnte man einen geheimnisvollen Dreijahreszyklus im Weinbau vermuten. Es gibt aber auch eine einfache Erklärung:
   Seien $Y_0, Y_1, \dots, Y_N, Y_{N+1}$ Zufallsvariablen, die fast sicher paarweise verschieden sind, und das Tupel dieser $N + 2$ Zufallsgrößen sei in Verteilung austauschbar. Zeigen Sie, dass für die Zufallsvariable $Z := \sum_{i=1}^N 1_{[Y_i > \max(Y_{i-1}, Y_{i+1})]}$ gilt:

$$\mathbb{E}(Z/N) = 1/3$$

   und

$$\mathrm{Std}(Z/N) = O(N^{-1/2}).$$

5. (Lineare Permutationsstatistiken, II) Wie in Aufgabe 9 in Abschn. 6.7 sei $T := \sum_{i=1}^N a_i b_{\Pi(i)}$ mit festen Vektoren $\boldsymbol{a}, \boldsymbol{b} \in \mathbb{R}^N$ und einer rein zufällig gewählten Permutation $\Pi \in S_N$.
   (i) Zeigen Sie, dass die Verteilung von T unverändert bleibt, wenn man die Vektoren $\boldsymbol{a}$ und $\boldsymbol{b}$ vertauscht oder die Komponenten von $\boldsymbol{a}$ bzw. $\boldsymbol{b}$ permutiert.
   (ii) Angenommen, $\boldsymbol{a}, \boldsymbol{b} \in \{0,1\}^N$. Zeigen Sie, dass T hypergeometrisch verteilt ist mit Parametern N, $a_+ = \sum_{i=1}^N a_i$ und $b_+ = \sum_{i=1}^N b_i$. Leiten Sie nun aus Aufgabe 9 ab, dass

$$\mathbb{E}(T) = \frac{a_+ b_+}{N} \quad \text{und} \quad \mathrm{Var}(T) = \frac{a_+ b_+ (N - a_+)(N - b_+)}{N^2(N-1)}.$$

6. Beweisen Sie Lemma 8.4.
7. Beweisen Sie Gleichung (8.1) mithilfe von Aufgabe 5(ii).

8. (Geschwisterreihenfolge und Charakter) Ein gängiges Klischee besagt, dass in Familien mit mehreren Kindern die jüngeren meistens auch die lustigeren sind. Um dies gegebenenfalls zu untermauern, könnte man sich Familiendaten von n Komödiantinnen oder Komödianten mit mindestens einem oder mehreren Geschwistern besorgen. Der Datensatz D bestünde dann aus Zahlenpaaren (G_1, K_1), (G_2, K_2), ..., (G_n, K_n). Dabei wäre $G_i \geq 2$ die Gesamtzahl von Kindern im Elternhaus von Komödiantin oder Komödiant Nr. i, und $K_i \in \{1, \ldots, G_i\}$ gäbe an, als wievieltes Kind sie bzw. er in seiner Familie aufgewachsen ist. Wie könnte man nun die besagte Arbeitshypothese testen?

Ergänzungen

A

Dieser Anhang enthält einerseits Hintergrundinformationen zu manchen in der Vorlesung behandelten Themen. Des Weiteren werden Dinge behandelt, die über den Vorlesungsstoff hinausgehen und für Studierende mit Studienrichtung Statistik auf Masterstufe interessant sind.

A.1   Hinweise zu R

Für statistische Auswertungen und Simulationen, aber auch die Implementierung neuer Verfahren eignet sich die Software und Programmierumgebung R [21]. Dabei handelt es sich um open-source Software, welche auf der Programmiersprache S basiert und für alle gängigen Betriebssysteme verfügbar ist.

Kapitel 1   Alle wichtigen Verteilungen sind in R implementiert, und zwar jeweils in Form von vier Funktionen:

- dfamily(x, θ): Gewichtsfunktion bei diskreten Verteilungen bzw. Dichtefunktion bei absolutstetigen Verteilungen an der Stelle $x \in \mathbb{R}$;
- pfamily(x, θ): Verteilungsfunktion an der Stelle $x \in \mathbb{R}$;
- qfamily(u, θ): Quantilsfunktion an der Stelle $u \in [0, 1]$;
- rfamily(n, θ): Simulation von n unabhängigen Zufallsvariablen.

Hierbei ist family ein Platzhalter für die konkrete Verteilungsfamilie, und θ bezeichnet den oder die Parameter:

- hyper (hypergeometrische Verteilungen): $\text{Hyp}(N, l, n)$ entspricht
  hyper$(\cdot, l, N - l, n)$ oder hyper$(\cdot, \mathsf{m} = l, \mathsf{n} = N - l, \mathsf{k} = n)$!
- binom (Binomialverteilungen): $\text{Bin}(n, p)$ entspricht
  binom$(\cdot, n, p)$ oder binom$(\cdot, \mathsf{size} = n, \mathsf{prob} = p)$.

© Springer Basel 2016
L. Dümbgen, *Einführung in die Statistik*, Mathematik Kompakt,
DOI 10.1007/978-3-0348-0004-4

- norm (Normalverteilungen): $\mathcal{N}(\mu, \sigma^2)$ entspricht
  norm$(\,\cdot\,, \mu, \sigma)$ oder norm$(\,\cdot\,, \text{mean} = \mu, \text{sd} = \sigma)$!
- t (Student-Verteilungen): t_k entspricht
  t$(\,\cdot\,, k)$ oder t$(\,\cdot\,, \text{df} = k)$.
- gamma (Gammaverteilungen): Gamma(a, b) entspricht
  gamma$(\,\cdot\,, \text{shape} = a, \text{scale} = b)$ oder gamma$(\,\cdot\,, \text{shape} = a, \text{rate} = 1/b)$!

Betreffend Fishers exaktem Test verweisen wir auf die Hinweise zu Kap. 7.

Kapitel 2 Die Clopper-Pearson-Vertrauensschranken für einen Binomialparameter p erhält man mit der eingebauten Funktion binom.test$(\,\cdot\,)$. Genauer gesagt, liefert

$$\text{binom.test}(\text{x} = H, \text{n} = n, \text{conf.level} = 1 - \alpha)$$

u. a. das $(1 - \alpha)$-Konfidenzintervall $\big[a_{\alpha/2}(H), b_{\alpha/2}(H)\big]$ für p, basierend auf der Beobachtung $H \sim \text{Bin}(n, p)$. Das Argument conf.level ist optional mit Default-Wert 95 %. Außerdem wird ein P-Wert für die Nullhypothese, dass $p = 1/2$ geliefert. Die einseitigen Schranken erhält man wie folgt:

$$\text{binom.test}(\text{x} = H, \text{n} = n, \text{conf.level} = 1 - \alpha, \text{alternative} = '\text{greater}')$$

ergibt das Intervall $\big[a_\alpha(H), 1\big]$ und

$$\text{binom.test}(\text{x} = H, \text{n} = n, \text{conf.level} = 1 - \alpha, \text{alternative} = '\text{less}')$$

das Intervall $\big[0, b_\alpha(H)\big]$ für p.

Die Funktion binom.test$(\,\cdot\,)$ sieht noch einen weiteren optionalen Parameter p vor. Dabei handelt es sich um einen *hypothetischen* Wert von p, welcher getestet wird. Genauer gesagt, kann man für einen beliebigen Wert $p_0 \in [0, 1]$ P-Werte für folgende Testprobleme bestimmen:

Nullhypothese: $p = p_0$, Arbeitshypothese: $p \neq p_0$:

$$\text{binom.test}(\text{x} = H, \text{n} = n, \text{p} = p_0).$$

Nullhypothese: $p \geq p_0$, Arbeitshypothese: $p < p_0$:

$$\text{binom.test}(\text{x} = H, \text{n} = n, \text{p} = p_0, \text{alternative} = '\text{less}').$$

Nullhypothese: $p \leq p_0$, Arbeitshypothese: $p > p_0$:

$$\text{binom.test}(\text{x} = H, \text{n} = n, \text{p} = p_0, \text{alternative} = '\text{greater}').$$

Den Chiquadrat-Anpassungstest mit Chiquadrat-Approximation kann man mit den Befehlen

$$\text{chisq.test}(x = \boldsymbol{X}, p = \boldsymbol{p}^0) \quad \text{oder} \quad \text{chisq.test}(x = \boldsymbol{H}, p = \boldsymbol{p}^0)$$

durchführen. Man kann also den Rohdatenvektor $\boldsymbol{X} = (X_i)_{i=1}^n$ oder den Häufigkeitsvektor $\boldsymbol{H} = (H_k)_{k=1}^K$ als erstes Argument angeben. Übrigens erhält man $\boldsymbol{H}$ mit dem Befehl table($\boldsymbol{X}$). Das Argument p ist optional mit Default $(1/K)_{k=1}^K$. Um einen Monte-Carlo-P-Wert mittels m Simulationen zu erhalten, schreibt man

$$\text{chisq.test}(x = \boldsymbol{X}, p = \boldsymbol{p}^0, \text{simulate.p.value} = \text{TRUE}, B = m).$$

Kapitel 3 Für einen Vektor $\boldsymbol{X} = (X_i)_{i=1}^n$ von reellwertigen Beobachtungen liefert sort($\boldsymbol{X}$) den Vektor $(X_{(i)})_{i=1}^n$ seiner Ordnungsstatistiken. Mit range($\boldsymbol{X}$) erhält man das Paar $(X_{(1)}, X_{(n)})$. Die empirische Verteilungsfunktion $\widehat{F}$ lässt sich beispielsweise mit

$$\text{plot.ecdf}(\boldsymbol{X}) \quad \text{oder} \quad \text{plot.ecdf}(\boldsymbol{X}, \text{verticals} = \text{TRUE})$$

zeichnen. Das Stichproben-γ-Quantil erhält man mit

$$\text{quantile}(\boldsymbol{X}, \text{probs} = \gamma, \text{type} = 2).$$

Dabei steht type $= 2$ für unsere Konvention, dass man das arithmetische Mittel aus dem kleinsten und größten Stichproben-γ-Quantil angibt.

Möchte man Konfidenzbänder zeichnen, bieten sich die Funktionen stepfun($\cdot$) und plot(stepfun($\cdot$)) an. Für Monte-Carlo-Simulationen im Zusammenhang mit Konfidenzbändern und anderenorts ist die Funktion runif($\cdot$) sehr nützlich. Genauer gesagt, simuliert runif(n) einen Vektor von n unabhängigen, auf $[0, 1]$ uniform verteilten Zufallsvariablen.

Kapitel 4 Stichprobenmittelwert und -standardabweichung eines Datenvektors $\boldsymbol{X}$ erhält man mit mean($\boldsymbol{X}$) und sd($\boldsymbol{X}$). Die Funktion

$$\text{t.test}(\boldsymbol{X}, \text{conf.level} = 1 - \alpha)$$

liefert das $(1 - \alpha)$-Vertrauensintervall $\big[\bar{X} \pm t_{n-1; 1-\alpha/2} S_X / \sqrt{n}\big]$ für den zugrundeliegenden Mittelwert. Ähnlich wie bei binom.test($\cdot$) erhält man durch Angabe des zusätzlichen Parameters alternative $=$ 'greater' bzw. alternative $=$ 'less' einseitige Schranken.

Wir erwähnten bereits die Funktion quantile($\cdot$) für Stichprobenquantile, speziell der Stichprobenmedian ist als median($\cdot$) implementiert. Den getrimmten Mittelwert $\overline{X}_\tau$ erhält man mit mean($\boldsymbol{X}$, trim $= \tau$).

Der Median der absoluten Abweichungen ist als mad($\cdot$) implementiert, der Interquartilsabstand als IQR($\cdot$). Die Spannweite (*range*) von $\boldsymbol{X}$ definierten wir als die Differenz $X_{(n)} - X_{(1)}$, allerdings liefert range($\boldsymbol{X}$) das Paar $(X_{(1)}, X_{(n)})$.

Für einen Differenzenvektor $X = Y - Z$ kann man Wilcoxons Signed-Rank-Test mittels wilcox.test(X) oder wilcox.test(x $= Y$, y $= Z$, paired $=$ TRUE) durchführen. Diese Funktion liefert die Teststatistik $T_0(X)$ (!) und einen exakten P-Wert $\pi_z(X)$. Allerdings müssen alle Beträge $|X_i|$ untereinander und von null verschieden sein. Ansonsten erhält man eine Warnmeldung, und R arbeitet mit einer Normalapproximation. Die Konfidenzschranken für das Zentrum einer symmetrischen Verteilung lassen sich im Prinzip mit wilcox.test(x $= X$, conf.int $=$ TRUE) berechnen, doch bei Stichprobenumfängen $n \geq 50$ werden gewisse Approximationen verwendet.

Kapitel 5 Für einen Datenvektor X und einen Vektor $\boldsymbol{a} = (a_k)_{k=0}^K$ von Unterteilungspunkten $a_0 < a_1 < \cdots < a_K$ erhält man das entsprechende Histogramm mittels

$$\begin{cases} \text{hist}(X, \text{breaks} = \boldsymbol{a}, \text{freq} = \text{TRUE}) & \text{(Konvention 1)}, \\ \text{hist}(X, \text{breaks} = \boldsymbol{a}, \text{freq} = \text{FALSE}) & \text{(Konvention 2)}. \end{cases}$$

Den Kerndichteschätzer $\hat{f}_h$ mit Gauß-Kern $K = \phi$ kann man mittels

$$\text{density}(X, \text{bw} = h, \text{from} = a, \text{to} = b)$$

auf dem Intervall $[a, b]$ darstellen. Andere Kernfunktionen K lassen sich mit dem optionalen Argument kernel anfordern. Sie sind in allen Fällen so standardisiert, dass $\int_{-\infty}^{\infty} K(y) y^2 \, dy = 1$.

Q-Q-Plots lassen sich sehr einfach implementieren. Speziell für Normalverteilungen kann man auch die Funktion qqnorm($\cdot$) verwenden.

Kapitel 6 Der multiple Box-Plot von $K \geq 2$ Datenvektoren $X_1, X_2, \ldots, X_K$ lässt sich mit

$$\text{boxplot}(X_1, X_2, \ldots, X_K)$$

erzeugen. Die einzelnen Box-Plots werden mit den Zahlen $1, 2, \ldots, K$ beschriftet. Mit dem optionalen Parameter names kann man andere Beschriftungen anfügen:

$$\text{boxplot}(X_1, X_2, \ldots, X_K, \text{names} = \boldsymbol{g}).$$

Dabei ist $\boldsymbol{g}$ ein Vektor von K Zahlen oder Zeichenfolgen (jeweils mit Anführungszeichen), beispielsweise $\boldsymbol{g} = $ c('Basel','Bern','Chur',...). Sind die Ausgangsdaten ein numerischer Vektor X und ein kategorieller Vektor G mit Einträgen $G_i \in \{g_1, g_2, \ldots, g_K\}$, dann liefert

$$\text{boxplot}(X \sim G)$$

einen multiplen Box-Plot für die entsprechenden Teildatensätze $X_k = (X_i)_{i:G_i=g_k}$, $1 \leq k \leq K$.

Möchte man zu zwei Datenvektoren X_1, X_2 Konfidenzschranken für die Differenz $\mu_1 - \mu_2$ der zugrundeliegenden Mittelwerte berechnen, bietet sich erneut die Funktion t.test an. Unterstellt man identische Standardabweichungen $\sigma_1 = \sigma_2$, dann liefert

$$\text{t.test}(\text{x} = X_1, \text{y} = X_2, \text{alternative} = \ldots, \text{conf.level} = 1 - \alpha, \text{var.equal} = \text{TRUE})$$

entsprechende Student-Konfidenzschranken. Welchs Methode für beliebige Standardabweichungen σ_1, σ_2 wird mit

$$\text{t.test}(\text{x} = X_1, \text{y} = X_2, \text{alternative} = \ldots, \text{conf.level} = 1 - \alpha)$$

angefordert, oder man ersetzt var.equal = TRUE durch var.equal = FALSE.

Kapitel 7 und 8   Mit dem Befehl table(X, Y) kann man aus Rohdatenvektoren X und Y die entsprechende Kontingenztafel H erzeugen. Möchte man sichergehen, dass die möglichen Werte von X_i und Y_i in der richtigen Reihenfolge aufgelistet werden, kann man zuvor die Datenvektoren X und Y durch factor$(X, \text{levels} = \text{c}(x_1, x_2, \ldots, x_K))$ und factor$(Y, \text{levels} = \text{c}(y_1, y_2, \ldots, y_L))$ ersetzen.

Speziell eine Vierfeldertafel H kann man mit den Befehlen fisher.test(H) bzw.

$$\text{fisher.test}(H, \text{alternative} = \ldots, \text{conf.level} = 1 - \alpha)$$

oder direkt fisher.test$(\text{x} = X, \text{y} = Y)$ bzw.

$$\text{fisher.test}(\text{x} = X, \text{y} = Y, \text{alternative} = \ldots, \text{conf.level} = 1 - \alpha)$$

auswerten. Dies liefert einen P-Wert mit Fishers exaktem Test für die Nullhypothese, dass $\rho = 1$, sowie ein $(1 - \alpha)$-Konfidenzintervall für ρ.

Analog gibt es für den Chiquadrat-Test auf Assoziation die Optionen

$$\text{chisq.test}(H) \quad \text{oder} \quad \text{chisq.test}(\text{x} = X, \text{y} = Y).$$

Diese Befehle liefern den Wert der Chiquadrat-Teststatistik sowie den approximativen P-Wert mittels Approximation durch die Chiquadrat-Verteilung mit $(K - 1)(L - 1)$ Freiheitsgraden. Falls einzelne Zeilen- oder Spaltensummen von H zu klein sind, wird der Benutzer vor dem Resultat gewarnt. Mit der Variante

$$\text{chisq.test}(\ldots, \text{simulate.p.value} = \text{TRUE}, \text{B} = m)$$

wird ein Monte-Carlo-P-Wert für einen Permutationstest mit m pseudo-zufälligen Permutationen berechnet.

Möchte man selbstständig einen Monte-Carlo-Permutationstest programmieren, bietet sich die Funktion sample() an. Mit sample(Y) simuliert man eine rein zufällige Permutation ΠY, und mit sample(n) simuliert man eine rein zufällige Permutation $\Pi \in S_n$, dargestellt als Tupel $(\Pi(i))_{i=1}^n$.

Die Parameter der Regressionsgerade für Datenvektoren $X, Y \in \mathbb{R}^n$ erhält man mit lm$(Y \sim X)$.[1] Die entsprechenden Korrelationskoeffizienten nach Pearson oder Spearman werden mit

$$\text{cor}(\text{x} = X, \text{y} = Y) \quad \text{bzw.} \quad \text{cor}(\text{x} = X, \text{y} = Y, \text{method} = \text{'spearman'})$$

berechnet. Mit cor.test($\ldots$) anstelle von cor($\ldots$) werden auch P-Werte für die Nullhypothese, dass es keinen echten Zusammenhang zwischen den X- und Y-Werten gibt, berechnet. Speziell mit

$$\text{cor.test}(\text{x} = X, \text{y} = Y, \text{method} = \text{'spearman'}, \text{exact} = \text{TRUE})$$

wird ein exakter Permutationstest durchgeführt, sofern die Komponenten von X und Y jeweils paarweise verschieden sind.

A.2   Schwache Konvergenz von Verteilungen

Für $n = 1, 2, 3, \ldots$ sei X_n eine Zufallsvariable mit Verteilung P_n auf $\mathbb{R}^d$ (versehen mit der Borel-σ-Algebra). Ferner sei X eine Zufallsvariable mit Verteilung P auf $\mathbb{R}^d$.

Definition (Konvergenz in Verteilung; schwache Konvergenz)
Man sagt, „X_n konvergiert in Verteilung gegen X (für $n \to \infty$)", und schreibt

$$X_n \to_{\mathcal{L}} X,$$

wenn

$$\lim_{n \to \infty} \mathbb{E}(f(X_n)) = \mathbb{E}(f(X))$$

für beliebige stetige und beschränkte Funktionen $f : \mathbb{R}^d \to \mathbb{R}$.

Dazu äquivalent ist eine Aussage über die Verteilungen P_n: Man sagt, „P_n konvergiert schwach gegen P (für $n \to \infty$)", und schreibt

$$P_n \to_w P,$$

wenn

$$\lim_{n \to \infty} \int f(x)\, P_n(dx) = \int f(x)\, P(dx)$$

für beliebige stetige und beschränkte Funktionen $f : \mathbb{R}^d \to \mathbb{R}$.

In der Statistik umschreibt man diesen Sachverhalt oft mit „X_n ist asymptotisch (für $n \to \infty$) nach P verteilt."

---

[1] Die Funktion lm($\ldots$) bietet noch wesentlich mehr Methoden für sogenannte lineare Modelle.

Möchte man diese Aussage(n) nachweisen, genügt es sogar, unendlich oft differenzierbare Funktionen $f : \mathbb{R}^d \to \mathbb{R}$ mit kompaktem Träger zu betrachten. Hier ist noch eine
andere Charakterisierung gegeben:

Die Folge $(X_n)_n$ konvergiert in Verteilung gegen X genau dann, wenn

$$\limsup_{n \to \infty} \mathbb{P}(X_n \in A) \leq \mathbb{P}(X \in A)$$

für beliebige abgeschlossene Mengen $A \subset \mathbb{R}^d$, und dies ist wiederum äquivalent zu der
Aussage, dass

$$\liminf_{n \to \infty} \mathbb{P}(X_n \in U) \geq \mathbb{P}(X \in U)$$

für beliebige offene Mengen $U \subset \mathbb{R}^d$.

Speziell für den Fall $d = 1$ kann man die Verteilungskonvergenz bzw. die schwache
Konvergenz auch mithilfe der Verteilungsfunktionen F_n und F von X_n bzw. X charakterisieren:

$$\lim_{n \to \infty} F_n(x) = F(x) \tag{A.1}$$

für jede Stetigkeitsstelle x von F. Ist die Verteilungsfunktion F stetig, dann ist Aussage (A.1) sogar äquivalent zu

$$\lim_{n \to \infty} \sup_{\text{Intervalle } B \subset \mathbb{R}} \big| P_n(B) - P(B) \big| = 0.$$

A.3 Lindebergs Zentraler Grenzwertsatz

Univariater Fall Der Zentrale Grenzwertsatz präzisiert die vage Aussage, dass eine
Summe von stochastisch unabhängigen Zufallsvariablen approximativ normalverteilt ist,
wenn jeder einzelne Summand nur geringen Einfluss auf die Gesamtsumme hat.

Satz *Seien $Y_1, Y_2, \ldots, Y_n$ stochastisch unabhängige Zufallsvariablen mit $\mathbb{E}(Y_i) = 0$
und*

$$\sum_{i=1}^{n} \text{Var}(Y_i) = \sum_{i=1}^{n} \mathbb{E}(Y_i^2) = 1.$$

Ferner sei

$$L := \sum_{i=1}^{n} \mathbb{E}\big(Y_i^2 \min(1, |Y_i|)\big).$$

Dann gilt:

$$\sup_{\text{Intervalle } B \subset \mathbb{R}} \big| \mathbb{P}(Y \in B) - \mathcal{N}(0,1)(B) \big| \to 0 \quad \textit{falls } L \to 0.$$

Die Kenngröße L quantifiziert, wie groß der Einfluss einzelner Summanden Y_i auf die Gesamtsumme ist. Wenn beispielsweise $|Y_i| \leq \kappa$ fast sicher für alle Indizes i und eine Konstante κ, dann ist

$$L \leq \sum_{i=1}^{n} \mathbb{E}(Y_i^2 \kappa) = \kappa.$$

Die obige Formulierung des Zentralen Grenzwertsatzes ist ähnlich zu den von Jarl W. Lindeberg[2] und Alexander M. Ljapunov[3] bewiesenen Versionen des Zentralen Grenzwertsatzes. Ljapunov betrachtete die Kenngröße $\sum_{i=1}^{n} \mathbb{E}(|Y_i|^3) \geq L$.

Beispiel (Binomialverteilungen)
Ist $X \sim \text{Bin}(n, p)$, dann ist die standardisierte Größe $Y := (X - np)/\sqrt{np(1 - p)}$ approximativ standardnormalverteilt, wenn $np(1 - p) \to \infty$. Denn Y lässt sich schreiben als $\sum_{i=1}^{n} Y_i$ mit Summanden $Y_i := (X_i - p)/\sqrt{np(1 - p)}$ und stochastisch unabhängigen, $\{0, 1\}$-wertigen Zufallsvariablen $X_1, X_2, \ldots, X_n$, wobei $\mathbb{P}(X_i = 1) = \mathbb{E}(X_i) = p$ und $\text{Var}(X_i) = p(1 - p)$. Offensichtlich ist $|Y_i| \leq 1/\sqrt{np(1 - p)}$, also $L \leq 1/\sqrt{np(1 - p)}$.

Beispiel (Stichprobenmittelwerte)
Seien $X_1, X_2, \ldots, X_n$ stochastisch unabhängige, identisch verteilte Zufallsvariablen mit Mittelwert μ und Standardabweichung σ. Dann ist

$$Y := n^{1/2}(\bar{X}_n - \mu)/\sigma = \sum_{i=1}^{n} Y_i$$

mit $Y_i := n^{-1/2}(X_i - \mu)/\sigma$, und

$$L = \mathbb{E}\left(\frac{(X_1 - \mu)^2}{\sigma^2} \min\left(1, \frac{|X_1 - \mu|}{\sqrt{n}\,\sigma}\right)\right).$$

Letztere Größe konvergiert gegen null, wenn $n \to \infty$ bei fester Verteilung von X_1.

Multivariater Fall Für einen Zufallsvektor $\boldsymbol{Y} = (Y_k)_k \in \mathbb{R}^K$ und eine Zufallsmatrix $\boldsymbol{M} = (M_{kl})_{k,l} \in \mathbb{R}^{K \times L}$ definiert man ihren Erwartungswert komponentenweise, also $\mathbb{E}(\boldsymbol{Y}) := \big(\mathbb{E}(Y_k)\big)_k$ und $\mathbb{E}(\boldsymbol{M}) := \big(\mathbb{E}(M_{kl})\big)_{k,l}$.

Satz *Für $n \in \mathbb{N}$ sei $\boldsymbol{Y}_n = \sum_{i=1}^{n} \boldsymbol{Y}_{ni}$ mit stochastisch unabhängigen Zufallsvektoren $\boldsymbol{Y}_{ni} \in \mathbb{R}^K$ derart, dass $\mathbb{E}(\boldsymbol{Y}_{ni}) = \boldsymbol{0}$ und $\mathbb{E}\big(\|\boldsymbol{Y}_{ni}\|^2\big) < \infty$. Angenommen, für $n \to \infty$ gelten folgende zwei Bedingungen:*

$$\boldsymbol{\Sigma}_n := \sum_{i=1}^{n} \mathbb{E}(\boldsymbol{Y}_{ni}\boldsymbol{Y}_{ni}^{\top}) \to \boldsymbol{\Sigma}$$

---

[2] Jarl W. Lindeberg (1876–1932): finnischer Mathematiker.
[3] Alexander M. Ljapunov (1857–1918): russischer Mathematiker und Physiker.

für eine symmetrische, positiv semidefinite Matrix $\boldsymbol{\Sigma} \in \mathbb{R}^{K \times K}$ *und*

$$L_n := \sum_{i=1}^{n} \mathbb{E}\big(\|\boldsymbol{Y}_{ni}\|^2 \min(1, \|\boldsymbol{Y}_{ni}\|)\big) \to 0.$$

Dann konvergiert $\boldsymbol{Y}_n$ *in Verteilung gegen einen normalverteilten Zufallsvektor* $\boldsymbol{Y}$ *mit Mittelwert* $\boldsymbol{0}$ *und Kovarianzmatrix* $\boldsymbol{\Sigma}$.

Dass ein Zufallsvektor $\boldsymbol{Y} \in \mathbb{R}^K$ normalverteilt ist mit Mittelwert $\boldsymbol{\mu}$ und Kovarianzmatrix $\boldsymbol{\Sigma}$, lässt sich wie folgt umschreiben: Schreibt man $\boldsymbol{\Sigma}$ als Summe $\sum_{k=1}^{K} \lambda_k \boldsymbol{u}_k \boldsymbol{u}_k^\top$ mit Eigenwerten $\lambda_1, \dots, \lambda_K \geq 0$ und orthonormalen Eigenvektoren $\boldsymbol{u}_1, \dots, \boldsymbol{u}_K$, dann ist $\boldsymbol{Y}$ wie $\boldsymbol{\mu} + \sum_{k=1}^{K} \sqrt{\lambda_k}\, Z_k\, \boldsymbol{u}_k$ verteilt, wobei $Z_1, \dots, Z_K$ unabhängige, standardnormalverteilte Zufallsvariablen sind.

Beispiel (Multinomialverteilungen)

Für $n \in \mathbb{N}$ seien $X_{n1}, X_{n2}, \dots, X_{nn}$ stochastisch unabhängig mit Werten in $\{1, 2, \dots, K\}$, wobei $\mathbb{P}(X_{ni} = k) = p_{nk} > 0$ für $1 \leq k \leq K$. Dann ist $\boldsymbol{H}_n = (H_{nk})_{k=1}^{K}$ mit $H_{nk} := \#\{i \leq n : X_{ni} = k\}$ multinomialverteilt mit Parametern n und $\boldsymbol{p}_n = (p_{nk})_{k=1}^{K} \in (0, 1)^K$.

Angenommen, die Folge $(\boldsymbol{p}_n)_n$ konvergiert gegen einen Wahrscheinlichkeitsvektor $\boldsymbol{p} = (p_k)_{k=1}^{K} \in [0, 1]^K$, wobei

$$\lim_{n \to \infty} \min_{k=1,2,\dots,K} n p_{nk} = \infty.$$

Dann konvergiert der Zufallsvektor

$$\boldsymbol{Y}_n := \left(\frac{H_{nk} - n p_{nk}}{\sqrt{n p_{nk}}}\right)_k$$

in Verteilung gegen einen normalverteilten Zufallsvektor $\boldsymbol{Y}$ mit Mittelwert $\boldsymbol{0}$ und Kovarianzmatrix

$$\boldsymbol{\Sigma} := \boldsymbol{I} - \sqrt{\boldsymbol{p}}\, \sqrt{\boldsymbol{p}}^\top,$$

wobei $\sqrt{\boldsymbol{p}} := (\sqrt{p_k})_{k=1}^{K}$. Diese spezielle Grenzverteilung lässt sich auch wie folgt umschreiben: Ergänzt man den Einheitsvektor $\sqrt{\boldsymbol{p}}$ zu einer Orthonomalbasis $\boldsymbol{b}_1, \boldsymbol{b}_2, \dots, \boldsymbol{b}_{K-1}, \sqrt{\boldsymbol{p}}$ des $\mathbb{R}^K$, dann ist $\boldsymbol{Y}$ genauso verteilt wie

$$\sum_{j=1}^{K-1} Z_j \boldsymbol{b}_j$$

mit stochastisch unabhängigen, standardnormalverteilten Zufallsvariablen $Z_1, Z_2, \dots, Z_{K-1}$.

Dass $\boldsymbol{Y}_n$ in Verteilung gegen $\boldsymbol{Y}$ konvergiert, ergibt sich aus dem Zentralen Grenzwertsatz. Denn $\boldsymbol{Y}_n = \sum_{i=1}^{n} \boldsymbol{Y}_{ni}$ mit den stochastisch unabhängigen Summanden

$$\boldsymbol{Y}_{ni} := \left(\frac{\mathbb{1}_{[X_{ni}=k]} - p_{nk}}{\sqrt{n p_{nk}}}\right)_k,$$

welche folgende Eigenschaften haben:

$$\mathbb{E}(\boldsymbol{Y}_{ni}) = \boldsymbol{0}, \quad \mathbb{E}(\boldsymbol{Y}_{ni} \boldsymbol{Y}_{ni}^\top) = n^{-1}\big(\boldsymbol{I} - \sqrt{\boldsymbol{p}_n}\, \sqrt{\boldsymbol{p}_n}^\top\big),$$

und

$$\|Y_{ni}\| \leq \kappa_n := \sqrt{\left(\min_{k=1,2,\dots,K} np_{nk}\right)^{-1} + n^{-1}}.$$

Insbesondere konvergieren $\Sigma_n = I - \sqrt{p_n}\sqrt{p_n}^\top$ gegen Σ und $L_n \leq \mathrm{Spur}(\Sigma_n)\kappa_n$ gegen 0 für $n \to \infty$.

A.4 Satz von Fubini

Der Satz von Fubini[4] ist eigentlich ein allgemeines Resultat aus der Maßtheorie. Hier beschreiben wir ihn nur im Kontext stochastisch unabhängiger Zufallsvariablen.

Seien Z_1 und Z_2 stochastisch unabhängige Zufallsvariablen mit Werten in messbaren Räumen $(Z_1, \mathcal{B}_1)$ bzw. $(Z_2, \mathcal{B}_2)$. Ferner sei $H = h(Z_1, Z_2)$ mit einer messbaren Funktion $h : Z_1 \times Z_2 \to \mathbb{R}$ derart, dass $h \geq 0$ oder $\mathbb{E}(|H|) < \infty$. Für feste Punkte $z_j \in Z_j$ sei

$$h_1(z_1) := \mathbb{E}(h(z_1, Z_2)) \quad \text{bzw.} \quad h_2(z_2) := \mathbb{E}(h(Z_1, z_2)).$$

Der Satz von Fubini besagt, dass für $j = 1, 2$ die Menge B_j aller $z_j \in Z_j$, sodass $h_j(z_j)$ wohldefiniert ist, die Gleichung $\mathbb{P}(Z_j \in B_j) = 1$ erfüllt und

$$\mathbb{E}(H) = \mathbb{E}(h_1(Z_1)) = \mathbb{E}(h_2(Z_2)).$$

Anstelle von $h_j(z_j)$ schreibt man auch $\mathbb{E}(H \mid Z_j = z_j)$, und $h_j(Z_j)$ wird einfach mit $\mathbb{E}(H \mid Z_j)$ bezeichnet. Also ist

$$\mathbb{E}(H) = \mathbb{E}\big(\mathbb{E}(H \mid Z_j)\big).$$

Speziell für Ereignisse A, welche sich durch Bedingungen an Z_1 und Z_2 ausdrücken lassen, ergibt sich dann die Formel

$$\mathbb{P}(A) = \mathbb{E}\big(\mathbb{P}(A \mid Z_1)\big) = \mathbb{E}\big(\mathbb{P}(A \mid Z_2)\big).$$

A.5 Jensen'sche Ungleichung

Die Jensen'sche Ungleichung ist eine der wichtigsten Ungleichungen in der Wahrscheinlichkeitstheorie. Wir betrachten eine Zufallsvariable X mit Werten in einem Intervall $J \subset \mathbb{R}$ und endlichem Erwartungswert $\mathbb{E}(|X|)$. Dann ist auch $\mathbb{E}(X)$ eine Zahl in J, und für jede konvexe Funktion $\psi : J \to \mathbb{R}$ gilt:

$$\mathbb{E}(\psi(X)) \geq \psi(\mathbb{E}(X)).$$

Falls ψ sogar strikt konvex ist, gilt

$$\mathbb{E}(\psi(X)) > \psi(\mathbb{E}(X)) \quad \text{oder} \quad \mathbb{P}(X = \mathbb{E}(X)) = 1.$$

---

[4] Guido Fubini (1879–1943): italienischer Mathematiker.

Beweis der Jensen'schen Ungleichung Eine Funktion $\psi : J \to \mathbb{R}$ heißt bekanntlich konvex, wenn für beliebige $x_0, x_1 \in J$ und $\lambda \in [0, 1]$ gilt:

$$\psi((1 - \lambda)x_0 + \lambda x_1) \leq (1 - \lambda)\psi(x_0) + \lambda\psi(x_1).$$

Man nennt ψ strikt konvex, wenn die vorangehende Ungleichung strikt ist, sobald $x_0 \neq x_1$ und $0 < \lambda < 1$.

Angenommen, $\mu := \mathbb{E}(X)$ ist gleich $a := \inf(J)$ oder gleich $b := \sup(J)$. Dann ist notwendig $\mathbb{P}(X = \mu) = 1$, und die behauptete Ungleichung ist trivial. Sei also $a < \mu < b$. Aus der Konvexität von ψ lässt sich herleiten, dass die Funktion

$$J \setminus \{\mu\} \ni x \mapsto \frac{\psi(x) - \psi(\mu)}{x - \mu}$$

monoton wachsend ist. Insbesondere existieren die beiden Grenzwerte

$$\psi'(\mu-) := \lim_{x \uparrow \mu} \frac{\psi(x) - \psi(\mu)}{x - \mu} \quad \text{und} \quad \psi'(\mu+) := \lim_{x \downarrow \mu} \frac{\psi(x) - \psi(\mu)}{x - \mu}$$

in $\mathbb{R}$, wobei $\psi'(\mu-) \leq \psi'(\mu+)$. Für eine beliebige Zahl $\psi'(\mu) \in [\psi'(\mu-), \psi'(\mu+)]$ und $x \in J$ gilt dann die Ungleichung

$$\psi(x) \geq \psi(\mu) + \psi'(\mu)(x - \mu).$$

Folglich ist auch

$$\mathbb{E}(\psi(X)) \geq \mathbb{E}\big(\psi(\mu) + \psi'(\mu)(X - \mu)\big) = \psi(\mu).$$

Im Falle einer strikt konvexen Funktion ψ ist $(\psi(x) - \psi(\mu))/(x - \mu)$ sogar strikt monoton wachsend in $x \in J \setminus \{\mu\}$, sodass $\psi(x) > \psi(\mu) + \gamma(x - \mu)$ für $x \in J \setminus \{\mu\}$. Dann ist $\mathbb{E}(\psi(X)) > \psi(\mu)$, sofern $\mathbb{P}(X \neq \mu) > 0$. $\qquad\square$

A.6 Technische Details zu Student-Verteilungen

Zunächst halten wir fest, dass Chiquadrat-Verteilungen spezielle Gammaverteilungen sind.

Satz A.1 *Für jede natürliche Zahl k ist*

$$\chi_k^2 = \text{Gamma}(k/2, 2).$$

Die Student-Verteilung mit $k \in \mathbb{N}$ Freiheitsgraden, t_k, wurde definiert als die Verteilung von

$$Z_0 \bigg/ \sqrt{\frac{1}{k} \sum_{i=1}^{k} Z_i^2}$$

mit stochastisch unabhängigen, standardnormalverteilten Zufallsvariablen Z_0, Z_1, ..., Z_k. Im Hinblick auf Satz A.1 kann man die Ganzzahligkeit von k wie folgt aufheben:

Definition (Student-Verteilungen allgemein)
Die *Student-Verteilung mit $k > 0$ Freiheitsgraden*, bezeichnet mit t_k, ist definiert als die Verteilung von

$$Z \big/ \sqrt{G_k / k}$$

mit stochastisch unabhängigen Zufallsvariablen $Z \sim \mathcal{N}(0,1)$ und $G_k \sim$ Gamma$(k/2, 2)$. Ihr β-Quantil bezeichnen wir mit $t_{k;\beta}$.

Nun beschäftigen wir uns mit den Dichtefunktionen und Quantilen dieser Verteilungen t_k:

Satz A.2 *Die Student-Verteilung t_k hat für jedes $k > 0$ eine Dichtefunktion f_k, nämlich*

$$f_k(x) = \frac{\Gamma((k+1)/2)}{\sqrt{k\pi}\,\Gamma(k/2)} \left(1 + \frac{x^2}{k}\right)^{-(k+1)/2}.$$

Für jedes $x \in \mathbb{R}$ ist

$$\lim_{k \to \infty} f_k(x) = \phi(x),$$

und

$$\int_{-\infty}^{\infty} \left| f_k(x) - \phi(x) \right| dx = O(k^{-1/2}).$$

Da die Student-Verteilungen offensichtlich um null symmetrisch sind, ist stets $t_{k;1/2} = 0$ und

$$t_{k;1-\beta} = -t_{k;\beta}.$$

Aus der letzten Aussage von Satz A.2 und der strengen Monotonie von Φ kann man leicht ableiten, dass

$$\lim_{k \to \infty} t_{k;\beta} = \Phi^{-1}(\beta).$$

Außerdem erfüllen Student-Quantile und -Dichten gewisse Monotonieeigenschaften im Parameter $k > 0$:

Satz A.3 *Für $1/2 < \beta < 1$ ist $t_{k;\beta}$ streng monoton fallend in $k > 0$, und $f_k(0)$ ist streng monoton wachsend in $k > 0$.*

Beweis von Satz A.1 Zu zeigen ist im Wesentlichen, dass die Zufallsvariable $Y := \sum_{i=1}^{k} Z_i^2/2$ mit unabhängigen, standardnormalverteilten Zufallsvariablen Z_i gamma-verteilt ist mit Parametern $k/2$ und 1. Das heißt,

$$\mathbb{P}(Y \leq y) = \Gamma(k/2)^{-1} \int_0^y x^{k/2-1} e^{-x}\, dx \quad \text{für } y > 0. \tag{A.2}$$

Der Zufallsvektor $\mathbf{Z} := (Z_i)_{i=1}^{k}$ ist nach der Dichtefunktion

$$\phi_k(\mathbf{z}) := C_k e^{-\|z\|^2/2}$$

auf $\mathbb{R}^k$ verteilt, wobei $C_k = (2\pi)^{-k/2}$. Nun gehen wir zu Polarkoordinaten über, schreiben also $\mathbf{z} \in \mathbb{R}^k \setminus \{\mathbf{0}\}$ als $\mathbf{z} = r\mathbf{u}$ mit Radius $r = \|\mathbf{z}\|$ und Richtungsvektor $\mathbf{u} = r^{-1}\mathbf{z}$. Für Funktionen $h : [0, \infty) \to [0, \infty)$ ist bekanntlich $\int_{\mathbb{R}^k} h(\|\mathbf{z}\|)\, d\mathbf{z} = C_k' \int_0^\infty r^{k-1} h(r)\, dr$ mit einer gewissen Konstante $C_k' > 0$. Für beliebige $y > 0$ ist also

$$\mathbb{P}(Y \leq y) = C_k \int_{\mathbb{R}^k} 1_{[\|z\|^2/2 \leq y]} e^{-\|z\|^2/2}\, d\mathbf{z}$$

$$= C_k C_k' \int_0^\infty r^{k-1} 1_{[r^2/2 \leq y]} e^{-r^2/2}\, dr$$

$$= 2^{(k-1)/2} C_k C_k' \int_0^\infty (r^2/2)^{(k-1)/2} 1_{[r^2/2 \leq y]} e^{-r^2/2}\, dr$$

$$= 2^{(k-1)/2} C_k C_k' \int_0^\infty x^{(k-1)/2} 1_{[x \leq y]} e^{-x} (2x)^{-1/2} dx$$

$$= 2^{k/2-1} C_k C_k' \int_0^y x^{k/2-1} e^{-x}\, dx.$$

Dabei verwendeten wir im vorletzten Schritt die Transformation $x = r^2/2$, also $r = (2x)^{1/2}$ und $dr = (2x)^{-1/2}dx$. Für $y \to \infty$ konvergiert $\mathbb{P}(Y \le y)$ gegen 1, und es ergibt sich die Formel $2^{k/2-1}C_k C_k' = \Gamma(k/2)^{-1}$. Daher gilt für festes $y > 0$ besagte Gleichung (A.2). □

Beweis von Satz A.2 Wir betrachten die Zufallsvariable $Z/\sqrt{Y_a/a}$ mit stochastisch unabhängigen Zufallsvariablen $Z \sim \mathcal{N}(0,1)$ und $Y_a \sim \text{Gamma}(a,1)$, wobei $a := k/2$. Aus der stochastischen Unabhängigkeit von Z und Y_a sowie dem Satz von Fubini folgt, dass die Verteilungsfunktion F_k von $Z/\sqrt{Y_a/a}$ folgende Gestalt hat:

$$F_k(x) := \mathbb{P}\big(Z/\sqrt{Y_a/a} \le x\big) = \mathbb{P}\big(Z \le x\sqrt{Y_a/a}\big)$$

$$= \int_0^\infty \mathbb{P}\big(Z \le x\sqrt{y/a}\big)g_a(y)\,dy$$

$$= \int_0^\infty \Phi\big(x\sqrt{y/a}\big)g_a(y)\,dy.$$

Dabei bezeichnet g_a die Dichtefunktion von $\text{Gamma}(a,1)$. Doch $\Phi(x\sqrt{y/a}) = \int_{-\infty}^x \phi(t\sqrt{y/a})\sqrt{y/a}\,dt$, und eine weitere Anwendung des Satzes von Fubini führt zu

$$F_k(x) = \int_0^\infty \int_{-\infty}^x \phi(t\sqrt{y/a})\sqrt{y/a}\,g_a(y)\,dt\,dy$$

$$= C_k \int_{-\infty}^x \int_0^\infty y^{(k+1)/2-1}e^{-(1+t^2/k)y}\,dy\,dt$$

$$= C_k \int_{-\infty}^x (1+t^2/k)^{-(k+1)/2} \int_0^\infty \tilde{y}^{(k+1)/2-1}e^{-\tilde{y}}\,d\tilde{y}\,dt$$

$$= C_k' \int_{-\infty}^x (1+t^2/k)^{-(k+1)/2}\,dt$$

mit $C_k := \big(\sqrt{k\pi}\,\Gamma(k/2)\big)^{-1}$ und $C_k' := \Gamma((k+1)/2)C_k$. Dabei verwendeten wir im vorletzten Schritt die Transformation $y \mapsto \tilde{y} := (1+t^2/k)y$ und im letzten Schritt die Definition von $\Gamma((k+1)/2)$.

Was die zusätzlichen Aussagen über die Dichtefunktionen f_k anbelangt, so ist

$$\mathbb{E}(Y_a^u) = \frac{\Gamma(a+u)}{\Gamma(a)} \quad \text{für } u > -a.$$

Zusammen mit der bekannten Identität $\Gamma(b+1) = b\Gamma(b)$ ergibt sich hieraus, dass $\mathbb{E}(Y_a) = a$ und $E(Y_a^2) = (a+1)a$, also $\text{Var}(Y_a) = a$. Nun kann man schreiben

$$f_k(0) = \frac{\Gamma((k+1)/2)}{\sqrt{k\pi}\,\Gamma(k/2)} = \frac{\mathbb{E}\big(\sqrt{Y_a/a}\big)}{\sqrt{2\pi}},$$

und dies konvergiert gegen $\phi(0)$ für $k \to \infty$. Denn

$$\big|\mathbb{E}\big(\sqrt{Y_a/a}\big) - 1\big| \le \mathbb{E}\big(\big|\sqrt{Y_a/a} - 1\big|\big) \le \mathbb{E}(|Y_a/a - 1|) \le \text{Std}(Y_a/a) = 1/\sqrt{a}.$$

Für eine beliebige feste Zahl $x \in \mathbb{R}$ kann man jetzt schreiben:

$$\begin{aligned}
f_k(x) &= f_k(0)\exp\big(-(k+1)\log(1+x^2/k)/2\big) \\
&= (\phi(0) + o(1))\exp\big(-(k+1)(x^2/k + O(k^{-2}))/2\big) \\
&= (\phi(0) + o(1))\exp\big(-x^2/2 + O(k^{-1})\big) \\
&\to \phi(x) \quad (k \to \infty).
\end{aligned}$$

Um schließlich nachzuweisen, dass $\int_{-\infty}^{\infty}|f_k(x) - \phi(x)|\,dx = O(k^{-1/2})$, weisen wir zunächst darauf hin, dass

$$\begin{aligned}
\int_{-\infty}^{\infty}\big|f_k(x) - \phi(x)\big|\,dx &= \int_{\{f_k > \phi\}}\big(f_k(x) - \phi(x)\big)\,dx + \int_{\{f_k \le \phi\}}\big(\phi(x) - f_k(x)\big)\,dx \\
&= 2\int_{\{f_k \le \phi\}}\big(\phi(x) - f_k(x)\big)\,dx,
\end{aligned}$$

wegen $\int_{-\infty}^{\infty}\big(f_k(x) - \phi(x)\big)\,dx = 0$, und

$$\int_{\{f_k \le \phi\}}\big(\phi(x) - f_k(x)\big)\,dx = \int_{\{f_k \le \phi\}} f_k(x)\Big(\frac{\phi(x)}{f_k(x)} - 1\Big)\,dx \le \sup_{x \in \mathbb{R}}\frac{\phi(x)}{f_k(x)} - 1.$$

Doch

$$\begin{aligned}
\sup_{x \in \mathbb{R}}\frac{\phi(x)}{f_k(x)} &= \sup_{x \in \mathbb{R}}\exp\big((k+1)\log(1+x^2/k)/2 - x^2/2\big)\frac{\phi(0)}{f_k(0)} \\
&= \exp\Big(\sup_{y \ge 0}\big((k+1)\log(1+y/k) - y\big)/2\Big)\big/\mathbb{E}\big(\sqrt{Y_a/a}\big) \\
&= \exp\Big(\big((k+1)\log(1+1/k) - 1\big)/2\Big)\big/\big(1 + O(a^{-1/2})\big) \\
&\le \exp\big((2k)^{-1}\big)\big/\big(1 + O(k^{-1/2})\big) \\
&= 1 + O(k^{-1/2}). \qquad \square
\end{aligned}$$

Der Beweis von Satz A.3 basiert im Wesentlichen auf folgendem Lemma für gamma-verteilte Zufallsvariablen.

Lemma A.4 *Für $a > 0$ sei Y_a eine nach* Gamma$(a, 1)$ *verteilte Zufallsvariable. Für jede konvexe, aber nichtlineare Funktion $\psi : (0, \infty) \to \mathbb{R}$ ist $\mathbb{E}(\psi(Y_a/a))$ strikt monoton fallend in $a > 0$.*

Beweis von Lemma A.4 Für $x > 0$ ist $\mathbb{P}(Y_a/a \leq x) = \Gamma(a)^{-1} \int_0^{ax} y^{a-1} e^{-y} \, dy$. Leitet man dies nach x ab, dann ergibt sich, dass Y_a/a nach der Dichtefunktion

$$\tilde{g}_a(x) := \Gamma(a)^{-1} a^a x^{a-1} e^{-ax}, \quad x > 0,$$

verteilt ist. Für feste Parameter $0 < a < b$ und beliebige Zahlen $x > 0$ ist also

$$\rho(x) := \frac{\tilde{g}_b(x)}{\tilde{g}_a(x)} = C(xe^{-x})^{b-a},$$

wobei $C = C(a, b) > 0$. Dieser Dichtequotient ρ ist stetig und streng monoton wachsend auf $(0, 1]$ sowie streng monoton fallend auf $[1, \infty)$ mit Grenzwert 0 für $x \to 0$ und $x \to \infty$. Außerdem ist $\rho(1) > 1$, denn sonst wäre $\int_0^\infty \tilde{g}_b(x) \, dx = \int_0^\infty \rho(x) \tilde{g}_a(x) \, dx < 1$. Es gibt also Zahlen $0 < x_1 < x_2$ mit

$$\rho(x) \begin{cases} > 1 & \text{für } x \in (x_1, x_2), \\ < 1 & \text{für } x \in (0, \infty) \setminus (x_1, x_2). \end{cases}$$

Nun nutzen wir aus, dass $\mathbb{E}(Y_a/a) = \mathbb{E}(Y_b/b) = 1$, also $\int_0^\infty x(\rho(x)-1)\tilde{g}_a(x) \, dx = 0 = \int_0^\infty (\rho(x) - 1)\tilde{g}_a(x) \, dx$. Demnach ist

$$\mathbb{E}(\psi(Y_b/b)) - \mathbb{E}(\psi(Y_a/a)) = \int_0^\infty \psi(x)\tilde{g}_a(x)(\rho(x) - 1) \, dx$$

$$= \int_0^\infty (\psi(x) - c - dx)(\rho(x) - 1)\tilde{g}_a(x) \, dx$$

für beliebige $c, d \in \mathbb{R}$. Wählt man c und d so, dass $c + dx_1 = \psi(x_1)$ und $c + dx_2 = \psi(x_2)$, dann folgt aus der Konvexität von ψ, dass

$$\psi(x) - c - dx \begin{cases} \leq 0 & \text{für } x \in [x_1, x_2], \\ \geq 0 & \text{für } x \in (0, x_1] \cup [x_2, \infty). \end{cases}$$

Insbesondere ist $(\psi(x) - c - dx)(\rho(x) - 1) \leq 0$ für beliebige $x > 0$, sodass $\mathbb{E}(\psi(Y_b/b)) - \mathbb{E}(\psi(Y_a/a)) \leq 0$. Gleichheit kann nur gelten, wenn $\psi(x) = c + dx$ für fast alle $x > 0$, und wegen der Konvexität von ψ wäre dies gleichbedeutend mit $\psi(x) = c + dx$ für alle $x > 0$. $\qquad\square$

Beweis von Satz A.3 Seien Z und Y_a stochastisch unabhängig, wobei $Z \sim \mathcal{N}(0,1)$ und $Y_a \sim \text{Gamma}(a,1)$ mit $= k/2$. Dann ist $Z/\sqrt{Y_a/a}$ nach t_k verteilt, und im Beweis von Satz A.2 wurde gezeigt, dass

$$f_k(0) = \mathbb{E}\left(\sqrt{Y_a/a}\right)/\sqrt{2\pi}.$$

Gemäß Lemma A.4 ist dies strikt monoton wachsend in $k > 0$, denn $-\sqrt{x}$ ist strikt konvex in $x \geq 0$.

Nun betrachten wir die Verteilungsfunktion F_k von t_k an einer festen Stelle $t > 0$. Im Beweis von Satz A.2 wurde gezeigt, dass

$$F_k(t) = 1 - \mathbb{E}\left(\Phi\left(-t\sqrt{Y_a/a}\right)\right).$$

Elementare Rechnungen zeigen, dass $\Phi(-t\sqrt{y})$ eine strikt konvexe Funktion von $y \geq 0$ ist. Daher folgt aus Lemma A.4, dass $F_k(t)$ strikt monoton wachsend in $k > 0$ ist. Für $k' > k$ ergibt sich also, dass $\beta = F_k(t_{k;\beta}) < F_{k'}(t_{k;\beta})$, und somit ist $t_{k';\beta} < t_{k;\beta}$. $\qquad\square$

A.7 Konsistenz der empirischen Verteilungsfunktion

Die am Ende von Kap. 3 erwähnten Resultate über $\|\widehat{F} - F\|_\infty$ basieren auf der Theorie der *empirischen Prozesse*, einem Gebiet an der Schnittstelle zwischen Wahrscheinlichkeitstheorie und Statistik. Insbesondere wird dort gezeigt, dass sich der stochastische Prozess (die zufällige Funktion) $\sqrt{n}(\widehat{F} - F)$ bei großem n in etwa verhält wie

$$B \circ F$$

mit einer *Brown'schen Brücke* $B = (B(t))_{t \in [0,1]}$. Letztere ist ein stochastischer Prozess mit bemerkenswerten Eigenschaften. Zum Beispiel ist B stetig mit $B(0) = B(1) = 0$, aber nirgendwo differenzierbar. Solche Resultate gehen über den Rahmen der jetzigen Vorlesung hinaus, werden aber mittels Simulationen illustriert:

Abbildung A.1 zeigt für zwei Stichproben vom Umfang $n = 100$ bzw. $n = 1000$ aus der Normalverteilung $\mathcal{N}(100, 15^2)$ jeweils die Funktionen F und $\widehat{F}$ im oberen sowie $\sqrt{n}(\widehat{F} - F)$ im unteren Teilplot. Bei den Plots von F und $\widehat{F}$ sieht man deutlich den Unterschied zwischen den verschiedenen Stichprobenumfängen. Doch der standardisierte Prozess $\sqrt{n}(\widehat{F} - F)$ sieht recht ähnlich aus.

Ungleichung (3.3) impliziert, dass

$$\mathbb{E}\left(\left\|\widehat{F} - F\right\|_\infty\right) = O\left(n^{-1/2}\right).$$

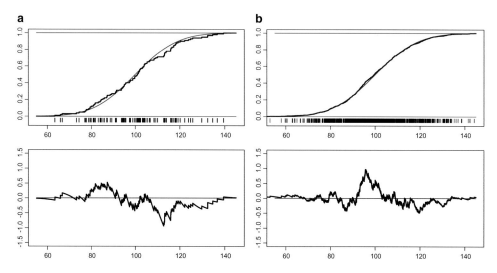

Abb. A.1 Verteilungsfunktionen $F, \widehat{F}$ und empirische Prozesse $\sqrt{n}(\widehat{F} - F)$ für $n = 100$ (**a**) und $n = 1000$ (**b**)

Der Beweis von (3.3) ist allerdings sehr aufwendig. Alternativ werden wir eine schwächere Ungleichung vom gleichen Typ herleiten:

Satz A.5 *Für beliebige* $n \in \mathbb{N}$ *und Verteilungsfunktionen* F *sowie jedes* $c \geq 0$ *ist*

$$\mathbb{P}\left(\|\widehat{F} - F\|_\infty \geq c\right) \leq e^2 \exp(-nc^2).$$

Dieses Resultat und der nachfolgende Beweis werden in der Monografie von Shorack und Wellner [26] präsentiert. Im vierten Beweisschritt bedienen sie sich eines Tricks von Johannes H. B. Kemperman.

Beweis von Satz A.5 Der Beweis wird in vier Schritten geführt.

Erster Schritt: Nach Lemma 3.4(b) genügt es, den Fall einer stetigen Verteilungsfunktion F zu betrachten. Man kann sich dann schnell davon überzeugen, dass $\sup(\widehat{F} - F)$ und $-\inf(\widehat{F} - F)$ identisch verteilt sind, indem man auch die Variablen $-X_i$ anstelle von X_i und deren empirische bzw. tatsächliche Verteilungsfunktion betrachtet. Wir verwenden hier die Kurzschreibweisen $\sup(h) := \sup_{x \in \mathbb{R}} h(x)$ und $\inf(h) := \inf_{x \in \mathbb{R}} h(x)$. Dies ergibt folgende Aussage:

$$\mathbb{P}\left(\|\widehat{F} - F\|_\infty \geq c\right) = \mathbb{P}\left(\sup(\widehat{F} - F) \geq c \operatorname{oder} -\inf(\widehat{F} - F) \geq c\right)$$

$$\leq 2\mathbb{P}\left(\sup(\widehat{F} - F) \geq c\right).$$

Zweiter Schritt: Letztlich möchten wir das Resultat von Lemma 6.4 verwenden. Deshalb betrachten wir nun stochastisch unabhängige Zufallsvariablen $X_1, \ldots, X_n$, $X_{n+1}, \ldots, X_{2n}$ mit Verteilungsfunktion F und definieren, zusätzlich zu $\widehat{F}$, die empirische Verteilungsfunktion $\check{F}$ der Variablen $X_{n+1}, \ldots, X_{2n}$. Gemäß Lemma 6.4 gilt für beliebige $c \geq 0$:

$$\mathbb{P}\big(\sup(\widehat{F} - \check{F}) \geq c\big) \leq \binom{2n}{n + \lceil nc \rceil} \Big/ \binom{2n}{n},$$

und wir werden nun zeigen, dass die rechte Seite dieser Ungleichung nicht größer ist als

$$(e/2)\exp(-nc^2).$$

Es genügt, den Fall $c \leq 1$ zu betrachten, also $z := \lceil nc \rceil \in \{1, 2, \ldots, n\}$. Dann ist $\binom{2n}{n+z} \big/ \binom{2n}{n}$ gleich

$$
\begin{aligned}
\frac{n!\,n!}{(n+z)!(n-z)!} &= (1+z/n)^{-1} \prod_{i=1}^{z-1} \frac{n-i}{n+i} \\
&= \exp\Big(-\log(1+z/n) + \sum_{i=1}^{z-1} \log\Big(\frac{1-i/n}{1+i/n}\Big)\Big) \\
&\leq \exp\Big(-\log(1+z/n) - 2\sum_{i=1}^{z-1} i/n\Big) \\
&= \exp\big(-\log(1+z/n) - (z-1)z/n\big) \\
&= \exp\big(z/n - \log(1+z/n) - z^2/n\big) \\
&\leq \exp\big(1 - \log(2) - z^2/n\big) \\
&\leq (e/2)\exp(-nc^2).
\end{aligned}
$$

Die erste Ungleichung basiert auf der bekannten Formel $\log\big((1-x)/(1+x)\big) = -2\sum_{k=0}^{\infty} x^{2k+1}/(2k+1) \leq -2x$ für $x \in [0,1)$. Bei der zweiten Ungleichung nutzen wir aus, dass $x - \log(1+x)$ monoton wachsend in $x \in [0,1]$ ist.

Dritter Schritt: Nun zeigen wir, dass $\sup(\widehat{F} - F)$ tendenziell größer wird, wenn man F durch $\check{F}$ ersetzt. Genauer gesagt, sei $\psi : \mathbb{R} \to \mathbb{R}$ eine monoton wachsende und konvexe Funktion, zum Beispiel $\psi(x) := \max(x - b, 0)$ mit $b \in \mathbb{R}$. Dann ist

$$\mathbb{E}\big(\psi\big(\sup(\widehat{F} - F)\big)\big) \leq \mathbb{E}\big(\psi\big(\sup(\widehat{F} - \check{F})\big)\big).$$

Denn man kann $\widehat{F}(x) - F(x)$ als bedingten Erwartungswert

$$\mathbb{E}\big(\widehat{F}(x) - \check{F}(x) \,\big|\, X\big)$$

deuten. Dabei bedeutet $\mathbb{E}(\cdot \mid X)$, dass man $X = (X_i)_{i=1}^{n}$ vorübergehend als festen Vektor betrachtet und nur über die Werte von $(X_i)_{i=n+1}^{2n}$ mittelt. Also ist

$$
\begin{aligned}
\mathbb{E}\big(\psi\big(\sup(\widehat{F} - F)\big)\big) &= \mathbb{E}\Big(\psi\Big(\sup_{x\in\mathbb{R}} \mathbb{E}\big(\widehat{F}(x) - \check{F}(x) \mid X\big)\Big)\Big) \\
&= \mathbb{E}\Big(\sup_{x\in\mathbb{R}} \psi\big(\mathbb{E}\big(\widehat{F}(x) - \check{F}(x) \mid X\big)\big)\Big) \\
&\leq \mathbb{E}\Big(\sup_{x\in\mathbb{R}} \mathbb{E}\big(\psi\big(\widehat{F}(x) - \check{F}(x)\big) \mid X\big)\Big) \\
&\leq \mathbb{E}\Big(\mathbb{E}\Big(\sup_{x\in\mathbb{R}} \psi\big(\widehat{F}(x) - \check{F}(x)\big) \mid X\Big)\Big) \\
&= \mathbb{E}\Big(\mathbb{E}\big(\psi\big(\sup(\widehat{F} - \check{F})\big) \mid X\big)\Big) \\
&= \mathbb{E}\big(\psi\big(\sup(\widehat{F} - \check{F})\big)\big).
\end{aligned}
$$

Dabei verwendeten wir in der zweiten und vorletzten Gleichung die Tatsache, dass $\psi(\sup(h)) = \sup(\psi \circ h)$, weil ψ monoton wachsend und stetig ist. In der zweitletzten Ungleichung kam Jensens Ungleichung zum Zuge, und in der letzten Gleichung wurde der Satz von Fubini verwendet.

Letzter Schritt: Für festes $c > 0$, beliebige Zahlen $b \in [0, c)$ und $z \in \mathbb{R}$ ist offensichtlich $1_{[z \geq c]} \leq \max(z - b, 0)/(c - b)$. Folglich ist

$$
\begin{aligned}
\mathbb{P}\big(\sup(\widehat{F} - F) \geq c\big) &\leq \frac{1}{c-b} \mathbb{E}\big(\max(\sup(\widehat{F} - F) - b, 0)\big) \\
&\leq \frac{1}{c-b} \mathbb{E}\big(\max(\sup(\widehat{F} - \check{F}) - b, 0)\big) \\
&= \frac{1}{c-b} \int_{0}^{\infty} \mathbb{P}\big(\max(\sup(\widehat{F} - \check{F}) - b, 0) \geq t\big)\, dt \\
&= \frac{1}{c-b} \int_{b}^{\infty} \mathbb{P}\big(\sup(\widehat{F} - \check{F}) \geq s\big)\, ds \\
&\leq \frac{e/2}{c-b} \int_{b}^{\infty} \exp(-ns^2)\, ds.
\end{aligned}
$$

Dabei verwendeten wir das Resultat aus dem dritten Schritt mit der Funktion $\psi(z) := \max(z - b, 0)$. Dann kamen die Gleichung $\mathbb{E}(Z) = \int_0^\infty \mathbb{P}(Z \geq t)\, dt$ für Zufallsvariablen $Z \geq 0$ und schließlich die Exponentialungleichung aus dem zweiten Schritt zum Einsatz.

Doch $\exp(-ns^2) \leq \exp(-nc^2 - 2nc(s-c))$ für beliebige $s \in \mathbb{R}$, weshalb

$$\frac{1}{c-b} \int_b^\infty \exp(-ns^2)\, ds \leq \frac{1}{c-b} \int_b^\infty \exp(-2nc(s-c))\, ds\, \exp(-nc^2)$$

$$\leq \frac{1}{c-b} \int_{b-c}^\infty \exp(-2nct)\, dt\, \exp(-nc^2)$$

$$= \frac{\exp(2nc(c-b))}{2nc(c-b)}\, \exp(-nc^2).$$

Mit elementaren Rechnungen kann man zeigen, dass $\exp(x)/x \geq \exp(1)/1 = e$ für beliebige $x > 0$. Wenn also $2nc(c-b) = 1$ und $b \geq 0$, das heißt, $b = c - 1/(2nc) \geq 0$, dann ist

$$\mathbb{P}\big(\|\widehat{F} - F\|_\infty \geq c\big) \leq e^2 \exp(-nc^2).$$

Die Einschränkung, dass $b = c - 1/(2nc) \geq 0$, ist gleichbedeutend mit $c^2 \geq 1/(2n)$. Doch für $c^2 \leq 1/(2n)$ ist $e^2 \exp(-nc^2) \geq \exp(3/2) > 1$, die behauptete Ungleichung ist also trivial. □

A.8 Normalapproximation linearer Permutationsstatistiken

Für zwei feste Vektoren $\boldsymbol{a}, \boldsymbol{b} \in \mathbb{R}^N$ sowie eine rein zufällige Permutation Π von $\{1, 2, \ldots, N\}$ betrachteten wir an verschiedenen Stellen die Zufallsvariable

$$T := \sum_{i=1}^N a_i b_{\Pi(i)},$$

welche genauso verteilt ist wie $\sum_{i=1}^N a_{\Pi(i)} b_i$. Insbesondere wurde in Aufgabe 9 in Abschn. 6.7 gezeigt, dass

$$\mathbb{E}T = N\bar{a}\bar{b} \quad \text{und} \quad \mathrm{Var}(T) = \frac{\big(\|\boldsymbol{a}\|^2 - N\bar{a}^2\big)\big(\|\boldsymbol{b}\|^2 - N\bar{b}^2\big)}{N-1}.$$

Wie der folgende Satz zeigt, ist die standardisierte Zufallsgröße

$$\tilde{T} := \frac{T - \mathbb{E}T}{\mathrm{Std}(T)}$$

unter gewissen Annahmen an die Vektoren $\boldsymbol{a}$ und $\boldsymbol{b}$ approximativ standardnormalverteilt. Dabei setzen wir natürlich voraus, dass $\mathrm{Std}(T) > 0$, das heißt, $\boldsymbol{a} \neq (\bar{a})_{i=1}^N$ und $\boldsymbol{b} \neq (\bar{b})_{i=1}^N$.

Satz A.6 (Hájek[5])

$$\sup_{\text{Intervalle } B \subset \mathbb{R}} \left| \mathbb{P}\left(\tilde{T} \in B\right) - \mathcal{N}(0,1)(B) \right| \to 0$$

wenn

$$\frac{\max_{i=1,\dots,N}(a_i - \bar{a})^2}{\sum_{j=1}^{N}(a_j - \bar{a})^2} + \frac{\max_{i=1,\dots,N}(b_i - \bar{b})^2}{\sum_{j=1}^{N}(b_j - \bar{b})^2} \to 0.$$

Dies ist ein klassisches Resultat aus der nichtparametrischen Statistik, dessen Beweis in der Monografie von Hájek und Šidák [9] ausführlich dargestellt wird. Eine weitere gute Referenz für Rang- und Permutationstests ist das Buch von Lehmann [16]. Nachfolgend skizzieren wir die wesentlichen Überlegungen.

Beweisskizze für Satz A.6 Ohne Einschränkung sei $\sum_{i=1}^{N} a_i = \sum_{i=1}^{N} b_i = 0$. Denn

$$T - \mathbb{E}T = \sum_{i=1}^{N}(a_i - \bar{a})b_{\Pi(i)} = \sum_{i=1}^{N}(a_i - \bar{a})(b_{\Pi(i)} - \bar{b}),$$

sodass wir $\boldsymbol{a}$ und $\boldsymbol{b}$ durch $(a_i - \bar{a})_{i=1}^{N}$ bzw. $(b_i - \bar{b})_{i=1}^{N}$ ersetzen können. Die im Satz auftretenden Kenngrößen sind dann $\|\boldsymbol{a}\|_{\infty}^2/\|\boldsymbol{a}\|^2$ und $\|\boldsymbol{b}\|_{\infty}^2/\|\boldsymbol{b}\|^2$ mit der Maximumsnorm $\|\cdot\|_{\infty}$ und der üblichen euklidischen Norm $\|\cdot\|$.

Nun stellen wir die Zufallspermutation Π wie folgt dar: Mit stochastisch unabhängigen, nach $\mathcal{U}[0,1]$ verteilten Zufallsvariablen $U_1, U_2, \dots, U_N$ setzen wir

$$\Pi(i) := \sum_{j=1}^{N} 1_{[U_j \leq U_i]} \quad \text{und} \quad \check{\Pi}(i) := \lceil N U_i \rceil.$$

Mit anderen Worten, Π enthält die Ränge der Zufallsvariablen $U_1, U_2, \dots, U_N$. Die Zufallsvariablen $\check{\Pi}(1), \check{\Pi}(2), \dots, \check{\Pi}(N)$ sind stochastisch unabhängig und uniform verteilt auf $\{1, 2, \dots, N\}$.

Nun zeigen wir, dass sich $\check{T} := \sum_{i=1}^{N} a_i b_{\check{\Pi}(i)}$ und T nur wenig unterscheiden. Und zwar kann man mit elementaren Rechnungen, ähnlich wie in Aufgabe 9 zeigen, dass

$$\mathbb{E}\left((\check{T} - T)^2\right) = \|\boldsymbol{a}\|^2 \mathbb{E}\left((b_{\check{\Pi}(1)} - b_{\Pi(1)})^2\right) - \|\boldsymbol{a}\|^2 \mathbb{E}\left((b_{\check{\Pi}(1)} - b_{\Pi(1)})(b_{\check{\Pi}(2)} - b_{\Pi(2)})\right)$$
$$\leq 2\|\boldsymbol{a}\|^2 \mathbb{E}\left((b_{\check{\Pi}(1)} - b_{\Pi(1)})^2\right).$$

Dabei ergibt sich letztere Ungleichung aus der Cauchy-Schwarz-Ungleichung. Andererseits ist $\check{T}$ eine Summe von stochastisch unabhängigen Zufallsvariablen mit

$$\mathbb{E}(\check{T}) = 0 \quad \text{und} \quad \mathrm{Var}(\check{T}) = \|\boldsymbol{a}\|^2 \|\boldsymbol{b}\|^2 / N = \frac{N-1}{N} \, \mathrm{Var}(T).$$

---

[5] Jaroslav Hájek (1926–1974): tschechischer Mathematiker, der bedeutende Beiträge zur mathematischen Statistik lieferte.

Man kann ohne Einschränkung die Komponenten von $\boldsymbol{b}$ so anordnen, dass $b_1 \leq b_2 \leq \cdots \leq b_N$. Nach Lemma A.7 ist dann

$$\mathbb{E}\big((b_{\check{\Pi}(1)} - b_{\Pi(1)})^2\big) \leq 2^{3/2}\|\boldsymbol{b}\|_\infty\|\boldsymbol{b}\|/N,$$

sodass

$$\frac{\mathbb{E}\left((\check{T} - T)^2\right)}{\mathrm{Var}(\check{T})} \leq 2^{5/2}\|\boldsymbol{b}\|_\infty/\|\boldsymbol{b}\|.$$

Alles in allem zeigen diese Überlegungen, dass

$$\frac{T}{\mathrm{Std}(T)} = \sqrt{\frac{N}{N-1}}\,\frac{T}{\mathrm{Std}(\check{T})} = \sqrt{\frac{N}{N-1}}\,\frac{\check{T}}{\mathrm{Std}(\check{T})} + R$$

mit $\mathbb{E}(R^2) = O\big(\|\boldsymbol{b}\|_\infty/\|\boldsymbol{b}\|\big)$. Mit dem Lindeberg'schen Zentralen Grenzwertsatz kann man zeigen, dass die Zufallsvariable $\check{T}/\mathrm{Std}(\check{T})$ asymptotisch standardnormalverteilt ist, wenn $\|\boldsymbol{a}\|_\infty/\|\boldsymbol{a}\|$ und $\|\boldsymbol{b}\|_\infty/\|\boldsymbol{b}\|$ gegen null konvergieren. Daher ist auch $T/\mathrm{Std}(T)$ asymptotisch standardnormalverteilt. $\square$

Lemma A.7 (Hájek 1961) *Für Π und $\check{\Pi}$ wie im Beweis von Satz A.6 und beliebige Vektoren $\boldsymbol{b} \in \mathbb{R}^n$ mit $b_1 \leq b_2 \leq \cdots \leq b_N$ ist*

$$\mathbb{E}\big((b_{\check{\Pi}(1)} - b_{\Pi(1)})^2\big) \leq 2^{3/2} \max_{i=1,\ldots,N} |b_i - \bar{b}| \left(\sum_{i=1}^{N}(b_i - \bar{b})^2\right)^{1/2} \Big/ N.$$

Beweis von Lemma A.7 in einem Spezialfall Wir beweisen dieses Lemma nur für den Vektor $\boldsymbol{b} = (1_{[i>q]})_{i=1}^{N}$ mit einer Zahl $q \in \{1,\ldots,N-1\}$. Für den allgemeinen Fall verweisen wir auf die Originalarbeit von Hájek [8] bzw. die Monografie von Hájek und Šidak [9].

Aus Symmetriegründen sind die N Zufallspaare $(\Pi(i), \check{\Pi}(i)) = (\Pi(i), \lceil NU_i\rceil)$, $1 \leq i \leq N$, identisch verteilt. Im Falle von $\Pi(i) = j$ ist $b_{\Pi(i)} = 1_{[j>q]}$ und $b_{\check{\Pi}(i)} = 1_{[U_{(j)}>q/N]}$. Folglich ist

$$\mathbb{E}\big((b_{\check{\Pi}(1)} - b_{\Pi(1)})^2\big) = \mathbb{E}\Big(\frac{1}{N}\sum_{i=1}^{N}(b_{\check{\Pi}(i)} - b_{\Pi(i)})^2\Big)$$

$$= \mathbb{E}\Big(\frac{1}{N}\sum_{j=1}^{N}(1_{[U_{(j)}>q/N]} - 1_{[j>q]})^2\Big).$$

Elementare Überlegungen zeigen, dass

$$\frac{1}{N}\sum_{j=1}^{N}(1_{[U_{(j)}>q/N]} - 1_{[j>q]})^2 = |\widehat{G}(q/N) - q/N|$$

mit der empirischen Verteilungsfunktion $\widehat{G}(v) := N^{-1}\#\{i : U_i \le v\}$ der uniformen Zufallsvariablen U_i. Folglich ist

$$\begin{aligned}
\mathbb{E}\big((b_{\breve{\Pi}(1)} - b_{\Pi(1)})^2\big) &= \mathbb{E}\big(|\widehat{G}(q/N) - q/N|\big) \\
&\le \mathrm{Std}\big(\widehat{G}(q/N)\big) \\
&= \sqrt{q(1 - q/N)/N} \\
&= \Big(\sum_{i=1}^{N}(b_i - \bar{b})^2\Big)^{1/2}/N.
\end{aligned}$$

Ferner ist

$$\max_{i=1,\ldots,N} |b_i - \bar{b}| = \max(q/N, 1 - q/N) \ge 1/2.$$

Daher erfüllt unser spezieller Vektor $\boldsymbol{b}$ die besagte Ungleichung sogar mit 2 anstelle von $2^{3/2}$.   □

Literatur

1. A. Agresti, *Categorical Data Analysis*, 2. Aufl. (Wiley, 2002)

2. P.J. Bickel, E.A. Hammel and J.W. O'Connell, Sex bias in graduate admissions: data from Berkeley, Science **187**, 398–404 (1975)

3. P.J. Bickel, E.L. Lehmann, Descriptive statistics for nonparametric models III: dispersion, Annals of Statistics **4**, 1139–1158 (1976)

4. C. Clopper, E.S. Pearson, The use of confidence or fiducial limits illustrated in the case of the binomial, Biometrika **26**, 404–413 (1934)

5. D.L. Donoho, P.J. Huber, The notion of breakdown point, in *A Festschrift for Erich Lehmann*, hrsg. v. P.J. Bickel, K. Doksum, J.L. Hodges, Jr. (Wadsworth, Belmont, 1983), S. 157–184

6. L. Dümbgen, *Stochastik für Informatiker* (Springer, 2003)

7. V.A. Epanečnikov, Non-parametric estimation of a multivariate probability density, Theory of Probability and its Applications **14**, 153–158 (1969)

8. J. Hájek, Some extensions of the Wald-Wolfowitz-Noether theorem. Annals of Mathematical Statistics **32**, 506–523 (1961)

9. J. Hájek, Z. Šidak, *Theory of Rank Tests* (Academia, Prag, 1967)

10. F.R. Hampel, A general qualitative definition of robustness, Annals of Mathematical Statistics **42**, 1887–1896 (1971)

11. J.L. Hodges, E.L. Lehmann, Estimates of location based on rank tests, Annals of Mathematical Statistics **34**, 598–611 (1963)

12. W. Hoeffding, A class of statistics with asymptotically normal distribution, Annals of Mathematical Statistics **19**, 293–325 (1948)

13. W. Hoeffding, Probability inequalities for sums of bounded random variables. Journal of the American Statistical Association **58**, 13–30 (1963)

14. M.C. Jones, J.S. Marron, S.J. Sheather, A brief survey of bandwidth selection for density estimation, Journal of the American Statistical Association **91**, 401–407 (1996)

15. G. Kersting, A. Wakolbinger, *Elementare Stochastik* (Birkhäuser, 2008)

16. E.L. Lehmann, *Nonparametrics: Statistical Methods Based on Ranks* (Springer, 2006)

17. H.B. Mann, D. Whitney, On a test of whether one of two random variables is stochastically larger than the other, Annals of Mathematical Statistics **18**, 50–60 (1947)

18. P. Massart, The tight constant in the Dvoretzky-Kiefer-Wolfowitz inequality, Annals of Probability **18**, 1269–1283 (1990)

19. G.E. Noether, *Introduction to Statistics – a Fresh Approach* (Houghton Mifflin, 1971)

20. E. Parzen, On estimation of a probability density function and mode, Annals of Mathematical Statistics **33**, 1065–1076 (1962)

21. R Core Team, *R: A Language and Environment for Statistical Computing* (R Foundation for Statistical Computing, Wien, 2013), http://www.R-project.org/

22. M.L. Radelet, G.L. Pierce, Choosing those who will die: race and the death penalty in Florida. Florida Law Review **43**, 1–34 (1991)

23. J.A. Rice, *Mathematical Statistics and Data Analysis* (Wadsworth, 1995)

24. M. Rosenblatt, Remarks on some nonparametric estimates of a density function, Annals of Mathematical Statistics **27**, 832–837 (1956)

25. L. Sachs, *Angewandte Statistik* (Springer 1973)

26. G.R. Shorack, J.A. Wellner, *Empirical Processes with Applications to Statistics*. (Wiley, 1986)

27. B.W. Silverman, *Density Estimation* (Chapman and Hall, 1986)

28. E.H. Simpson, The interpretation of interaction in contingency tables, Journal of the Royal Statistical Society, Series B **13**, 238–241 (1951)

29. F. Wilcoxon, Individual comparisons by ranking methods, Biometrics Bulletin **1**, 80–83 (1945)

Sachverzeichnis

A

Abhängigkeit, 178, 190
    binärer Zufallsvariablen, 178
Adjustierte P-Werte, 170
Anpassungstest, 41
Arbeitshypothese, 1, 3, 41
Assoziation, 190

B

Balkendiagramm, 32
Bandweite, 132, 137
Benfords Gesetz, 54
Bestimmtheitsmaß, 205
Bias, 16
Biased Sampling, 85
Bickel, P.J., 121
Binäre Merkmale, 192
Binomialverteilung, 20
Bonferroni, C.E., 47
Bonferroni-Adjustierung, 47, 170
Box-Plot, 150
Box-Whisker-Plot, 150
Bruchpunkt, 93, 95

C

Capture-Recapture-Verfahren, 13
Chancenquotient, 177
Chiquadrat-Anpassungstest, 41
Chiquadrat-Test, 199
Chiquadrat-Verteilung, 44, 83, 224

D

Darwin, C., 101

Datenmatrizen, 23

Datenmatrizen, 23
Datensätze, 21
de Berk, L., 198
Dichtefunktionen, 125
Dichteschätzung, 127, 131
Donoho, D.L., 93

E

Empirische Verteilung, 57
Empirische Verteilungsfunktion, 60
Epanechnikov, V.A., 142
Erwartungstreue, 16, 49
Exponentialverteilung, 67

F

Fall-Kontroll-Studie, 180
Fehler der ersten und zweiten Art, 20
Fisher, R.A., 1, 206
Fishers exakter Test, 3, 197
Formparameter, 91
Fubini, G., 222

G

Gammaverteilung, 92, 118, 224
Getrimmter Mittelwert, 90, 95
Gill, R., 198
Gini, C., 91
Ginis Skalenparameter, 91, 95
Gosset, W.S., 81

H

Hájek, J., 234

Hampel, F.R., 93
Histogramme, 123
    Präzision, 128
Hodges, J.L., 109
Hoeffding, W., 105, 112, 119
Holm-Adjustierung, 171
Huber, P.J., 93
Hypergeometrische Verteilung, 2, 211

I
Interquartilsabstand, 90, 95, 150
Invarianz, 187

J
Jensen, J., 222
Jones, M.C., 142

K
Kenngrößen, 89
    Formparameter, 91
    getrimmter Mittelwert, 90, 95
    Ginis Skalenparameter, 91, 95
    Interquartilsabstand, 90, 95, 150
    Kurtose, 93
    Lageparameter, 89
    L-Statistiken, 117
    Median, 59, 78, 109
    Median der absoluten Abweichungen, 91,
        95
    Mittelwert, 77, 89, 95, 109
    Quantile, 58, 89, 95, 109
    Quartile, 59, 150
    Schiefe, 92
    Skalenparameter, 90
    Spannweite, 90, 95
    Standardabweichung, 77, 91, 95
    Varianz, 77
Kerndichteschätzer, 132
    Dreieckskern, 133, 141
    Epanechnikov-Kern, 133, 139
    Gauß-Kern, 133
    Präzision, 134, 139
    Rechteckskern, 133
Kohortenstudie, 180
Kolmogorov, A.N., 69
Kolmogorov-Smirnov-Band, 66

Konfidenzbereiche, 18
    für Verteilungsfunktionen, 66
    simultane, 47
Konfidenzschranken
    für Binomialparameter, 32
    für Mittelwerte, 80, 81
    für Poissonparameter, 50, 51
    für Populationsgrößen, 11, 14
    für Quantile, 63
    für Standardabweichungen, 88
    für Symmetriezentren, 107
    zum Nachweis geringer Abweichungen, 52
Korrelation, 202
    binärer Merkmale, 178
Kreuzproduktverhältnis, 179
Kuchendiagramm, 32
Kurtose, 93

L
Lageparameter, 89
Lehmann, E.L., 109, 121
Lindeberg, J.W., 220
Lineare Regression, 202
Ljapunov, A.M., 220
L-Statistiken, 117

M
Mann, H.B., 165
Mann-Whitney-U-Test, 165
Marron, J.S., 142
McNemar-Test, 52
Median, 59, 78, 109
Median der absoluten Abweichungen, 91, 95
Mittelwert, 77, 89, 95, 109
Mittlerer absoluter Fehler, 59, 78
Mittlerer quadratischer Fehler, 16, 78
Momentenerzeugende Funktion, 118
Monte-Carlo-Methode, 42, 189
Multinomialverteilung, 30, 179
Multipler Test, 170

N
Noether, G.E., 13
Normalverteilung, 37, 70, 80, 81, 145
Nullhypothese, 1, 3, 41
    Vorzeichensymmetrie, 98

O

Ordnungsstatistiken, 60, 143

P

Parzen, E., 142

Pearson, E.S., 35

Pearson, K., 35, 101, 123, 199

Permutationstest, 190

Poissonverteilung, 36

Population, 8

P-P-Plots, 143

P-Werte, 4, 42, 188

    adjustierte, 170

Q

Q-Q-Plots, 143

Qualitätskontrolle, 35

Quantile, 58, 89, 95, 109

Quantilsfunktion, 66

Quantiltransformation, 67

Quartile, 59, 150

Querschnittstudie, 179

R

Randomisierte Studie, 3, 178

Ränge, 62

Rangkorrelation, 207

Robustheit, 89, 93

    Bruchpunkt, 93

Rosenblatt, M., 142

Runs, 192

Runs-Test, 193

S

Schätzer, 15

    für Dichtefunktionen, 127, 131

    für Mittelwerte, 78

    für Multinomialparameter, 30

    für Populationsgröße, 10, 14

    für Standardabweichungen, 78

    Hodges-Lehmann-, 109

    Kerndichte-, 132

Schiefe, 92

Sheather, S.J., 142

Silverman, B.W., 142

Skalenparameter, 90

Smirnov, V.I., 69

Spannweite, 90, 95

Standardabweichung, 77, 91, 95

Stichprobe, 8

Student-Verteilung, 81, 145, 224

Studie

    Fall-Kontroll-, 180

    Kohorten-, 180

    Querschnitt-, 179

    randomisierte, 178

T

Test, 19

    Anpassungs-, 144

    auf Trend, 193

    Chiquadrat-, 199

    Chiquadrat-Anpassungs-, 41

    Fishers exakter, 3, 197

    Mann-Whitney-U-, 165, 193

    McNemar-, 52

    Monte-Carlo-, 42, 189

    multipler, 170

    Pearsons Vorzeichen-, 101

    Permutations-, 190

    Runs-, 193

    Vorzeichen-, 95

    Vorzeichen-t-, 102

    Wilcoxons Rangsummen-, 165, 193

    Wilcoxons Signed-Rank-, 102

Trend, 192

Tukey, J.W., 106, 150

t-Verteilung, 81, 145, 224

V

Variable, 21

    binäre, 22, 177

    dichotome, 22, 177

    kategorielle, 22, 29

    numerische, 22, 57, 77, 123

    ordinale, 22

Varianz, 77

Vergleich

    zweier Behandlungen, 3, 178

    zweier Binomialparameter, 177

    zweier Poissonparameter, 51

    zweier Wahrscheinlichkeiten, 177

Verteilung
    Binomial-, 20
    Chiquadrat-, 44, 83, 224
    empirische, 57
    Exponential-, 67, 147
    exponentiell gewichtete hypergeometrische,
        181
    Gamma-, 92, 118, 224
    grafische Überprüfung, 142
    hypergeometrische, 2, 211
    Multinomial-, 30, 179
    Normal-, 37, 50, 70, 80, 81, 144, 145
    Poisson-, 36
    Student-, 81, 145, 224
    symmetrische, 105
    t-, 81, 145, 224
Verteilungsfunktion, 58

    empirische, 60
Vertrauensbereiche, 18
Vertrauensschranken, 11
Verzerrte Stichproben, 85
Vorzeichensymmetrie, 98, 188
Vorzeichentest, 95, 188

W
Wald, A., 38
Wärmeleitungsgleichung, 133
Whitney, D., 165
Wilcoxon, F., 102, 165
Wilcoxons Rangsummentest, 165
Wilcoxons Signed-Rank-Test, 102
Wilson, E.B., 38

Printed in the United States
By Bookmasters